U0312185

国家出版基金项目
NATIONAL PUBLICATION FOUNDATION

文字的记忆

The Making of Instruments
and Materials

书写的工具

国家图书馆中国记忆项目中心 编

非遗中的文字书写与传播口述史

天津出版传媒集团

天津人民出版社

图书在版编目(CIP)数据

书写的工具 / 国家图书馆中国记忆项目中心编. --
天津：天津人民出版社，2019.4
（文字的记忆：非遗中的文字书写与传播口述史）
ISBN 978-7-201-14396-5

Ⅰ.①书… Ⅱ.①国… Ⅲ.①文化用品–历史–中国
Ⅳ.①TS951-092

中国版本图书馆 CIP 数据核字(2019)第 072786 号

书写的工具
SHUXIE DE GONGJU

国家图书馆中国记忆项目中心编

出　　版　天津人民出版社
出 版 人　刘　庆
地　　址　天津市和平区西康路 35 号康岳大厦
邮政编码　300051
邮购电话　(022)23332469
网　　址　http://www.tjrmcbs.com
电子信箱　reader@tjrmcbs.com

策　　划　黄　沛　任　洁
责任编辑　金晓芸　孙　瑛　范　园
装帧设计　世纪座标　明轩文化

印　　刷　河北鹏润印刷有限公司
经　　销　新华书店
开　　本　787 毫米×1092 毫米　1/16
印　　张　30.5
插　　页　6
字　　数　380 千字
版次印次　2019 年 4 月第 1 版　2019 年 4 月第 1 次印刷
定　　价　216.00 元

文字的记忆

苏美尔楔形文字、古埃及圣书字、中国汉字、玛雅文字，世界最古老的四大文字系统，为何唯有汉字传承至今仍被广泛使用，并历久弥新？在中国文字大家庭中，灿烂的少数民族文字又是如何发展和传承的？

在非物质文化遗产中，你能找到答案！

微信扫描二维码
获取以下服务

1.加入读者交流圈，与图书主创们一起品味非遗中的文字之美。
2.观看非遗项目专题片和传承人口述片，开启别开生面的文化之旅。

·非遗项目专题片

蒙恬会
湖笔制作技艺
徽墨制作技艺
蔡伦造纸传说
宣纸制作技艺
藏族造纸技艺
歙砚制作技艺
藏族文房四宝
桑皮纸制作技艺

·非遗传承人口述片

邱昌明(湖笔制作技艺国家级代表性传承人)
周美洪(徽墨制作技艺国家级代表性传承人)
邢春荣(宣纸制作技艺国家级代表性传承人)
次仁多杰(藏族造纸技艺国家级代表性传承人)
张逢学(楮皮纸制作技艺国家级代表性传承人)
郑寒(歙砚制作技艺国家级代表性传承人)

口述史书籍与其他书籍的编辑原则略有不同,口述文本是将录音、录像转录为文字之后,再经过整理和编辑的文本,我们希望文本能够反映采访情境下受访者表达内容的原始性和真实性,最大程度地还原受访者在讲述过程中的风格和状态。在此,我们对"文字的记忆——非遗中的文字书写与传播口述史"丛书的编辑原则和方法进行简要说明:

一、受访者的年龄、背景和经历各不相同,表达方式也各不相同。有些口语化的表达和重复语句恰恰体现出受访者的个性和特征,也能让读者感受到讲述的语气和节奏,因此我们没有将其全部转化成书面用语。

二、我们尽量保留受访者原有的语言特色,让读者感受到语言的丰富性,在不妨碍读者理解的前提下,保留部分方言词句,必要时进行标注、解释。

三、本书涉及傣语、满语、维吾尔语等少数民族语言,我们邀请少数民族语言的相关研究者或当地工作人员进行翻译,但难免存在对原意翻译不完善的情况,因此我们在审校环节邀请了相关学者审读把关,尽力做到语义还原。

四、受访者在讲述时可能存在多次叙述同一件事的情况,为使内容表达清晰,避免重复,我们会综合几次叙述整理成一段文字,但为了真实表达受访者的思路和逻辑,不做颠覆性的叙述顺序调整。

不同受访者在讲述同一项非物质文化遗产代表性项目时,存在不同的观点和看法,属于学术争鸣的范畴,我们均予以保留。

五、为了方便读者阅读,整理者在文中添加了标题,有的是选自受访者的某一句话,有的是根据内容所提炼的段落大意。

六、因各种原因,受访者口述的内容可能有口误或明显与史实不符,我们查证后进行了修改,并交与受访者本人审阅确认。

七、部分涉及受访者隐私或非遗项目核心技术的内容,我们尊重受访者的意愿,删除了其不愿公开发表的部分。

中国社会科学院荣誉学部委员

民俗学家

刘魁立

序 一

　　非物质文化是人类创造的，不以物质载体形式呈现的文化事象。我们生在这个世界上，物质仅仅提供给我们一个最基本的生存条件。但人之所以成其为人，就是因为非物质文化在我们身上有所体现。非物质文化遗产虽不被列为精英文化，但却是我们广大民众日常生活中须臾不可离开的，是我们普通老百姓的生活方式。它不仅能够调节我们的生活，让我们的生活有更丰富的内容，提升我们生活的幸福感，还对我们民族身份的认同、彼此关系的协调，以及与其他民族的文化交流，都具有非常重要的意义。

　　非物质文化遗产存在于传承人的身上、手上、头脑里。传承人，是非物质文化遗产保护的核心，很好地保护传承人，就是很好地保护非物质文化遗产。

　　国家图书馆中国记忆项目中心的同志们深知这些道理，他们从 2013 年开始建设非遗专题资源库以来，一直重视为传承人做口述史，还拍摄了传承人的技艺、作品，以及如何授徒等方方面面的内容。这几年，他们已经做了大漆、丝绸、文字等几个专题，除了为传承人做口述史和拍摄影像资料，还举办了展览和讲座，出版了一系列出版物。

　　"文字的记忆——非遗中的文字书写与传播口述史"丛书分为《中国的文字》《书写的工具》《文字的传播》三册，是到目前为止中国记忆项目中体量最大的一套口述史出版物,涉及与文字有关的四十个非遗项目,集合了七十一位传承人和相关专家学者的口述史。参与这项工作的是一群有学养、有强烈责任心和一定工作经验的青年工作人员。这些文字和图片都很珍贵,是他们跋山涉水到各地采集到的一手资料,具有重要的文献价值。其中很多受访者使用的是少数民族语言,因此书中涉及大量少数民族语言的翻译工作,在这方面他们也积累了相当成功的经验。

本丛书有几个突出的特点:首先,它在非遗项目的选择上能够跨类别、跨级别,整体考虑我国所有的非遗项目,以一个大文化的主题来加以梳理,内容涵盖精当而全面。其次,这些非遗项目涉及文字的书写方法、书写艺术、工具制作技艺、民间习俗、民间传说等多个方面,在具体项目和传承人(受访人)选择上体现了我国多民族文化的丰富性和多样性。再次,它充分考虑到了各民族文字的书写和传播过程,特别关照了这些各自产生而又共同分享的民族瑰宝。《中国的文字》这一本里面,很多都是少数民族文字的非遗项目,《书写的工具》《文字的传播》这两本中也有少数民族造纸等内容。现在各民族之间的文化交流越来越频繁了,这个时候更需要加强对各民族非遗的保护,提倡民族文化复兴,这样才能保证文化的多样性,让各民族丰富多彩的文化传承下去,并且不断巩固、不断发展。最后,书中的口述史不仅有传承人的,也有相关学科学者的,两者可以相互补充、互为印证,这样读者就可以从多个角度更为全面地了解非遗项目。

这些口述史不仅记录了传承人对各自非遗项目的认识、理解和传承,更从一个侧面反映了我国非遗保护的现状和发展方向。本丛书编者为国家图书馆中国记忆项目中心,代表着国家层面对口述文献的保存与服务。无论从文献的原生性、丰富性,还是资料的学术性、严谨性,乃至文本的可读性来看,本丛书都是不可多得的非遗口述史读本,具有重要的研究价值,也是了解非遗的一个很好的窗口。这些就是"文字的记忆——非遗中的文字书写与传播口述史"丛书的意义所在!

序二

北京师范大学资深教授

王　宁

　　文字是超越时空传递语言信息的符号系统，在一切信息载体中，它具有无可取代的作用。文字是历史传承的载体，没有文字，历史无法传衍。文字更是一切民族文化的基石，它负载着文化向前发展，又以自己独特的形式与文化互证。东汉许慎作《说文解字》，在书叙里对文字的功用做了十分经典的阐释："盖文字者，经艺之本，王政之始。前人所以垂后，后人所以识古。"这不仅仅是对汉字说的，还适合于所有的文字。

　　自源文字的产生是一个民族从蒙昧走向文明的重要标志，而一种文字的生灭、发展和传衍，是靠着多种自然和社会历史条件来推动的。世界上很多古老的文字产生在大河或多河流域，例如古巴比伦的苏美尔楔形文字（Sumerian Cuneiform）、古埃及圣书字（Egyptian Hieroglyphics）、古希腊克里特岛线形文字（Linear）等，大部分产生于公元前 4000 年至公元前 3000 年，但是这些文字都没有发展到今天，它们在之后的历史时期里不再使用，有些甚至至今已无法识读。唯有与这些文字在大致相同历史阶段产生的汉字，一直没有中断，至今还在继续使用和延续发展。那些文字发展中断有很多原因，而汉字能够不停顿地发展，与国家的统一、文化的认同、书写工具和书写载体的不断改进，有着直接的关系。

汉字是我们的骄傲,而更使我们骄傲的是,在中国境内还在使用的文字,绝不止汉字一种。在"文字的记忆——非遗中的文字书写与传播口述史"丛书里,可以看到维吾尔文、哈萨克文、蒙古文、藏文、东巴文、水书、彝文等十余种文字的书写与传承状态,而且是由传承人用活生生的语言加以描述、进行演示的真实记录。想到那些古老文字的衰落,想到那些只在字典或不完整的典籍片段里留下的文字遗存,我感到,国家图书馆现在所做的关于文字的口述史工作,意义实在太重大了。

一种文字的存活必须具有书写和识读两个方面的推进,从个人的书写到印刷和文书制作,是使文字广泛传播并产生更大社会效应的一个重要转折,这个过程起初都是发生在民间的。尽管现在已经到了信息时代,很多文字符号已经进了计算机,甚至有了国际编码,但把原初的传播过程保存下来,仍然是研究和改进文字的非常必要的条件。文字是一种实用的符号系统,从原初形式走向现代化要靠几个内在和外在的条件:首先是使用文字的共同体在交流中的约定俗成,其次是具有重要影响的传承者凭借威望和比一般人更高超的技能,使文字的记录和传播专业化。文字发展到一定程度,会产生书法艺术,在实用的基础上具有鉴赏价值,并在这个过程中促进符号形式的规整和构形要素的系统化,并将单字书写的规则和文本书写的范式固定下来。文字的传承速度和信度,与书写工具和载体的改进分不开。书写工具和载体的制作技艺,也就成为推进文字发展的重要因素。本丛书所收录的口述史中,这些过程都被生动地记录下来,让我们目不暇给、惊喜不断。

在我国学术界,20世纪70年代后开始发展出各种文字字符的收集和整理研究、多种文字的历史发展研究、出于跨文化需要的比较文字学研究,都有很好的成果出现。现在非物质文化遗产的整理和保存有了如此大的进展,不但使得文字历史发展的脉络更为清晰、更加真实,而且对文字理论的研究一定会有更大的推动。一种文字的发展、成熟、推广、传承,是上层文化、中层文化、底层文化共同成就的,更是各个民族相互渗透、相互影响、相互对译、相互交流才能走到今天的。所以,本丛书是最真实的史料,是文字研究的重要资源。

口述史关于书法的记录,是非常宝贵的资料。汉字是两维度构建的"音节-语素文字",有它书写的规则。古彝文的书写与汉字大致相仿;回鹘式蒙古文用八思巴字书写,拼写时以词为单位,上下连书;藏文属于辅音为基字、元音为附标的文字,形制与汉字有很大的差别;纳西东巴文则是一种表意和表音成分兼备的图画象形文字,形态比甲骨文还要原始……各种文字的书写规则不一,手法各异,遵循着不同的习惯,形成了不同的审美意识,也带给我们太多的启示,大大拓宽了书写文化研究的思路。我们要庆幸这次口述史的及时完成和成功录制,丛书里被采访、录制的传承人,不仅是书法艺术的大家,很多还是民族文字书写字体的首创者。有些传承人年纪比较大了,记录他们的成果带有抢救的性质。很多传承人的作品还没有向国际传播,这次出书定会获得世界各国文化学者的普遍关注。关于书写工具的制作流程,不仅具有文化价值,而且具有科技保护方面的价值。

在这里我们还必须说明,关于文字方面的非物质文化遗产,指的是那些书写、制作、传说的过程和成果,它们与其他非物质文化遗产一样,具有一旦消失就不会重现、不可复制的特点,是属于全世界的宝贵财富,是展现世界文化多元化,形成文化平等观的最好教科书。由于与政治、经济的发展息息相关,与时代的进步和科技的发达不可分离,所以文字永远要随着社会的前进而系统化、严密化,要不间断地寻找现代化传播的新形式,并且要随着国际社会信息交流的需要而建构彼此对译的最佳方式。历史遗迹在记忆里的存留意义重大,它让我们看到各种不同类型的文字长期并存、各具特色、互相扶持,是中国境内各民族团结友爱、共同发展的象征,它让我们对多民族共同缔造的中华文化的发展充满自信,让我们对文字发展的规律有更深的了解和更好的把握,使我们的文字走向现代,更健康、更精彩地为国家的富强和文化的传播做出新的贡献。我想,这是本丛书出版的更深刻意义。

国家图书馆中国记忆项目负责人
副研究馆员

田　苗

前言

　　文字，也许是人类文明发展过程中最重要的一件事了。文字的诞生，是人类开启文明时代的标志。有了文字的持续记载，人类才进入信史时代；随着造纸术和印刷术的发明，人类的知识借由文字得以广泛传播，人类最终步入现代文明。可以说，整个人类文明的历史，就是一部文字产生、使用与传播的历史。

　　文字，又是你我最熟悉不过的一件平常小事。我们每个人的童年，都是在认字、习字中度过的。而我们的一生，也一直伴随着写字、打字、读字、念字。翻开书报，是字；打开手机，是字；出门上街，还是字。我们被文字包裹，也被文字牵引。

　　文字，还是最丰富、最多样、最有趣的事。那么多种文字，有象形文字，有拼音文字，它们是如何书写的？湖笔、宣纸、徽墨、端砚，这些文字的书写工具，又是怎样制作出来的？雕版、活字、拓印、篆刻，文字又是怎样被复制、传播的？仓颉造字、蒙恬制笔、蔡伦造纸、羲之习字，这些故事又是如何被传承至今的？这些古老的传说、伟大的发明、精湛的技艺、不朽的艺术，被一代又一代人记忆着、实践着、传承着。这是我国伟大的非物质文化遗产，这是几千年累积而成的精神宝库。

　　图书馆是书的故乡，文字的家。图书馆人最爱文字。国家图书馆中国记忆项目中心的图书馆员们，广泛地访问了我国与文字相关的非遗项目的代表性传承人和研究者。我们走进他们的家门，叩开他们的心门，聆听他们的故事，保存他们的记忆。历时五年，成书三部。

一、《中国的文字》

书法，既指书写的方法，又指书写的艺术。在祖国广袤的大地上，在中华民族的大家庭中，不止孕育出了汉字书法，很多少数民族还拥有基于本民族文字的灿烂的书法艺术。在本书中，我们广泛地查询了我国各级非遗名录，尽可能多地访问了我国各民族书法艺术的传承人，为读者展现出了我国书法艺术的悠久与多样。在此，需要说明的有三点：

1.汉字书法，被联合国教科文组织于 2009 年列入人类非物质文化遗产代表作名录，由于汉字书法流传过于广泛，传承人群庞大，目前我国并未认定汉字书法的代表性传承人，但我们访问了两项和汉字书法息息相关的非遗项目——仓颉传说和王羲之传说的代表性传承人。在这两个至今仍然流传的传说故事中，我们能看到民众对"文祖"和"书圣"的尊重与崇拜。

2.东巴文是双遗产。一方面，在我国国家级非物质文化遗产代表性项目名录中，东巴文因其原始象形、亦书亦画的特点，被纳入"纳西族东巴画"这一项目之中。另一方面，东巴古籍文献还被联合国教科文组织评为"世界记忆遗产"。

3.我国有些少数民族，例如朝鲜族，有着本民族的书法艺术；还有些历史上的少数民族文字，例如契丹文、西夏文，也有着对应的书法。但由于它们未被列入非遗名录，故未能采访收录。这是本书的一个遗憾。

二、《书写的工具》

纸是文字的载体，而墨、笔、砚则是文字书写的工具。它们的出现，都是人类科技史和文化史上的大事。正因为文房四宝的发明与使用，文字的广泛书写才变为可能。在我国的非遗宝库中，有着大量笔、墨、纸、砚的制作技艺。单是造纸技艺，国家级非遗项目就有二十一项之多。由于工作周期有限，我们未能对所有项目的传承人进行访问，相信通过我们所选择的这些项目，已经足以展现出我国笔、墨、纸、砚制作技艺的发达与丰富。我们还访问了两个很有特色的非遗项目——蒙恬会和龙亭蔡伦造纸传说。蒙恬，这位传说中毛笔的发明人，被制笔工匠们视为行业神，千百年来对他的祭祀从未停歇。蔡伦，他造纸的故事也被蔡氏后人世世代代流传下来，至今他们仍然以自己的祖先为傲。此外，我们还特别收录了论文《维吾尔族桑皮纸制作技艺》。

三、《文字的传播》

为了让文字能够更广泛地传播，我们的祖先发明了和造纸术同样伟大的印刷术。有了印刷术，才有了真正意义上的书籍，才有了知识与文化的普及。本书着眼于那些复制、保存与传播文字的非物质文化遗产，还关注了那些基于文字的传播而产生的艺术现象和文化习俗。这一类型的非物质文化遗产十分丰富，项目数量也相对较大，例如雕版印刷术，国家级非遗项目就有七项之多。由于工作周期有限，我们未能收入所有的项目。此外，还有三点需要说明：

1.贝叶经制作技艺是一种特殊的傣文书写技艺，用铁笔将傣文刻写于贝多罗树叶之上。西双版纳地区气候潮湿多雨，纸质文献无法长期保存，经过特殊处理的贝多罗树叶却可以长期保存，而不会霉变。因此，贝叶经制作技艺更多的是满足文字长期保存的需要，故将该项目收入本书。

2.古琴传统的记谱法有文字谱和减字谱两种。其中，文字谱直接使用汉字记谱，减字谱则是借鉴汉字的笔画和结构而发明的一种独特的记谱系统。作为一种特殊的文字应用，我们也将我国最年轻的古琴艺术国家级非遗代表性传承人——林晨的口述史收入本书。

3.惜字习俗是一种曾经在我国广泛存在的文化现象。它充分表现出中国人对文字的尊重与喜爱，是敬文字、惜文字这种独特文化心理的最好体现。但十分遗憾的是，惜字习俗随着社会的发展，已被淹没在历史中，未能流传下来。因此，我们特别收录了论文《惜字与惜字塔》,作为拓展阅读,以弥补这个缺憾。

因为文字,我们的文明从未中断;因为文字,我们的记忆从未消失。通过文字,我们认识了世界;借由文字,我们记载了自己的一生。

文字在谁手中?又由谁写就?

他们右手握的,是笔,是刷,是刀;他们左手扶的,是纸,是木,是石。

纤纤的笔,薄薄的纸,故事被一笔一笔写就。

一刀刀刻,一张张刷,记忆被一页一页印记。

人类的文明,就这样被载于这如此脆弱,却又如此顽强的文字里。我们应该感谢那些创造者和艺术家,那些劳动者和匠人,也要感谢每个书写文字的人!

让我们记住他们!

目 录

蒙恬会

蒙恬会是指在中国传统的湖笔制作地区,每年定期举办的纪念"笔祖"蒙恬的民俗活动。

相传秦朝将领蒙恬及其夫人卜香莲,在今浙江省湖州市南浔区善琏镇西堡村居住时曾改良毛笔制作技艺,因此蒙恬又被称为"笔祖",卜香莲被称为"笔娘娘"。相传农历三月十六和九月十六分别是蒙恬和卜香莲的生日,为纪念他们对毛笔改良的贡献,每年在这两天,善琏镇及周边地区的笔工、笔庄和笔店会以行业性庙会的形式,举办纪念行业神蒙恬的民俗活动。这项纪念活动曾因战乱而中断,新中国成立以后得以恢复。近年,"蒙恬会"已成为"湖笔文化节"的重要组成部分。

2010 年,蒙恬会入选浙江省第三批非物质文化遗产代表性项目名录。

蒙恬会(图片由善琏镇文化站提供)

王宝兴

浙江省湖州市代表性传承人

王宝兴（1938— ），男，浙江省湖州市南浔区善琏镇人。浙江省非物质文化遗产代表性项目蒙恬会湖州市代表性传承人。现任浙江省湖州市南浔区书法家协会理事，湖州市书法家协会会员。常年负责浙江省湖州市南浔区善琏镇蒙恬会的主持工作和前几届的领祭工作。

王宝兴 1961 年毕业于湖州师范学校，后分配到湖州市舍山公社中心小学任教。1962 年为国家挑重担，精减回乡，在当地民办小学教书。1966 年起开始在湖州市善琏镇舍山湖笔厂从事笔上刻字工作，1975 年至 1979 年被借调到苏州湖笔厂。1987 年至 2001 年，被聘请至浙江图书馆文澜书画社工作，有逾四十年的刻笔经验。

采访手记

采访时间:2014 年 10 月 25 日
采访地点:浙江省湖州市南浔区善琏镇蒙公祠
受 访 人:王宝兴
采 访 人:田艳军、丁 曦

　　2014 年秋天，国家图书馆中国记忆项目中心摄制组来到湖州市南浔区进行非遗（非物质文化遗产的简称,下同）传承人的口述史采访工作。此时正是桂花盛开的时节,这里静谧而古朴,小桥流水人家,处处都能感受到江南小镇特有的生活气息。善琏镇的另一个身份是中国的"笔都"——湖笔的发源地。这里一直流传着"蒙恬造笔"的传说,善琏笔工为纪念"笔祖"蒙恬,每年都举办祭祀活动。这项民间祭祀行业神的活动被列为第三批省级非物质文化遗产项目。我们联系到了蒙恬会的传承人王宝兴老师。对王老师的口述史采访就是在蒙公祠的院子里开始的。王老师自 20 世纪 60 年代起在湖笔厂工作,非常热心地参与蒙恬会的活动,从1993 年起担任蒙恬会的主持人。目前老先生已退休在家,身体健康,仍担任一年一度蒙恬会的主持人。聊起蒙恬会,王老师思维敏捷,神采奕奕。

王宝兴口述史

刘芯会 整理

我的刻笔之路

我姓王,我叫王宝兴,今年(2014)虚岁七十七了,生于 1938 年,算是非常不幸的年代了。我以前是从事教育工作的,一直到三年自然灾害①的时候,为国家挑重担,我"精减回乡"②了。回乡以后我就在民办小学教书。"文革"开始后,学校停课,公社把我安排到湖笔厂里工作,我从事的是刻字,就是在笔杆上刻字。当时,在湖笔上刻字这个工种是相当重要的,它不仅是生产厂家的标牌,而且笔杆上刻了字以后,给人家学书法的人看,"哎哟,笔杆上面刻了这么漂亮的字",能提高他们用笔的兴趣。

① 三年自然灾害,现称为「三年困难时期」,是指 1959 年至 1961 年期间,因饥饿造成的非正常死亡人数呈现爆发式增长。

② 精减回乡,指三年困难时期,部分城镇人口返乡参加农业劳动,以恢复农业发展的一项短期国家政策。1961 年 6 月 16 日,中央工作会议制定并出台了《关于减少城市人口和压缩城镇粮食销量的九条办法》,规定在三年内减少城镇人口两千万以上,当年内减少一千万人。

王宝兴，摄于 1961 年
（图片由王宝兴提供）

① 杭州文澜书画社，主营字画、装裱等，隶属于浙江图书馆。

② 王宝兴自 1987 年 6 月至 2001 年 1 月在浙江图书馆文澜书画社工作。

③ 苏州吴中区城区古吴三阳笔庄，是一家制笔个体户，同时又是苏州市栗本工艺品有限公司。

④ 日本京都大学，创建于 1897 年，校本部位于日本京都市左京区，是日本国内的最高学府之一，也是世界一流研究型大学。

改革开放以后，湖笔这个行业就相当的发达了，做笔的人也有很多。在我们当地，能够到湖笔厂去做笔被认为是最好的岗位。当时人家的工资每月只有二三十块、三四十块，到湖笔厂做笔却能够拿到五六十块。像我刻字是计件制的，刻得多，拿得多。在一九八几年的时候，我工资最高的时候能够拿到八九十块，甚至一百多了。所以大家都很向往去湖笔厂做笔，因为对老百姓来讲，能够有比较高的收入，就能解决生活上面很大的困难。

后来，改革开放一段时间以后，浙江图书馆的杭州文澜书画社①把我请去了，我就在那边工作，一直到 2001 年才回来。②回来以后，虽然我已经不做笔了，但是人家有些高档的笔还是请我来刻。有一次我帮苏州吴中区城区古吴三阳笔庄③刻的笔，被日本京都大学④的一个教书法的老师看到了，他很震惊，问这个字到底是电脑刻的，还是手工刻的。人家就告诉他，我们是请湖州的老师傅刻的，是手工刻的，他说你能不能请他来跟我见一次面。于是等这个教授到了上海，他打电话到苏州，人家从苏州开车把我接到上海，我当场就刻给他看。他说："我真的服了。"后来日本有一家著名的文房四宝店，叫作日本栗本株式会社①，他们在湖笔的广告目录单上，特地把我刻笔的照片登上了。

王宝兴在文澜书画社工作期间，摄于办公室
（图片由王宝兴提供）

结识费新我先生

1975年，我笔上刻字的本领在本地的名望比较大了，苏州湖笔厂特地把我借调到那边去，到了那边我结识了费新我②先生。他是写字的，而且是用左手写字的。他经常到苏州湖笔厂来，苏州湖笔厂比较重视，许多老师傅与费老又是同乡，所以就把做好的笔请他来试，每一支新款的笔制作出来的时候，都要请他试一试。试完之后费老就讲，什么地方还不够好，苏州一个很有名望的制笔的老师傅，根据他（费新我）的意见再修改。所以我们做笔

①日本栗本株式会社，是日本一家生产、销售毛笔等的公司。
②费新我（1903—1992），原名省吾，笔名立千，号立斋；浙江湖州人。他擅长中国画、书法，是我国现代著名的书画家。1958年突患腕关节结核，右手病残，遂苦练左笔书法，在中国书坛脱颖而出，成为著名的书法家。

人跟书画人一定要结合在一起。

费老对我的刻字技法提供了许多帮助和指导,他当时叫我小王。"小王,我俩是同乡,你这个字刻得很好,但是你刻的字有一个问题,是什么呢,不懂章法。一般人来看这笔杆上面的字是很好的,你单独看这个字很漂亮,但是整个一支笔作为我们行家来看,就不够了。"我说:"问题出在什么地方呢?"他说:"你们现在刻字最大的毛病,就是字体的大小掌握不好,我告诉你,笔杆是圆的,但你要把这个笔杆想象成是一个平面,我们在平面上写字你不能把一张纸全部涂满,要留有余地,这样你这个字就好看了。"他说要留出空白,要留有余地,上面下面要留得多一点,称为天地,边上留得窄一点,好像一个书法作品,所以后来我就是这样刻字的,果然就好看多了。后来他又问我:"你要不要学写字?"我说:"我从小就喜欢书法,而且我刻字肯定是要学书法的。"他说:"你来吧。"那个时候,大部分星期天,我都到他家里去,把自己写好的字带上,请他指教。费老也把自己喜欢的或准备送人的笔请我帮他刻上字带上,甚至亲自题写一些字让我刻,如"众志成城""腾蛟起凤"等。

笔祖蒙恬的传说

说到做笔,我们就要想到我们的老祖宗蒙恬①。蒙恬原来是秦时的一员大将,因为他保卫了中原,打跑了匈奴,立下了赫赫战功,所以秦始皇对他很器重。在陪同秦始皇亲巡全国的时候,蒙恬路过我们湖州。以前我们这里有一所永欣寺②,他当时就寄住在了永欣寺里。当时永欣寺近旁的西堡村有一个做笔人家的

①蒙恬(约公元前259—公元前210),是秦始皇时期的著名将领,他在秦统一六国后,率三十万大军北击匈奴,收复了河套地区,并修筑长城防御匈奴。相传蒙恬曾改良毛笔,因此被誉为"笔祖"。

②永欣寺,原是坐落于浙江省湖州市善琏镇西堡村东南的寺院。相传在秦朝初年,庙中住持曾将蒙恬将军收留寺中,由此蒙恬得以"造笔",并救起落水的西堡村姑娘卜香莲,继而与卜香莲发生一段爱情故事。此为民间传说,实则佛教于东汉才传入中土。永欣寺于民国时期遭废弃,2005年开始重建,2011年完工。

姑娘，叫卜香莲①，因为卜香莲做笔，而蒙恬喜欢用笔，这样一来二去，慢慢地两个人就产生了爱情，以后就结为了夫妇。卜香莲做笔，蒙恬用笔，用了以后他提出哪个地方不好，卜香莲再改，蒙恬再用，哪个地方不好，再改。

蒙恬与"笔娘娘"雕塑

我还听说这么一个传说。有一次蒙恬在写字的时候，拿了一支笔，怎么也不好写，他一气之下就把这支笔扔出窗外去。刚巧不知哪一户人家在建房子，建房子不是要用很多的石灰吗，这支笔正巧扔到了人家这个石灰坛里。到了第二天，他想拿什么笔写字呢？就又把这支笔捡了回来，捡回来一写，哎呀，怎么这么好用了！然后他就研究了，哦，这个石灰和这个笔头的羊毛起了化学反应，我们现在讲就是"脱脂"了。羊毛上面不是有脂肪嘛，有脂肪在上面就不好写，一脱脂，好，就好写了。所以后来呢，他们采购羊毛回来以后，都放在石灰水里面脱脂，这就是在技巧方面的改进。

① 卜香莲，浙江湖州善琏西堡人，相传是蒙恬的夫人。相传夫妇俩共同改良制笔技艺，蒙恬被奉为"笔祖"，卜香莲被奉为"笔娘娘"。

小知识：用石灰水给毛笔脱脂

生石灰（又称氧化钙）与水反应生成熟石灰（又称氢氧化钙），是一种中强碱。制作毛笔所用动物毛发的主要成分是角质蛋白，将动物毛发在熟石灰水中浸泡，可以破坏毛发表面的蛋白质，起到去除油脂和腥味，同时消毒的功效。这一工序在制笔过程中称为"熟毫"。

还有一个改进是，我们最早的时候制作毛笔，是把兽毛绑在一根树枝上面，这样绑上一圈以后，它中间就有空隙了，就不好写。后来蒙恬就动脑筋，他说还是把这个笔头扎起来，束在一根竹管里边，这样笔头就很紧了。所以后来我们都是在小竹管里面做一个装套，然后把笔头装到里边去，这样中间就不空了，写字也就好写了。仅仅这两个方面，对我们后来做笔的人就有很大启迪，所以蒙恬对做笔的贡献是很大的。

后来蒙恬回到长安①，卜香莲也跟他一起去了长安。但是秦始皇死了以后，蒙恬遭到了陷害，他自刎了。②之后，他的夫人卜香莲带了他们的儿子蒙颖③，重新回到我们西堡村，她自己的老家。她回来一方面是避难，一方面就是做笔。在京城，她曾不断与蒙恬切磋制笔技艺，她也把这些技艺带到了我们这里，所以我们这里现在做笔都是从蒙恬传承下来的。

① 长安，今陕西省西安市。秦朝都城在咸阳，此处应为受访人口误。
② 秦始皇死后，赵高篡权。相传赵高惮于蒙恬兵权在握，欲将其治罪，蒙恬蒙冤自杀。
③ 相传蒙恬留有一子，名蒙颖，但目前尚无史料可以佐证。

蒙恬会的由来

说到善琏湖笔，可谓是闻名中外了，像

日本、新加坡、马来西亚，凡是有华人的地方，都知道善琏是出湖笔的。我国著名学者郭沫若老先生就曾为苏州湖笔厂题诗，开头就是："湖上生花笔，姑苏发一枝。"①当年郭沫若到苏州湖笔厂去看笔的时候，他就问制笔工人："你们这个厂是怎么搞起来的？"工人说："我们这个厂大部分都是善琏人，都是从善琏到这边来的。"这是因为抗日战争的时候，善琏被日本人占领了，善琏的老笔工都逃难逃到苏州，替苏州的笔店老板做笔。新中国成立以后，做笔的人就集合起来成立了苏州湖笔厂。所以郭沫若讲"湖上生花笔"，这个"生花笔"就是指原本我们湖州善琏生产的毛笔，到姑苏去发了一枝。现在善琏湖笔不仅在苏州发枝，江西、安徽、上海都有做湖笔的工人，制作湖笔的范围已经很广了。所以把善琏称为是"湖笔之都"一点都不错。

后来我们这里的笔工饮水思源，不忘老祖宗，在永欣寺的边上建了一个蒙公祠，老百

① 抗战爆发后，为躲避战乱，有数百名善琏笔工带着制笔技艺来到苏州。新中国成立后组织成立了苏州湖笔厂。1963年7月，时任苏州湖笔厂技术厂长的老笔工虞宏海亲手为郭沫若制作了四支金鼎牌紫狼羊毫笔，并借赴京出差之便送给郭沫若。郭沫若用后倍感挥洒自如，遂挥毫写下诗作："湖上生花笔 姑苏发一枝。民盛代天葵，腐朽出新奇。破壁群龙舞，临池五凤飞。欲将天作纸，写出长征词。"说该诗为1963年7月郭沫若到苏州视察时专程到当时的苏州湖笔厂参观时写作。

蒙公祠现址

姓叫蒙恬堂,又造了蒙公像,以此来纪念笔祖蒙恬。我记得原来的蒙公祠不是在这里,而是在现在善琏湖笔厂的厂址上,现在这个蒙公祠是改革开放后新选的址。因为当时那边已经是湖笔厂,不能再拆了,所以在这边建造了蒙公祠。在蒙恬堂旧址那边还有一条河,为了纪念蒙恬,我们叫"蒙溪"。

从那个时候起,每一年的(农历)九月十六(蒙恬生日①),这一天大家都来祭拜他。早些年九月十六这一天庙会是相当隆重的,凡是做笔的人都要到这里来祭拜,有一些是个体的,还有一些做笔的作坊到这一天都派代表到这里,把蒙恬的像接出来,给他开光、洗尘、整冠、写祭文,来表示世世代代都有人来祭拜他,到最后焚笔。为什么焚笔呢? 因为蒙恬喜欢用笔,所以做笔的人把自己做好的笔烧掉,烧给蒙恬去用。

① 关于蒙恬的生日说法不一。也有说法是每年农历三月十六日是蒙恬的生日,农历九月十六日是"笔娘娘"卜香莲的生日。

重建蒙公祠,重办蒙恬会

抗日战争的时候,我们这里遭受了日本人战机的轰炸,永欣寺和蒙公祠都遭到敌机炸弹袭击。尽管这样,老百姓还是不忘笔祖。抗战胜利以后,每到九月十六这一天又开始祭拜笔祖了。这一天,做笔的人组成一个行业协会,把塑造的蒙恬像抬出去,凡是抬到做笔的人家,他都要出来烧香祭拜。有一些还要出会费,我们现在讲起来就像是送红包一样,资金就这样集中起来,为庙会做事情。祭拜当天还要请戏班子来演戏,还要大家聚在一起吃会酒,交流行情切磋技艺。你想,庙会那天把蒙恬像抬出去的时候,敲锣打鼓,前面放炮,还要有扮成蒙恬手下的士兵在前面开路喝道,还有令旗啊什么的,场面非常壮观。

　　新中国成立以后的一段时间,由于国家对民间祭祀活动的改革,祭拜蒙恬的庙会停掉了。但是在老百姓心目中,对自己的行业祖宗还是不忘的。所以到这一天,凡是做笔的,尤其有些老板,还是要偷偷摸摸地祭拜一下。到改革开放以后,我们这里的蒙公祠也正式造起来了,旁边的永欣寺也造起来了,这个庙会算是正式恢复了。大家隆隆重重,不像以前那样偷偷摸摸的了,现在大家可以光明正大地一起搞,一直搞到现在。改革开放以后,基本上年年都搞。

　　我们现在祭拜蒙恬,就是到九月十六这一天举办蒙恬会。开头几届,我既是主持人,又是主祭人。后来规模大了,由我担任主持人,还专门有个主祭人。众人把蒙恬的像请出来,主祭人给蒙恬像开光、洗尘,整一整他的衣冠,再宣读祭文,由主祭人代表我们读祭文,祭奠蒙恬公。再一个环节是润笔,我们把一支大毛笔放在水盆里,把它润一润,再把水洒向做笔的人,保佑大家年年都能够兴旺发达。接下来就是由蒙恬夫人卜香莲的后裔,姓卜的家族来祭拜蒙恬。这个家族祭拜好了以后,再由湖笔世家的三代人,就是湖笔的传人,老师傅、徒子、徒孙三代人来祭拜。祭拜好了以后,就是广大笔工敬香、焚笔了。这些完成了以后,我们就把蒙恬像撤位了,用八抬大轿把蒙恬像抬起来,有八个卫士护卫,穿的都是秦朝大将卫士的服装。最前面是"蒙字旗"开道,后面是唢呐队、锣鼓队,这样浩浩荡荡地到街上去出游。凡是做笔的地方我们都去转一转,这些做笔的人家都在门口摆香案迎接,好像过去的钦差大人到了一样,非常热闹。晚上还要组织大家吃会酒,搭台演戏,放焰火啊,放炮仗啊,一整天热闹异常,很隆重的。

为笔祖蒙恬开光、净身（图片由善琏镇文化站提供）

向祭拜笔工泼『圣水』（图片由善琏镇文化站提供）

宣读祭文（图片由善琏镇文化站提供）

小知识:蒙恬会当天的民俗活动

开光:一名德高望重的老笔工,用蒙氏羊毫湖笔揭去红绸。

整冠:老笔工端正蒙公像之冠,重新梳理。

洗尘:用蒙氏羊毫湖笔,掸去蒙公像身上的灰尘。

净身:为蒙公像洗脸抹身,把"圣水"泼向祭祀笔工。

祭文:颂扬笔祖功德,由老笔工宣读,众笔工跪地聆听。

祭祀:老笔工焚香点烛,四跪八拜领祭,众笔工跟着祭拜。

焚笔:众笔工将自家制作的湖笔投入香炉焚烧。

出会:由蒙旗、抄锣、禁牌、兵器、大轿、笔旗、鼓手、笔工等几百人组成的队伍,绕行笔庄数十里游行,俗称出会。至此,蒙恬会祭祀宣告结束。

会酒:晚上笔工会餐,吃蒙恬会酒,大家欢聚一堂,畅谈笔业发展。

蒙恬戏:晚餐后,笔工在蒙公祠观看蒙恬戏文。

所以这个庙会对我们今天做笔的人来讲,是有启迪作用的。我们做笔的行业现在看来好像有一点儿不太景气,但是做笔这件事是始终不能够被取代的。我说做笔就是个兵工厂,没有好的笔书画大家就发挥不出作用。所以文房四宝当中把笔作为第一位,为什么?因为书画就好像是农民种田一样,一定要用铁耙,要用农具,打工的也要用工具,所以以后做笔还是要世世代代传承下去的。

推广蒙恬会的各种方式

现在这个庙会不单是我们善琏镇在搞，我们善琏周边地区的制笔单位也都来参加。还有像上海的、杭州的、湖州的、苏州的、北京的、江西的，这些地方的制笔单位也都来，甚至还会来一些外宾，所以它的影响范围越来越广，名望也越来越大了。

我们现在为了保护这个庙会，这个非物质文化遗产，一方面要重视文化宣传、艺术宣传。比如说我们中央电视台四套，有过关于笔祖庙会的专门采访，也报道过。还有上海的电视台、浙江的电视台、湖州的电视台，也都播出过关于笔祖庙会的内容，所以这个活动也算有了一定的知名度。有关庙会的一些资料，我们接下来也会不断再整理、完善。另外，我们每一年的庙会都有摄像，这些影像、图片等资料也都会保存起来。

另外，我们也落实了负责庙会的专门组织，我们成立了湖笔协会①，它主要是负责庙会相关事务的。又专门成立了领导小组，小组成员有文化方面的，也有政府里管民政方面的，还有湖笔行业协会的，这样等于是在组织上对庙会进行指导。

再一个我们也重视文艺创作。我记得 1984 年的时候，我们湖州艺术团写了一个剧本并进行演出，叫"玉兰蕊"②，是以湖笔的名称来命名的，它就是根据蒙恬跟卜香莲的爱情故事创作的。还有我们湖州的一个剧作家叫金一鸣，曾经写

① 湖笔协会，全称为浙江省湖州市南浔区善琏镇湖笔行业协会。

② 玉兰蕊，是传统湖笔中最著名的羊毫笔品种，其特点是锋长、圆齐、质净、性柔，吸水强，吐水匀，宜书写正、草、隶体。1986 年，由湖州越剧团创作、编排，著名越剧演员俞建华演唱的越剧《玉兰蕊·遗笔》在 1986 年"江、浙、沪、闽越剧电视大奖赛"演出，获得广泛赞誉。此处受访人提到的"湖州艺术团"应为口误。

了一个有关蒙恬的电视剧《笔祖蒙恬》[1]，也在电视上播出过。所以在文艺创作方面，我们也做了很多。

我们接下来要做的场地建设方面，归根到底资金是最要紧的。我们湖州市广电局每年都拨款，善琏镇和湖笔行业协会的成员们也集资。所以我估计以后庙会会越来越隆重，场地建设会越来越好。如果没有资金的话，场地建设扩大规模就难说了。另外，我们现在这个蒙公祠和旁边的湖笔文化馆，以及前面的广场，有将近十亩土地，这样的场地保障对保护庙会也起到了一定的作用。

与湖笔有关的老字号和书法家

善琏造笔的历史是很长很长的，我记得在有些资料上看到，汉朝就有善琏制笔的传说了。你像湖州的王一品[2]，也是很早以前的一个老字号。相传当年科举考试的时候，善琏有一位王姓笔工，他背着毛笔到京城里去卖，有一个读书人去京城考试，用了他的笔后，考取了状元，从那以后他的笔号称"一品笔"了。

除了王一品，还有杭州邵芝岩[3]，他们都是一边做湖笔一边卖湖笔。邵芝岩也好，王一品也好，师傅基本上都是从我们善琏过去的。我们善琏人在上

[1]《笔祖蒙恬》是一部于2001年由金一鸣、高峰担任编剧的电影，讲述了秦始皇时期大将蒙恬在善琏改良毛笔，"纳颖于管"，制成"湖笔"的传奇故事。

[2] 王一品，始创于清乾隆六年（1741），是中国最老的生产和经营湖笔的专业笔庄之一。据历史记载，清乾隆年间，湖州有一位姓王的老笔工，每逢科举之年，都携带一批精制毛笔到京城向考生售卖。1741年，一位考生用了他的羊毫笔，中了状元。从此人们都把他制作的笔称为"一品笔"。现为"湖州王一品斋笔庄有限责任公司"。

[3] 邵芝岩，清朝同治元年（1862）由浙江慈溪人邵芝岩在杭州创办的湖笔庄，原名为"粲花室"，后以店主名为店名。邵芝岩现生产销售各类毛笔和文房四宝。代表品种是"芝兰图"。现为"杭州邵芝岩笔庄"。

海还有一家大店，叫李鼎和笔庄①，他也是我们善琏人，他到上海去开笔店，前面是商铺，后面是作坊。苏州有一个贝松泉笔庄②，还有一个陆益元堂③，都是卖我们这里生产的湖笔。抗日战争的时候，这些善琏人逃难去，就是到贝松泉和陆益元堂给他们做笔去了。还有北京的戴月轩湖笔店④和天津的杨柳青⑤，都有善琏人到那边去帮助做笔。后来我们国家领导人用的笔基本上都是戴月轩做的。所以在制作湖笔这块，善琏出的名人是很多的。

赵孟頫⑥本来是宋朝人，后来朝代更迭，宋朝结束，他就在家里面写字、写文章，他写字用的就是我们湖州的笔。赵孟頫这个人天资聪颖，学什么人的体，就像什么人的体。我记得有个故事是，有一次他到朋友家里做客，好像他的朋友请他写《兰亭集序》，让他模仿王羲之的字体。他写出来以后，大家一看，一模一样。

后来元朝政府知道湖州有赵孟頫这么一个大家，就把他请到京城去。他在湖州期间写的字是很多的，我们在"湖笔文化节"的时候，也举办了一个"赵孟頫杯"全国书法大赛，来纪念他。

① 李鼎和笔庄，是清咸丰元年（1851）由善琏笔工李鼎和在上海创办的湖笔庄。1956年公私合营，与《周虎臣》和《杨振华》等八家著名笔庄合并成立『上海老周虎臣笔厂』。1981年，李鼎和笔庄老字号恢复现归属上海周虎臣曹素功笔墨有限公司

② 贝松泉笔庄，是清道光年间由善琏人贝松泉在苏州创办的湖笔庄，后于20世纪50年代末公私合营，与陆益元堂、杨二林堂两家笔庄合并，成立了苏州湖笔厂。

③ 陆益元堂，是清道光元年（1821）在苏州创办的湖笔庄，后于20世纪50年代末公私合营，与贝松泉、杨二林堂两家笔庄合并，成立了苏州湖笔厂。

④ 戴月轩湖笔店，是1916年由善琏人戴斌和几名笔工在北京创办的一家湖笔店。创始人戴斌，字月轩，出生于浙江省湖州市善琏镇，从小学习制笔，技艺超群。现为『北京戴月轩湖笔徽墨有限责任公司』。

⑤ 杨柳青年画，中国四大木版年画之首，运用湖笔绘制。杨柳青年画的发源地杨柳青是天津市西青区北京地区、国务院办公厅和国家领导人的毛笔供应。戴月轩的毛笔制作精良，在计划经济年代负责的一个镇，是我国北方地区民间艺术的集散地之一。

⑥ 赵孟頫（1254—1322），南宋末至元初著名书法家、画家、诗人。相传，赵孟頫曾要人替他制笔，要求非常严格，一处不满意即要拆除重做，由此使湖笔制作技艺逐步完善。

赵孟頫故居之鸥波亭[1]

赵孟頫故居之松雪斋[2]

[1]鸥波亭,为赵孟頫的居室名,古人常以"鸥鸟浮游,随波上下"来比喻悠闲自在的退隐生活。

[2]松雪斋,为赵孟頫的书斋名,赵孟頫的诗文集即以"松雪斋集"为名。

湖笔制作技艺

湖笔是毛笔中的佼佼者,以制作精良、品质优异而享誉海内外。湖笔纯由手工制作,要经过一百二十多道工序,主要工序由技工专司,秉承"精""纯""美"的准则,选料精细,制作精工,产品"尖""齐""圆""健"四德齐备。

2006年,湖笔制作技艺入选第一批国家级非物质文化遗产代表性项目名录。

湖笔

邱昌明

国家级代表性传承人

邱昌明（1950— ）男，浙江省湖州市善琏人。国家级非物质文化遗产代表性项目湖笔制作技艺代表性传承人。

邱昌明 1966 年进入善琏湖笔厂做学徒，师从湖笔制作老艺人姚关清，学习湖笔的传统制作工艺。经过十多年的刻苦钻研，他的制笔技术不断提高，制作出的笔头锋颖①清晰、整齐、无杂毛，有『光、白、圆、直』的特点，在同行中备受赞赏。他还根据市场需求的新形势和新变化对湖笔制作工艺进行改良和创新，不断生产出湖笔新产品，得到了广大用户和客商的肯定。

①锋颖，将笔头用手捻开笔尖前部，捏平后在阳光或灯光下映看，有一截较为透明晶莹的部分，此即锋颖，也叫笔锋。

采 访手记

采访时间:2014 年 11 月 17 日
采访地点:浙江省湖州市善琏镇善琏湖笔厂
受 访 人:邱昌明
采 访 人:丁 曦、田艳军

国家图书馆中国记忆项目中心工作人员正在对邱昌明进行口述史访问

湖笔，千百年以来都是中国文人心目中的文化符号。文房四宝中,向来有"笔墨纸砚"之序。之所以把笔放在首位,皆因制笔太难。"毛笔一把毛,神仙摸不着。"带着好奇，我们有幸来到浙江省湖州市善琏镇的善琏湖笔厂，在桂花飘香的院子里记录了繁复严谨的湖笔制作技艺的全过程。那些工作几十年的老笔工们,很多都是 20 世纪 60 年代的下乡青年，当时响应号召下基层,没想过一干就是几十年,也从没想过要离开。水盆工序的袁老师退休了还想着回到厂里继续做，用她的话说:"不知为什么,坐在水盆前感觉很踏实。与大家在一起合作久了,工作之外的生活,大家也成为一个都不能少的亲朋至友。"进厂时都是靓丽的少女、阳光的帅小伙,如今都已经成了白发苍苍的老人。这里有很多故事,值得我们去回味,去传颂。

湖笔制作技艺

杨秋濛 整理

笔墨纸砚在中国有两千多年的历史了,湖笔、宣纸、徽墨、端砚为"文房四宝"之上品。善琏在历史上的作用是独一无二的,它是湖笔的发源地。

一生守艺诠释匠心

我是土生土长的善琏人,1950年10月出生在善琏镇东栅茅家塘。善琏这个地方有三千多人口,家家都有制笔的工人,户户也都是出笔工的。因为左邻右舍都是做毛笔的,所以从小跑到各家到处看,眼睛里都是毛笔,有些是做笔头的,有些是做择笔的,有些是做装套的。我十三岁小学毕业,因为善琏没有初中,要上初中就要到外地去,我家庭又很贫困,所以小学毕业之后就没有上初中。我十六岁那年,就是1966年,当地政府为了照顾我们比较贫困的家庭,就把我安排到善琏湖笔厂工作,想不到我也加入制笔行业了。当时要分到善琏湖笔厂工作也不容易,善琏大的企业,一个是供销社,另一个就是善琏湖笔厂。当时被分配到湖笔厂的有四个人,我被安排到择笔工种,这是湖笔制作很关键的一个工种。

身上有技术 走遍天下都不怕的

老艺人。

①姚关清,高档羊毫择笔

我 1966 年进厂之后呢,就跟着当时厂里一个叫姚关清①的师傅,给他当徒弟,他当时已经是五十多岁的人了,深受传统观念的影响。当时湖笔行业的传统观念是传儿子不传女儿,传内行不传外行。因为我父亲不是从事制笔行业的,所以我们家我就是第一代,算是外行了,因此我刚进厂的时候,师傅不是很放心传给我。我师傅没有子女,师娘当时被聘请到浙江温州,去教人家做湖笔了,所以家里只有我师傅一个人。师傅年纪大了嘛,不论是生活上还是工作上,我都帮助他,像子女一样地服侍他。后来师傅好像被我的关心、照顾感动了,他也全心全意地教我,把毕生的技艺都传给了我。

我们这里手工艺拜师都有一定的仪式,很庄严、很庄重。拜师是这样的,新中国成立之前正儿八经的拜师,是你要看好日子,买了蹄髈(猪肘)、鱼、酥糖、糕点,拿这四件东西去拜师的。师傅坐在朝南的椅子上,两边蜡烛点好,学徒要三跪三拜,所以叫拜师。拜好师之后,就正式承认你是他徒弟了。在师傅家学习一共要七年。头三年纯粹是学习,基本上算是没有工资的,在师傅家吃饭,跟师傅白做三年。第四年开始,要一半学习、一半操作,开始给你一点点实习的机会,慢慢给你做。当时一般人当学徒都是固定工资,一个月是十五块,我能够做的快一点多一点,就能做到二十块。

1966 年我进厂的时候遇到"文化大革命",我师傅对我说,你不要去管别人,也不要去管"文化大革命",只要把自己的技术学好,今后就是有技术的人,身上有技术的话,走遍天下都不怕的。现在回想起来呢,我师傅这个话是千真万确的,他很有远见,是我的恩师,我当他是自己的父亲一样。我师傅还跟我说,不能够发多少工资你就做多少,要多贡献一点。恩师的教导和传授,我是毕生也不能忘记的。每年我都要去看望我师傅,要给师傅买蹄髈、鱼、酥糖什么的,每年还会给他红包。

到 1969 年满师①的时候呢,我基本上能够做中高档的羊毫笔了。在学徒期的时候,每年会有一次中高档毛笔的资格考试,你如果考得好,就把你的技术等级提升一级,如果考得不好,就还停留在当前的等级,所以竞争比较激烈,压力也比较大。那么中高档毛笔制作的技术不行怎么办呢,就是当时师傅有些高档的毛笔,我也偷偷地帮着做,开始他是不同意的,后来看我做得还可以,他也比较满意,所以我就算是学成了。这样我满师之后呢,就能够达到制作中高档毛笔的水平了。

在当代的制笔师傅中,杨卓民②、李荣昌③、姚关清他们三个的技术最好了。在工厂里除了我师傅,我最崇拜的就是杨卓民和李荣昌这两个大师傅了。他们也是做择笔的,也是同类高档羊毫,大笔、小笔都做的④,他们同我师傅三个人都是同一个级别的,都是羊毫择笔大师。杨卓民是工厂里面特别好的一位师傅,他生产的毛笔光、白、圆、挺,他做的大笔更是无人能比,他这个笔现在来讲也是第一的。在 1962 年的时候,他还作为劳动模范,参加了全国手工业合作社代表大会。李荣昌是工艺大师,他大小羊毫都做,而且技术都是领先的。在

1979 年的时候,他参加了全国工艺美术代表大会。所以说他们的湖笔技艺都很高,我很崇拜他们,也虚心向他们学习,他们对我也比较关心,总是能够教一些技巧给我,然后我在实际操作当中加以应用。我在厂里做工的那一段时间,进步比较快。

手把手传艺 湖笔是我一生的工作

到 1975 年我也当师傅了,工厂叫我带徒弟,分了四个学徒给我。我按照师傅教给我的一套技术对他们进行传授,一边学一边教。他们在实际操作当中遇到了什么困难、什么问题,有什么要解决的,我就边说边教边做,在实践中做给他们看,这叫言传身教吧。一般来说制笔的这个手艺,年轻一点手就是灵活一点,这四个学徒当时分进来的时候二十五岁,他们做起来手好像有点不灵活,所以学起来比较麻烦。这四个学徒都是女同志,我也比较关心她们,有些她们择不好、择坏了,作为师傅我就帮她们修。她们从 1975 年进来到 1978 年、1979 年满师的时候呢,都能够达到操作中高档毛笔的水平了。

一开始学这个比较枯燥,一天到晚就是在操作这个毛笔,所以对她们来说好像兴趣不大。但是当时做其他工作也比较困难,所以我跟她们说,既然要学这个湖笔制作,就要尽心尽力地学,不能半途而废。当时第一年给学徒生活费每月十五元,第二年十八元,第三年二十元,等他们三年学成之后,就按照生产能力再多劳多得。我一共收了八位学徒,现在四位已经退休了,四位还在工厂里做工,现在都担任骨干了。我同他们说,今后你们也要带徒弟,一代代地传下去,这样湖笔技艺才不会中断。

1980 年的时候我被调到生产技术科管产品质量。1985 年厂里提拔我当主管生产的副厂长。1992 年厂里一位老厂长退休了,我就接替他,全面主管湖笔厂的工作。1992 年到 2008 年我一直在善琏湖笔厂工作,直到退休。

妻子的付出让我有精力全心投身事业

我的家庭是一个三口之家,我妻子叫范惠莉,她是 1952 年出生的,比我小两岁。她也是善琏湖笔厂职工,做象牙和牛角笔杆的。1975 年的时候,她作为下乡知识青年上调来到湖笔厂,因为她父母是湖笔厂的职工,上调之后就是跟父母接班。她家庭三代都是做毛笔的,她爷爷、她父母都是在善琏厂里做装套①、结头②的。因为我们俩都在厂里工作嘛,就通过人家介绍认识,1979 年就结为夫妻了。

家里面,我有个女儿,现在在杭州工作。家庭方面都是我妻子负责,她把家务全部揽下来了,女儿基本上是她一个人带大的。我很感谢我妻子,她为我挑了一半担子,让我能够有精力来从事这个职业。我不管是负责生产也好,负责管理也好,都把主要精力放在厂里了。

湖颖之技甲天下

三义、四德、五毫

笔工有"三义"的制笔理念:精,所谓精神;纯,所谓纯净;美,就是追求完美。湖笔的四大特色,也称为"四德",尖、齐、圆、健。尖就是固定好之后笔尖像锥形;齐就是毛笔散开之后顶锋要齐;圆就是毛笔的圆度,四面要圆润,不允许凹凸不平;健就是使用时刚劲有力,书写的时候要有弹性。这些都是做毛笔的基本要求,如果这"三义""四德"做好了,那肯定是一支好笔。

①装套,湖笔制作工序之一,将结扎好的笔头与相应规格的笔管进行组合装配。
②结头,湖笔制作工序之一,就是将经过水盆工序的笔毛进行结扎、黏结、制成笔头。

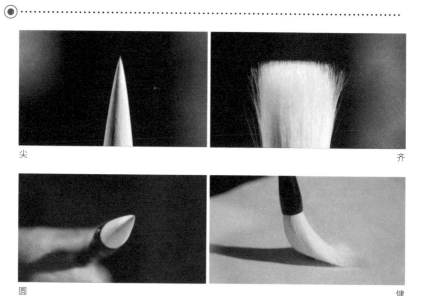

尖　　　　　　　　　　　　　　　　　　　　　齐

圆　　　　　　　　　　　　　　　　　　　　　健

　　湖笔的种类,按照大小,分为大楷、中楷、小楷。按照长短分呢,就是长锋、中锋、短锋。按原料性能分类的话,主要分为五大类:羊毫、狼毫、兔毫、紫毫、兼毫。①那么羊毫笔的一个特性,就是全部都是羊毛做的,它比较柔和,柔中又有刚,适合写字。狼毫笔主要是狼②毛为主的,弹性比较足,又可以画画,又可以写字。兔毫就是山兔毛做的,它又分三个小类,紫毫、白毫、花毫③,主要是写楷书,也有一些用于画画。还有就是兼毫,兼毫是以羊毛为主,加了其他的动物毛,就是软硬兼施了。像加健大白云,外面是羊毫,里面加了一些狼毫,做比较短的短锋;而长锋,因为狼毫毛没有这么长,所以把石獾毛、灰鼠毛、马毛或其他一些野兽的毛加在里面。

　　我们工厂的湖笔,到现在一共有四百二十多个品种。那么品种是怎么分的呢?每一

①紫毫,本属兔毫,因为历史上紫毫贵似金,所以特列为一大类。
②这里指黄鼠狼。
③花毫,黑白相间的兔毫。

个品种都有一个名称,名称有这几方面:一个是按照配料起名的,比方说大七紫三羊、五紫五羊,是按照笔料毛的配比多少来定名的。大七紫三羊的意思就是,里面七分紫毫,外面三分羊毫,就叫七紫三羊;另一个是按照毛笔笔头的造型来起名的,比如兰蕊羊毫①。为了区别毛毫的品性优劣,在笔名前冠以"极品""精制""加料"等字样,比如"极品紫毫大楷""加料②条幅"等。还有一些传统产品反映了一定的时代精神,我记忆当中原来最开始的是"仁义礼智信"这一款毛笔,"文化大革命"中就被去掉了,因为它讲的是仁义道德,当时就改掉了,到现在还没有恢复起来。"福禄寿喜庆"也是原来的老品种,福呀、禄呀、寿呀、喜呀、庆呀,在"文化大革命"中好像这是在讲金钱、福气,就把它归到"封资修③"的那一套了,所以改成了"劳动最光荣"。沙孟海④是著名书法家,被称作"南沙",他对我们厂确实是关心的,他送给我们的几幅作品是用"劳动最光荣"的毛笔写的。那时候湖笔最正宗的就是这个,当时一共生产了两百盒、一千支,这是当时我们厂里最高级的师傅做的,都是精工细作的。后面这两款毛笔在20世纪80年代就全部恢复了,两款毛笔都在用,全部是纯羊毫,它写字是比较好的。

毛笔的低、中、高档,我们是按照"两"来分类的。二两到十三两是低档,十三两到二十两是中档,二十两到一百二十两是高档。为什么用两来计算呢?古代的时候是用银子来算的。比方说你一百支毛笔卖出去是二两银

① 兰蕊羊毫:兰蕊式的笔头侧影如兰花花瓣,在接近笔头根部的部位直径有所收缩,使笔头纵向外形呈现柔和的曲线,较为美观。
② 加料:指笔中优质有锋的羊毛比一般的笔含量较多。"条幅"说明是适合写条幅字的笔,也叫联笔。
③ 封资修:"封建主义、资本主义、修正主义"的简称,是"文革"时期语言。
④ 沙孟海(1900—1992):原名文若,字孟海,浙江鄞县(今浙江省宁波市鄞州区)人。20世纪书坛泰斗,于语言文字、文史、考古、书法、篆刻等均深有研究。曾任浙江美术学院教授、西泠印社社长、西泠书画院院长、中国书法家协会副主席。书法界的南沙北启,南沙指沙孟海,北启指启功。

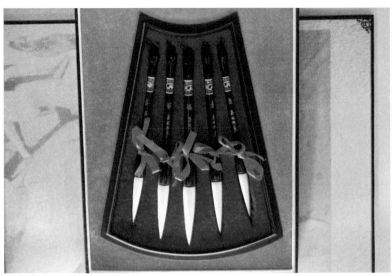

"福禄寿喜庆"套笔

子,那么就是低档,如果能卖到五十两银子那就是高档毛笔,所以我们就用这个计算方法定质量的高低,用"两"来称呼,比如"十五两小花"①"二十四两紫毫"②。低、中、高档的毛笔在工艺和制作工序上都一样,区别就是高档笔要用好的毛料,笔杆要用好的笔杆。一般低中档的笔都是竹竿,高档的毛笔就是配牛角杆、象牙杆一类的。高档毛笔一天的订量比较少,低中档的订量就会比较多。比方说兰蕊羊毫,最高的等级是五十两,当时我们要做的话呢,每一天的任务定的是十三支,一个月要做三百多支,才能够完成任务。

①十五两小花,即十五两档次的以花色兔毫为笔芯的小楷笔。
②二十四两紫毫,即二十四两档次的以纯紫毫为笔芯的笔。

用最讲究的原料做最精致的笔

湖笔最主要的是笔头和笔杆两个部分。制笔行业有句话:"笔之所贵者在毫。"笔头毛的选择是十分重要的,它直接影响着湖笔的质量和书写效果。湖笔有名的,一个是羊毫笔,一个是兔毫笔。兔毫笔在全国只有善琏人做,这个工艺其他地方没有。兔毫笔的取料是在安徽淮南,淮北的不能用,因为淮北的兔子这个毛是扁的,淮南的毛是圆的,所以我们湖笔的毛就取料于淮南兔。我们原来一般用的都是淮南山兔,不是家养的兔,一定要野生的,锋颖比较尖锐,富有弹性。湖南也有兔子,湖南的兔子毛比较粗、弹性好,也是可以的。我们湖笔厂最有代表性的就是披白,披白就是紫毫跟白毫加起来,外面是紫毫,里面是白毫。还有一种是花紫,花紫是紫毫同花毫,就是三种毛搭配两个品种。这是兔毫里面最高端的两个常用品种,销量很大,好写字,也好画画。

羊毫的话,最好的羊毛在杭嘉湖,现在在嘉兴平湖那一带。羊在春天和夏天吃草,冬天没有草了只能吃桑叶。现在讲起来这样的羊毛品质好,它生产的毛有光泽、挺拔、病毛少,所以湖笔都采用优质的山羊毛。羊毫的羊毛必须是光锋毛①做的,其他毛就不能做了,只有这里的羊才出光锋毛。高档的湖笔,比方说盖尖锋,就必须用尖锋毛制作,它弹性很足,锋很透,用的时候柔中有刚、刚中有柔。

那么,狼毫笔是取自黄鼠狼尾巴的毛,这也是有讲究的。南方的狼尾比较短,要取北方辽宁的辽尾,因为那个地方天气比较冷,黄鼠狼尾巴的毛特别锋利,弹力很足。所以说取材是特别要讲究。

①光锋毛,锋颖达到一半以上,毛条呈透明状,弹性适度,蓄墨能力强。

还有笔杆的选材,在几十年发展当中,也有更新和发展。原来清一色就是青杆①、花杆,也有红木杆,但是很少。那么现在面临什么问题呢?就是青杆越来越少,原来我们浙江余杭那里的竹子很多,工业化以后这个地方竹子没有了,要到湖州安吉的深山老林里面去采集苦竹。做笔杆一定得用苦竹,竹子又圆,又有韧性,它的节是很宽的。现在发展到什么程度呢?青杆、花杆、牛角杆、红木杆,还有湘妃杆②、景泰蓝杆,有十几种,就是按照不同档次的毛笔选材,越高档的用料越好。现在做礼品笔也好,收藏笔也好,一般用高档的象牙杆和红木杆比较多,现在象牙已被国家禁用。牛角杆有一个缺点,经常会遭到虫蛀,木杆就不会蛀,一般的花牛角通过处理之后也不会蛀了。还有青藏的牦牛角,是高寒的,质地很好也不容易蛀,但是价格会比较高。料好,再加上工好,这湖笔就十全十美了。

一支好的湖笔需历经百道工序

① 青杆,苦竹制作的杆子、青梗。
② 湘妃杆,湖南一带出产的湘妃竹制作的杆子,竹竿挺直均匀,其褐色斑点具有天然装饰作用。

湖笔的制作十分复杂,一般从原料到成品要经过八道大的工序,包括选料、水盆、结头、蒲墩、装套、择笔、结头、刻字等,每道大的工序里面还有若干小工序,所以湖笔的制作工艺大小共有一百二十多道,每道工序的产品质量都对成品有很大影响。其他一般的毛笔工艺比较简单,十几道工序就够了。我们湖笔的制作工艺相对来说比较精细、复杂。

我们大概每年要采购十万张皮,采购来之后第一道工序就是脱毛。我们按照传统的脱毛方法用草木灰浸泡,自然脱毛要浸一个月的时间。它脱出来的毛对毛身没有影响,这个传统做法比较慢,现在做传统脱毛的人已经没有了,所以这一点我们算是简化掉了。现在我们是用新式的脱脂法,用石灰,就是碱,涂在兔皮上,涂上之后几个钟头毛就脱下来了。天热的时候大概四个小时,天冷的时候时间长一点。一般做毛笔的这毛都在背部,比如兔毫,在兔子的背上,分三种毫,黑的是紫毫,花的是花毫,还有一种白毫,三种毛能够做毛笔。七花八花①的毛一般做七紫三羊和一些低档毛笔,高档毛笔就是纯的紫毫、白毫、花毫这种。我们是这样的,一百张兔皮出一两毫,一两毫就是五十克,五十克里面好的兔皮能出三分之一紫毫、三分之一白毫、三分之一花毫,就是各三钱毫吧,这已经算出得很好了,一般的兔皮出不了这么多质量好的毛。

① 七花八花,花毫根据毫上色块的多少,分为二花、三花、四花等多个类别,在兔毫中黑色的毫即紫毫最坚韧有劲,白毫相对软一些,所以含白毫多的花毫被认为质地稍差,花色越多说明质量档次越低,文中的七花八花质量则更次。(参见程建中:《湖笔制作技艺》,浙江人民出版社,2012年第1版,第72页。)

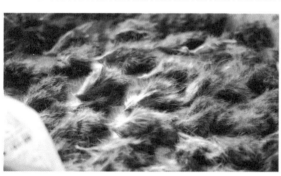

经过脱毛处理的兔毫

从左到右依次是:花毫、白毫、紫毫

选料是第二道工序。毛拿来之后放在桌板上就要把羊毛分开，按照羊毛的长短、粗细、锋颖、品种分开，分成十二类、十九个品种，每个档次的要求都有不同。①分开不同档次的毛之后，就直接配料到不同的品种里面去，做什么毛笔就配什么笔料毛，是做披毫啊，还是做笔芯啊，这是很关键的。②就拿羊毫来说，如果做大笔的毛就是要光锋做，一般用长度十厘米以上的毛做的；如果做高档羊毫的就是要全长八厘米左右，毛笔的笔头外露的部分有五厘米到六厘米；还有比如说盖尖锋，它也是做高档羊毫的；短锋有白黄尖、黄尖锋、爪锋……一共有十九个品种，毛的品种就是按照羊毛的好坏来命名的。如果做兔毫笔还要把三种毫分开，脱毛之后的兔毫都是混在一起的，干了之后呢就要人工去分，把不同品种的毛分出来。他们分拣工都是一根一根地分，紫毫归紫毫，白毫归白毫，花毫归花毫。如果我分配给你做一百支羊毫笔，或者几百支披白③，就是大七紫三羊毫，料搭好后就分给你，比如多少紫毫，多少白毫。一般拣料工要培训的，一个学徒工要没有七八年时间是不

纯紫毫

① 传统技艺要将笔料毛分为四十余种类型的笔毛料，并大致分为高、中、低三个档次，具体名称、分类大致如下：1.高档类：头尖、顶尖、盖尖（其中又分正、副）、直锋、透爪（分正、副）、细光锋（又分长、中、短）、粗光锋（又分长、中、短）。2.中档类：白尖（又分正、副）、黄尖（又分正、副）、脚爪（又分正、副）、长盖毛、短盖毛。3.低档类：上爪、粗爪、提短、细长锋、长羊毛、羊尾、羊须、黑羊毛。高档类中的羊毫主要用于制作价值较高的高档羊毫笔。其中分为两个类别：一是「尖锋类」，包括上述「头尖」至「透爪」；二是「光锋类」，即「细光锋」「粗光锋」两类。两类的区别是尖锋类无明显光泽、弹性稍强、锋颖底线界线明显；光锋类光泽明显、弹性适度、锋颖底线呈逐渐过渡，界线很不分明。这两种毛同为高档原料，两者之间无所谓质量高低，只是在制笔中的用处有所不同。通常尖锋类毛用作笔芯，光锋类毛用作披毫。（参见程建中：《湖笔制作技艺》，浙江人民出版社，2012年第1版，第70—71页。）

② 毛笔的笔头毛分为两个部分，笔芯毛放在中间，披毫即披在笔芯外面的毛。

③ 披白：产品名称为披白紫毫。

会熟悉的,需要很长时间才能够分得清毛料的品种,鉴别出毛质,所以捡料工一般是要做了几十年的老师傅。

第三道呢,就是水盆。水盆是湖笔制作最复杂、技术要求最高的工序之一。把毛拿来进行筛选、梳理,最终做成笔头,这个工序的质量标准直接关系到湖笔的质量。分好料之后需要一个挑笔刀,用手从右到左这样挑过去,一根一根地理、一根一根地挑,把一些无锋

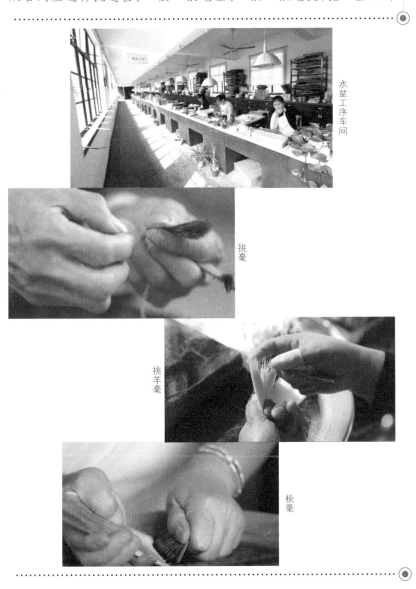

水盆工序车间

挑毫

挑羊毫

梳毫

的、弯曲的病毛去掉,把健康的毛、有弹性的毛留下。然后把毛一刀一刀连起来,一捧很散的毛要手工把它连成像刀片样的一片一片的。理好之后的毛不齐,就需要梳毫,就是把毛长的短的一根一根地连起来梳理。梳好之后还要齐毫,一般水盆要做到三头齐,顶锋齐、肩胛齐、底部齐,一片不能太厚,也不能太薄。这片弄好之后再按照毛笔的品种来分料,配成各种不同的笔头毫片。分好之后,比方我要做长锋的,锋颖要达到四厘米长的,一定要全部毛都是四厘米,一厘米的全部要一厘米,一定要所有毛都符合标准。如果披毫是一厘米长,那么笔芯可以短一点,零点九厘米或者零点八厘米。笔芯的锋短一点还不要紧,但披毫必须一致,因为披毫直接关系到书写的时侯笔头是不是拢抱不散,所以披毫的规质是非常要紧的。那么芯子和披毫都做好之后,再拿一个笔杆来比量粗细,把披毫盖起来在笔芯外面包上去,包好之后顶上参差的毛要去掉,这样一个笔头就完成了。

配好料的笔头毫片

每个水盆一个月的任务一般是做五百个长锋，要做五百个的话八小时工作基本上是来不及的，所以晚上还要开工。因为毫要一刀刀挑，时间肯定要很长。基本上一个月三分之一的工夫要放在挑披毫上，三分之二的时间放在笔芯上，湖笔的特色就在这里。一般的毛笔不是这样做的，它是笼统地搓起来就做好了，它不分锋颖。湖颖①的妙处就在这里，区别也是在这里。

水盆做好之后这个笔头是湿的，需要晒干。晒干之后就要轮到下一道工序，结头②。结头就是把笔头结扎好，用到的工具也很简单，油灯、扎的线，还有一个敲笔尺。结头有三个要求，第一结头位置要恰到好处，扎在底部一毫米那个地方，高了也不行，低了也不行。第二个要求是线箍扎得要紧，不能松。线箍扎得底子要平，不能偏，也不能凹进，所以我们内行叫不能扎成"馒头底"，也不能扎成"盆子底"。第三个笔头的底部要扎齐，它的质量标准就是不能做成马蹄形。马蹄形是什么呢？一个高一个低，

①湖颖，指的是湖笔的笔锋，是湖笔的特色。
②结头，也叫"扎毫"。

结头

① 这里描述的为蒲墩工序，即对制成笔管的竹梗原料进行检验、分选，因旧时笔工是坐在一个蒲墩上进行操作故而得名，业内也称为「打梗」。（参见程建中：《湖笔制作技艺》，浙江人民出版社，2012年第1版，第77页。）

叫马蹄形。捆扎后将松香加热到熔化，把松脂涂在笔头的底上，底部的毛才能够黏结在一块。结头这个步骤很重要，结得不好的话，笔头的锋就会偏。

结头这一块做好了就该选笔杆了①，笔杆的要求是要直，不能弯，一般天然的竹子都是弯的，要通过人工加温之后绞直。另一个选的笔杆要粗细均匀，我们有大的笔、中的笔、小的笔，要全部搭配好。如果说要笔杆二十厘米长就全部要二十厘米长，零点八厘米的口径就全部要零点八厘米的口径。颜色也需要统一，都要青色的，不要有花的、有白的。

选笔杆

绞直笔杆

接下来就是装套了,就是把笔头装到笔管里去,然后再配上笔帽,需要绞笔刀和车刀两个工具就够了。装笔头之前要将笔管的两端锉平,然后在顶端掏空一段用于装配。用刀绞的时候四面一定要厚薄均匀,如果一边薄一边厚,那你笔头装进去就要靠起来了[1],薄的地方靠到薄的地方去了,或者靠在左面或者右面去了,所以一定要均匀。装套的师傅一定要有很高的技术,把这个笔头套进去不能碰到笔的毛,如果你里面绞得不透不深的话,这个笔头套进去,头顶牢了,把毛弄糙了,那就不行了。接下来是套笔帽,高技术的装套就是这个笔帽的套子不能碎,它套进去后拔出来"嘣嘣"响[2],就证明他这个技术很高了,这需要手上功夫。在过去是做竹套上去,现在大多都改用塑料套了。

接下来还有一个流程是镶嵌,用牛角在笔杆上镶嵌一段[3],让笔杆的造型更加美观。新中国成立之前是用毛竹做的,现在是用牛

[1] 指笔头在笔管中因薄厚不均靠在一边。

[2] 相当于瓶塞与瓶口接触精密的话,瓶塞拔出时由于空气的突然进入,会发出「嘣」的响声。用手工操作要达到如此的精密,需要具备很高的技术。(参见程建中:《湖笔制作技艺》,浙江人民出版社,2012年第1版,第79页。)

[3] 牛角镶嵌分镶头和镶尾两种。镶头又叫装斗,斗的造型有直斗、三相斗、羊须斗等。镶尾又称挂头,因所镶的尾段中间安装有小绳套,便于挂笔,故得名挂头。造型有宝塔头和葫芦头等。

掏空笔头顶端用于装配

打磨牛角头

角、红木、檀木、竹梗、花梗①这些，在外观上比原来美观了很多。

这些都做好了就要到择笔了，就是我从事的工序，羊毫的择笔和尖毫不一样，每一位师傅只能择一种笔，我是做羊毫择笔的。择笔是整个制笔工序中比较关键的一块，这一步会把笔头正式安装在笔杆中，然后要把毛笔的毛整理成形，就是把"水盆"出来的毛坯进行精加工，这一道工序直接关系到产品质量和人们的使用感受，所以这个过程比较麻烦。

择笔的人一定要懂得羊毛的性能。羊毛是不规则的，它是动物毛，就是纤维毛，它有些上面过于粗，有些下面过于细。那么不一样的毛组合之后它出来的笔样也不同，择笔就是要处理这个事。

择笔的第一步先要注面②，就是把笔头注在笔杆的里面黏牢。在装套的时候将笔头放入笔杆并没有正式固定，正式装入并黏结固定是在择笔的时候完成的。注好的笔要求四面整齐，不能一面高一面低，黏结的地方也要牢固。注好之后隔一天左右要用石灰水处理，然后用硫黄熏一下，这样一来羊毛就白了。熏

①花梗，湘妃竹、凤眼竹等花竹梗。
②注面，即上胶。古代是把粮食（如大米、小麦）磨成的粉用热水调和成糊状，黏结笔头和笔杆，故称注面。注面的叫法一直延续至今。

注面上胶

好后的笔头要进行晒干,进行"择"和"抹"的加工。"择"就是将晒干之后的笔头打开进行挑拣,把无锋的毛、弯曲的毛去掉,因为水盆工序做的笔头多少还会剩一点不好的毛在里面,不可能一步到位,那这一步就要把不好的毛去干净,从笔芯到披毫的毛都要挑好的。"抹"就是造型,有些地方的毛放多了,它整体造型就要凸出来了,放少了它要凹进去了,择笔呢就是要删补,把上面凸出来的要弥补到下面凹进去的一块。笔上面的锋还要求一刀齐,这些都不是用剪

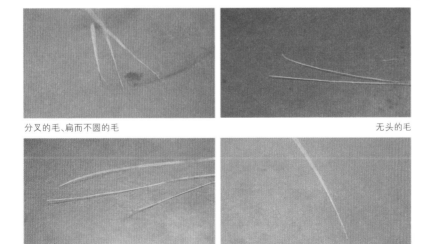

分叉的毛、扁而不圆的毛   无头的毛

无锋且弯而不直的毛   绒羊毛(有黑脂)

刀剪的,是需要人工来做的。造型是相当困难的,长锋一定要像竹子叶子的形状,短锋一定要像竹笋在泥土里出来时候的样子,越饱满越圆润越好,做这个形状主要是直接关系到写的时候是不是有力,所以腰部一定要饱满。腰部空了的话,这个笔写的时候它要弯来弯去的。长锋想要择成叶锋式是相当费脑筋的,要想怎么样才能把笔形造好,不是一般人能够做到的。我有时候晚上睡觉的时候都要琢磨,老师傅表面上跟你说一下,但是你操作的时候很多问题是要自己去处理的。比如尖锋羊毛,它的毛是有尖的,如果中间的毛太多了,那一上一下移着衬垫的时候这个毛的造型就变了,肩胛容易拱起来的,那么择笔就得要懂得这个道理。毛多了之后,你怎么办呢?就需要把尖锋羊毛笔尖上肩胛厚的毛去掉。整个过程要"三抹三择"才能够有一支成品,这是什么意思呢?就是第一次把笔固定好,上好胶,再松散开来,在里面一根根挑毛,挑好之后再抹好,抹好之后再打开挑,经过三次处理就是一支成品了。因为毛太细了,所以这个很伤眼的,三年学徒做下来,三十多岁就要戴眼镜

「叶锋式」长锋

择笔工序中进行"择"笔

择笔工序中进行"抹"笔

了,不然看不清楚呀。跟羊毫相比,尖毫更细,笔头更小,对视力就会更损伤一些。这个择笔不到十年的工龄是做不好的,我做了整整二十年的时间,一般学徒不知道羊毛的性能,什么叫尖锋羊毛啊,什么叫光锋羊毛啊,什么叫直锋啊?有些老师傅可能会说一些,有些根本没有人跟你说的,这都是要在实践当中摸索出来的。所以说择好一支毛笔肯定要懂得羊毛的性能,这个性能不懂,盲目的择是没办法的,择不好的。我们当学徒的时候经常要考试,有些学徒做了一辈子也做不出高档毛笔的。

邱昌明进行羊毫择笔

那么择笔做好了之后,一支笔要达到什么标准才算好呢?叫光、白、圆、直、挺,这羊毛一定要白,看起来又白又嫩,白到好像一个剥光的鸡蛋。锋上肩胛透明、笔毛平整、没有凹凸。比赛的时候,谁达到这个要求谁就是第一名。如果做十支毛笔,有六支以上是这么好的已经是不得了,有些人一支也没有。我们那个老师傅杨卓民，他的大笔就能达到这个要求，到现在为止没有一个人能赶得上他。

择笔好了之后就是半成品了，要刻字了。刻字就是在笔杆上按照每杆毛笔的品种刻上它的名字。① 刻字要做到什么呢？刻字跟写不一样，有三个要求，先要划"横"，再"直"，最后是"点"。"横"的标准要稍微斜一点，平了也不好；"直"要求要像宝剑一样；"点"像瓜子一样，是瓜子点。刻字还有一点，不能光会刻字，还要懂书法，写得好，刻出的字就活。一般的人刻出来很死板的，点嘛也没有点的样子，撇呀、捺呀也没有。懂书法的人刻出来的字漂亮、好看、大小排列均匀。比方刻大七紫三羊毫，这个字的大小排列都要成一条线，像一根香一样不能东倒西歪的，这个要求也是很高的，而且特别费眼睛。

最后一步就是包装了，装的时候也要装好。我们当时是纸包的，现在装盒子，一般用锦盒，大多是宋锦，就是裱书画的锦缎，这个也作

① 刻字工序除了在笔杆上刻商品名以外，还需要刻生产单位字样。

刻字

为一个大的工序。之后贴上商标和标签,这一支笔就算完成了。

湖笔的前世今生

制笔业的祖师爷蒙恬

　　湖笔的历史要追溯到蒙恬。蒙恬是秦朝的将军,传说秦始皇派他镇守在善琏这个地方的,我们当地都称他为制笔的鼻祖。他的夫人叫卜香莲,就住在善琏西堡村那个地方。卜香莲我们称她为"笔娘娘",在制笔的过程中做水盆工作,在善琏做了几年的时间,帮助善琏人做毛笔,教他们怎么改进。在秦代蒙恬之前,春秋战国的时候就发明了毛笔,但是当时这个毛笔的做法不一样,它的毛是绑在笔杆的外面。秦朝以后,蒙恬把这个毛往竹竿里面扎,扎在里面,所以善琏一带就把蒙恬称为鼻祖,因为他对湖笔的发展、改造是有功劳的。后来善琏就造了一座蒙公祠,里面祭着蒙恬大将军和"笔娘娘"卜香莲,还有他们的一个儿子。原来这个蒙公祠在我们厂里面,"文化大革命"之后就拆掉了,现在在善琏镇东面重新恢复了。湖笔行业为了纪念蒙恬对湖笔的贡献,所以重新造了一个纪念他的蒙公祠。

蒙公祠

善琏湖笔厂内蒙公祠旧址石碑

每年的九月十六日是蒙恬大将军的生日,所以要举办大型的庙会和活动来纪念他。①湖笔行业这一天会放假,大家不做笔了,就是休息,串门啊、玩啊、看戏啊。这一天早上,四面八方的笔工都要出来烧香、祭祖。有些笔工要烧头香,天不亮就到蒙公祠去烧香了,求笔祖保佑今年要生意好、平安。每年从这天开始的晚上还要搞一个纪念活动,做三天大戏,比较红火,"文化大革命"的时候中断了一段时间,现在又恢复了。

宣笔让位湖笔

宣笔时期和湖笔时期是我国毛笔发展史上两个重要的时期。湖笔在元朝之前是没有名气的,当时安徽宣笔是质量最好的,品牌也好,制笔行业大多以宣笔为主,

① 在善琏,蒙恬会每年举办两次。农历三月十六日是大会,由笔坊老板合资举办;农历九月十六日为小会,由笔工掏钱合力通办。蒙恬会虽有大会小会之分,其实规模不相上下。蒙恬会以祭奠笔祖蒙恬的仪式为主要内容,具体的祭典活动还包括:整理神像、乐师打唱、神像游镇、演戏庆贺。(参见马青云:《湖笔与中国文化》,北京大学出版社,2010年,第157—158页。)

主产地在安徽宣城那一带。

元代开始,湖笔就迅速崛起,逐渐地取代了宣笔。我听传说是这样的,湖笔在当时可以说是"毛笔之冠"。一般当时做得好的毛笔都是要进贡的,比方说我们现在的品种也有,叫贡品书画,这些毛笔就是纯羊毫的毛笔。元、明时期,冯应科[1]和陆文宝[2]是最有名的制笔大师。当时说湖州有三绝,"赵孟頫[3]的字,钱舜举[4]的画,冯应科的笔",就是说冯应科制笔是最好的了。大书法家赵孟頫对湖笔的影响也很大。他是湖州人,在湖笔的创新发展上,他有着不可磨灭的贡献。他为什么对湖笔起着这么大的作用呢?就是他用湖笔来书写之后,会把自己的使用心得告诉给笔工,如果笔做得不好,他就直接提出改进意见,应该怎么改进,什么毛应该放在什么位置,这样湖笔在书法家的指导下就更完善了,所以说湖笔的质量能够达到这么高,跟与大书法家赵孟頫的交流是分不开的,历史上是这么记载的。也可以说湖笔因他而越来越有名气,从用笔到制笔,这样他的名声也越来越大。相传他的弟子和一些书法家,都用他介绍的湖笔来写字,所以当时湖笔就兴盛起来了,安徽那一带的宣笔就慢慢衰落了,发展到湖州这里来了。书法家在写字的过程中不断指导笔工怎么做,叫书法家试笔。现在我们也一样,毛笔改进就是这个道理。我们1978年到北京去,那时候"文化大革命"结束不久,全国一流的书

[1] 冯应科:元朝时期的毛笔制作大师,曾经是大书法家赵孟頫的制笔人。其毛笔制作精良,为当时文化界推重。

[2] 陆文宝:明初制笔大师,深得冯应科真传。明朝永乐年间曾子启有诗赞曰:"吴兴笔工陆文宝,制笔不与常人同。自然入手超神妙,所以举世称良工。"

[3] 赵孟頫为南宋末至元初著名书法家、画家、诗人,特别是书法和绘画成就最高,开创元代新画风,被称为『元人冠冕』。创『赵体』书,与欧阳询、颜真卿、柳公权并称『楷书四大家』。

[4] 钱选(1239—1299),字舜举,号玉潭,浙江吴兴人,南宋末至元初著名花鸟画家。善画人物、山水、花鸟。元初与赵孟頫等称为『吴兴八俊』。

赵孟頫故居

① 黄胄（1925—1997），字映斋，中国画艺术大师，社会活动家，收藏家，长安画派代表人物。
② 李苦禅（1899—1983），原名李英杰，字励公，山东高唐人。1923年拜齐白石为师，是现代书画家、美术教育家。擅画花鸟和鹰，晚年常作巨幅通屏，代表作品：《盛荷》《群鹰图》《松鹰图》《兰竹》《晴雪图》《水禽图》等。1978年出版《李苦禅画辑》。

画家黄胄①、李苦禅②刚从"牛棚"出来，我们就把湖笔给他们写，他们说这才是真正的好笔，并把字画送给厂里。

早期笔工称湖笔行业像块"腊肉骨头"

善琏是湖笔的发源地。原来做毛笔都是家庭式的，家家都做笔，户户都有笔工。有些真是女的做水盆，男的做择笔，一个家庭就能够独立完成一支湖笔了。

新中国成立之前是单家独户做笔，旧社会苛捐杂税比较多，还要受到中间商的剥削，所以做毛笔的人很苦的，辛苦了一年也没有多少钱。早期的制笔行业被称作"笔空头"，"笔空头"就是形容做笔的人跟笔的管子一样，是空的。"家无隔夜粮，身无防寒衣"，是说做笔的人很穷，生活很困苦。新中国成立之前毛笔生产出来之后，要送到上海、苏州去销的，一定要通过水路、船舫。嘉兴南湖的船都有个棚,人们在棚里面睡觉、生活。从善琏到上海、杭州、苏州都要两百多千米,在路上一两天是不行的,有时候要一个月,来去都要摇船。做笔工人是不出去的,他们做好之后交给销售的人去卖,由他们把这些做好的毛笔运出去,要等到毛笔卖掉回来才能够付钱给笔工,我们行话叫"铁树开花",因为卖笔周期很长,笔工生活非常困难。还有个说法,叫"腊肉骨头"。这个行业的手工生产是非常受限制的,不能大批量生产,因为毛笔的使用范围是学习性的,是书法用笔,不是老百姓都能够用的,市场上销量很有限。所以就说制笔工吃也吃不饱,饿也饿不死,平平淡淡,跟腊肉的骨头一样,有一点肉,但是不多,舔一舔好像有点味道,形容这个行业好不起来,也坏不下去,市场是有的,但是销量比较少,是这样一个比喻。

新中国成立之后呢,国家号召组织起来变成小集体。1956 年之前是联销①,就是把善琏每家每户做的毛笔集中起来,成立一个联销处,叫供销员到全国各地去跑。当时主要跑两个地方,一个北京,一个上海,两个经济中心。他们去推销也不是一支一支去卖,像上海周虎臣②、北京戴月轩③,它们都是有名的湖笔店,就按照它们的品牌要求销给它们,它们再刻上自己的品牌卖出去,这是一种销售方法。到 1956 年的时候就把笔工全部组织起来了,成立了湖笔合作工厂。把各个工种的笔工分工序组织起来,成立了好几个车间,有水盆车间、择笔车间、装套车间、结头车间,等等。

善琏湖笔厂最多的时候,全厂有五百多职工。到 1961 年的时候因为国家

① 联销,共生营销的一种形式,指各家笔工把制作完成的笔集合起来由百货店营业员和销售人员共同负责销售,风险和利润由双方共同承担。

② 周虎臣于同治元年(1862)在上海开设『老周虎臣笔墨庄』。经过百年传承,于 1956 年公私合营,与其他七家笔庄合并成立了『上海老周虎臣笔厂』,共延续十代。

③ 戴月轩湖笔店创建于 1916 年,以创建者戴斌先生字『月轩』命名。该店位于北京东琉璃厂。戴月轩最初以其湖笔而闻名,现在经营范围已包括文房四宝、金石篆刻及名人字画等。

善琏湖笔厂

自然灾害,吃商品粮的保不牢了,凡是农业户口的全都回村务农去了,非农业户口的留在厂里,所以五百多职工里,将近两百个都回家去了。在农村,农忙的时候做农业,以养蚕、种田为主。种田每年就是种一季,养蚕也就养一季,农闲的时候和空余时间都在做湖笔,所以做湖笔的人里大多是农村的。这些人在大公社的时候,就组织起来了两个公社办的合作厂,一个是含山①社办厂,一个是善琏社办厂。组织起来之后就步入正轨了,这时候就需要一个组织,就是一个厂部来管理整个厂,就召开了第一届职工代表大会来选举领导班子。当时没有书记,只有厂长,还有车间主任、销售,就通过群众选举组成一个领导班子来配合管理。再一个还要制定一些规章制度,产品质量要怎么把关、生产任务怎么定量、全年的计划怎么监督、工资怎么发,就是一些日常管理方面的工作。现在改制后呢,社办都被个人承包去了,但我们厂到现在还是大集体。

出口年销售额最高达两百万美元

善琏湖笔厂是出口单位,生产的毛笔百分之八十都是出口的,内销只有百分之二十，这些出口笔，基本上都出口到日本，当时厂里主要是靠外汇盈利，所以在社会上的地位很高。我们内销的商标是双羊牌，双羊牌是我们厂里1956年经国家工商局注册的商标。品牌设计之初有两个备选品牌，一个是环球牌，一个是双羊牌。因为国家工商总局不能重复注册，当时，别的品种已经注册过环球牌了，不能再用了，我们就决定用双羊牌。后来觉得还是双羊牌比较适合，做毛笔用羊毛，那就是羊牌了，一只黑羊，一只白羊。从1956年注册商标，一直使用到今天。当时出口不能打我们自己的牌，双羊牌只能在国内经销。我们一般是以上海工艺的商标出口的，它们的商标是火炬牌，我们等于把生产的湖笔贴上火炬牌商标发给上海的出口公司让它们出口。当时的年生产量是一百八十万支，因为纯手工生产，所以很慢，劳动生产率很低，一个月只有十五万支笔吧。

双羊牌"劳动最光荣"套笔

1966年到1986年是湖笔行业发展的黄金时期。一般出口的单子我们都是经过浙江的公司接单，日本人订货都要提前三个月，每个订单都要先订好再生产，供不应求。当时的经济效益是这样，一支毛笔国家用外汇标好一块人民币，出口到日本卖一美元，当时一美元要三块多人民币，这个比例很高了。我们20世纪从60年代一直到80年代这一段时间都是这样,每年出口到日本的销售额大概是二百万美元。80年代后政策宽松了,我们浙江省就成立了自己的进出口公司,把主要产品从上海转到浙江,就用自己的牌子玉峰牌①出去。90年代经济体制改革之后,出口公司就撤掉了,工厂能够自营出口了,人家需要的话,你就可以通过出口公司用自己的双羊牌出去了。出口的订单中有些日本人要求贴自己的商标,他们的商号,什么堂什么堂的,我们就按照他们的要求给他们生产日式的笔。我们出口的传统产品也有,但量很少,尖毫和羊毫会多一些。所有的这些出口毛笔百分之九十以上都是销往日本,我记得当时按照客户的要求,我们试制了一批日本客户订制的假名笔②,就是在传统的基础上按照日本写假名字的要求试制了一批,投放日本市场的时候非常的畅销,效益也很好。

邓颖超出访日本带着我做的笔

在1979年邓颖超③访问日本之前,中央办公厅来人到厂里说,中央首长出国访问要订一批上乘的湖笔,作为礼品送给外国朋友。当时也没有讲邓颖超访问的事情,我们接到这个订单是作为一个政治任务来完成的。当时我们厂里动员了全厂各道工序最优秀的技术工人,用最好的料、最好的笔杆来生产这批笔。1979年的时候我还在生产岗位上,我也参加了这个工作。生产这一批礼品笔的时候,时间紧、任务重,量还比较大,我记得如果稍有质量不好的、有瑕疵的就会马上返工,全厂的技术工人加班加点,白天时间不够用,晚上全部留下来加班。我们用一个月时间把这批毛笔保质保量地完成了,受到了中央有关部门的好评。这批笔送到日本之后也很

① 玉峰牌,浙江省工艺品进出口公司注册商标。
② 假名笔,弹性韧性俱佳,适用于瘦金小楷、蝇头小字、工笔勾线。
③ 邓颖超(1904—1992),原名邓文淑,祖籍河南光山,伟大的无产阶级革命家、政治家、著名社会活动家,党和国家的卓越领导人,中国妇女运动的先驱。1925年与周恩来结成终身革命伴侣。邓颖超副委员长于1979年4月率中国人大代表团访问日本,带数百套湖笔作礼品赠送给日本朋友。

受欢迎，作为中国"文房四宝"之一的湖笔，当作国宝送给外国朋友，他们也非常喜欢。

2010 年上海世博会是我们国家第一次举办世界博览会，在世博会上我们湖笔代表中国"文房四宝"之一，也有产品参加展会。我们送了几套作为礼品的样品①，有一套就被选中作为政府礼品赠送给各国政要，要我们先生产三百套，这些湖笔每套都刻有世博会的标志。②

品质卓越屡获金奖

1979 年的时候，要开展一次全国质量评比，参加的厂家都是全国最有名气的制笔厂，那时候我们厂把最突出的、最有优势的毛笔拿去参加全国毛笔比赛。这些品种都是一些老的品种，有兰蕊羊毫、精品玉兰蕊③、加料条幅、极品长锋纯羊毫这四个品种。这是我体会最深的一次，评的时候真的都是把厂名用纸遮住封牢，按照毛笔的质量一关一关挑选，好几个指标都要达到最好的才能入选。这次评比，善琏厂的双羊牌湖笔得了全国评比总分第一名。

1980 年，原轻工业部二轻局主办了全国首次毛笔质量评比，几家大的毛笔厂都参加了，有北京毛笔厂，有苏州的，还有其他四五家有规模的厂子，我们善琏湖笔厂也参加了比赛。比赛满分是十分，去掉一个最高分，去掉一个最低分，结果看最后的平均分。双羊牌湖笔最终获得了这次全国比赛第一名，"长锋宿羊毫条幅"和"精品玉兰蕊"分别获得单项奖。这些笔都是我们当时的老师傅做的，质量品质都是一流的。后来评好之

① 进入世博会的湖笔样品共有五款套装，名称分别是：『世博旋律』『中国写照』『破茧而出』『笔歌东方』『勇立潮头』。

② 每套笔都有收藏证书，笔盒上刻有『中国 2010 年上海世博会特许产品·中国制笔大师邱昌明特制纪念湖笔』。

③ 精品玉兰蕊：兰蕊羊毫的派生品种，区别在于『精品玉兰蕊』的笔管采用花竹竿镶牛角斗。

后把这个毛笔给书法家写,他们一边写一边夸赞,赞扬声很高,都说"这毛笔真是好笔"。

1999 年我们双羊牌湖笔获得了浙江省政府颁发的"优秀农产品金奖"。我们善琏湖笔厂有两支毛笔获奖,一支是长锋纯羊毫条幅,另一支是加料条幅,这两个都是单项奖。

"湖颖颂春秋"这一套毛笔是在 2010 年按照市场的需求制作的。当时流行的一个是礼品笔,再一个是收藏笔,"湖颖颂春秋"这一套笔既可以收藏,又可以送礼,也可以使用,三位一体。现在作为礼品在营销上也是比较好销的,价格也很高。这个笔杆采用了最好的花牛角,笔毛采用了最高档的笔毛,集中了毛笔的五大类,羊毫、紫毫、狼毫、兼毫,还有兔毫,五个系列的品种都有,写字的也有,画画的也有。这一套笔的款式发出去之后深受用户的欢迎,质量也受到了客户的肯定。这个笔杆上也刻上了我的名字,人家就更放心,这个质量肯定是有保证的。在 2014 年湖州市举办的文化节上有一个评选比赛,这一套毛笔得了总分第一名,评上了湖州市十大名笔。评到奖我是很开心的,因为是我精心制作的。评奖的这些笔,一个笔杆要好,一个要符合这支毛笔的造型,拿出去又大方又实用,质量又好。基本上我设计的笔做出来都能够评到金奖,但这是集体的功劳。

全国制笔行业蓬勃发展

在 20 世纪八九十年代的时候,全国的毛笔行业规模大的有几家,号称"全国四大名笔厂",除了我们善琏湖笔厂,还有北京戴月轩、上海周虎臣、苏州湖笔厂。在 20 世纪 70 年代的时候评比也是这几大名笔厂参加的,安徽的宣笔当时就已经没有排上去了。

生产湖笔的有两家,一家是善琏湖笔厂,一家是苏州湖笔厂。我们南方羊毫笔做得好,所以善琏湖笔厂和苏州湖笔厂生产的主要是羊毫和兔毫。如果写字,肯定是用羊毫笔写得好,当时全国来讲只有善琏能够做高档的羊毫笔。说起苏州湖笔厂,他们的规模跟我们一样,有四百多工人,湖笔的特色也跟我们一模一样,因为他们的工人都是从我们善琏出去的,是由抗日战争爆发的时候逃到苏州去的那些工人组织起来的。

王一品斋笔庄是清乾隆六年(1741)创建的。据说有这么一个故事。湖州市里面曾有一个姓王的笔工,他做的笔很好,脑子也很灵活。他每次跟着上京赶考的读书人到北京去,把自己做好的毛笔也带去,卖给这些赶考的读书人。后来一个考生买了他生产的王记毛笔之后中了状元,之后整个京城的读书人都争相去买他的毛笔,后来他生产的毛笔全都销掉了。当时的毛笔称为"一品王",所以他就开了一家笔店,名字叫王一品斋笔庄。这就是它名字的来由,最早他确实就是从湖州出去的。

北京的戴月轩笔店始建于1916年,创始人的真名叫戴斌,号月轩。这个人是我们土生土长的善琏人,也是从善琏出去的。他在北京的琉璃厂租了一个地方,拿善琏的毛笔去卖,然后打自己的名字。当时他是以卖羊毫笔为主的,经济效益好了之后,也不一定卖我们的湖笔,哪里的笔效益好就卖哪里的,现在通过几十年的发展之后,南方、北方的笔都有了。

我经常跟我们厂里的厂长说,如果湖笔的质量保证不了,那我们的牌子就慢慢没有了,今后就没有饭吃。现在第一位就要保证好质量,不是全部的湖笔都这么要求,少量的传统毛笔一定要按照原来的工艺做,量少不要紧,大众化的你可以改革一下,分两步走。现在的笔,我们用作收藏的也好,用作礼品的也好,如果刻上名字的都是按照传统的工艺制作的,用传统的原料,都是好料做的,如果偷工减料的话,我们的牌子就要毁掉了。所以我说现在虽然不是我做,但是我要看、要查,你达不到标准就不要做。

苏州贝松泉①也好,上海周虎臣也好,北京

① 苏州人贝松泉,相传清道光年间,善琏人贝松泉在苏州创办了『贝松泉笔庄』。

戴月轩也好,还有湖州的王一品,都是湖笔一类的,他们都是善琏人到外面的大城市去开店的,前店后坊,把善琏收上去的笔刻上他们的牌子卖,这个毛笔的质量肯定是很好的。

全国来讲生产湖笔的有几十家,不仅北京、苏州、上海、湖州有,而且湖北、湖南、浙江、江苏各地都有。几百年来毛笔制作也没有一个统一的标准,那么现在这个标准是怎么来的呢?是1980年通过各厂起草的全国毛笔部颁标准①统一起来的。1979年的时候不是全国毛笔评比嘛,原来都是按照自己的技术标准来的,各厂标准不统一,后来就是想起草一个全国的统一标准来规范毛笔的生产制作。当时轻工业部下面有一个二轻局,这件事由二轻局牵头,全国主要的毛笔厂成立一个小组,叫部颁标准起草小组,我作为我们厂的代表之一也参加了。我们先是汇集全国各家的技术标准,再到北京笔厂去开会,把各厂的标准汇总起来统一成一个全国标准。我记得是去了两次,当时的精神是这样,一般各厂的技术标准肯定是要高,但是部颁标准要照顾到全国各地,就要低于各厂的技术标

① 指《QB/T 2293—1997 毛笔 轻工行业标准》。本标准规定了毛笔的定义、产品分类、技术要求、试验方法、检验规则和标志、包装、运输、贮存。本标准适用于以狼毫、羊毫、兔毫等为主要材料制作的书画笔,不适用于特定类毛笔。

准。通过部颁标准制订要统一什么呢?像笔杆的弯直度,不要超过零点几个毫米,毛笔的长短,或者毛笔写字的道数,要写满多少道不脱毛、不脱锋。比如说羊毫笔耐磨,它一支笔要划一万道不脱锋才为合格。那么紫毫笔或者兔毫笔因为锋比较脆,有些厂定的三千,有些厂四千,还有些厂两千,我们统一标准就是三千,三千字不脱锋就是合格。经过一年多的时间,标准起草好了统一再发下去,发到各个单位再去征求意见,到1981年的时候部里总算全部通过批准了。我们在善琏湖笔厂开了一个叫全国毛笔部颁标准发布会,今后全部的毛笔评比就是按这个标准来的。从这之后全国毛笔产业就更

加规范化、正规化了。

传统文化的坚守与创新

湖笔生产要迎合市场也要维护传统

现在我们厂保持着一贯货真价实的传统,你生产不出来,量少一点可以,价钱卖高一点也可以,但是一定要好的材料,不能用其他的料代替,要传统的工艺做,制笔一定要达到它的标准,一定要名副其实。

现在市场上也有很多假笔, 就是假冒的笔, 这些都是什么毛呢? 比如狼毫笔,里面允许掺一些弹性好的其他的毛,但外面的披毛是正宗的狼尾巴的毛,可称为狼毫笔。如果笔芯、披毛全部都是狼尾巴的毛,这就叫纯狼毫,加个"纯"字,就是这个区别。如果你标上纯狼毫,里面有其他毛,那就不是纯狼毫笔了,就是假冒的笔。现在有些商家为了降低成本,它把羊毛染成黄色的,冒充狼毫,这个"狼毫"一定没有起到狼毫的作用,因为没有弹性,这也是假冒。还有一个情况,就是用尼龙毛代替。尼龙毛也有黄的,但是尼龙毛有一个缺点,弹性是有的,但是吸水不足。因为纤维毛它里面是有孔的,要放大镜放大才可以看到里面是空的,它能够吸收墨汁,但吸不牢,会流下去,一般老的书法家就不喜欢。生产商少量的加一点尼龙毛是可以的,但是不能用纯狼毫笔这个名称来命名,那就是货不真、名不正了。

所以说发展必须要两面分开,高端的礼品笔、收藏笔市场比较好,但现在普通的毛笔,需要在保持传统水平的基础上发展价格低一点的大众化产品。现在国家开始重视学习毛笔字了,要求小学里一个星期要有一节至两节课学习写毛笔字,写字在小学里很普遍了。今年(2014)的文化节还增加了一个项目,就是小学生写毛笔字比赛,"文化大革命"结束到现在三十多年都没有这现象了。书法是中国的传统文化,如果小娃娃不抓的话,毛笔字今后要失传了,原来上京赶考是一定要用毛笔写文章的。

全国的小学生学写毛笔字的话,需求量就很大,上千万人需要毛笔,要中低档的毛笔。那这些羊毫毛笔里面我们就加一点有弹性的尼龙毛来降低成本,但是这个量要配比得当,不能全部用尼龙毛,不然太硬也不好写,对小学生练字也没有好处。原来老的书法家教小孩子写毛笔字,一定要先用羊毫笔来练,因为羊毫笔是天然的弹性,这样练出来的手腕功底才能深。一些老的书法家他们都有这个体会,如果用加健的笔练毛笔字,写出来没有书法的味道,就很硬,羊毫笔的弹性和功能就是这样的。所以说在保持传统的基础上,我们发展了一批大众化的毛笔,又好用,价格又便宜。如果纯粹是传统,那新的大批量的生产就有可能供不出来,我们厂现在就是这个思路。

现在那些老的书法家还怀念五六十年代的羊毫笔和善琏传统的工艺,说买不到以前那种羊毫笔了。现在的羊毫笔他们用起来的时候,这个味道出不来,他们也跟工厂提过,但说不上来具体什么原因和区别,就说好像这个韵味没有了。什么原因呢?就是我们的羊毫笔做工在退化,不是完全按照原来的工艺操作,也不是按照几种毛配比,只用一种毛的话,那这个羊毫笔就没有韵味。你看那个兰蕊羊毫,它是用三种毛配比的,这个毛笔的锋很好,里面的毛身有天然的弹性,不是很硬也不是很软的,书法家写出字就很有韵味。我们厂还有一些老师傅在,原料也是几年前积攒下来的,现在我们厂按照原来那个传统的配比和工艺也做了一批老的品种,效果比较好,书法家认为它的韵味有了。我们放在了北京荣宝斋①售卖,他们说价格不要紧,只要保证质量和工艺就好。

① 荣宝斋,坐落在北京市和平门外琉璃厂西街,是驰名中外的老字号,经营书画艺术品和文房四宝,迄今已有三百余年的历史。

传承是基础 创新是生命

我听老师傅说，在 1958 年"大跃进"的时候，各个企业、单位都要搞一些技术革新。我们也响应国家号召，在各个工艺流程中尝试技术革新，有些成功了，有些失败了。比如说其中一道水盆工序，原来做毛笔的笔芯是要用手工操作的，用牛角梳操作很费劲，工人劳动强度太大，现在机械化之后大多用机器来梳毛。还有一个就是装套，装套原来是要靠手工来打眼的，就是打笔杆里面那个孔，这个创新之后用机械化的钻头来打眼，整个过程就变得很轻松了，所以说这个技术也算是试验成功了，一直到现在还在使用。但像择笔工序是不能用机器代替人工的，当时老工人们就在想，择笔不行，那上胶的时候是不是可以用机械化代替呢？就是把一支支毛笔绑在机器上，用机器带动来上胶，但是尝试后发现这个也不行，因为机器不是人，它的力用得不像人一样均匀，所以这个也失败了。

通过几十年的实践，我想能够用机械化代替的基本上已经很成熟了，其他的是机器永远不能代替的，一定要人工来做，传统的技艺是要坚持下来的。既然很多工序仍需要用手工来做，那么湖笔制作产业就一定要有人来传承。关于湖笔工艺的传承问题，我想现在不是叫后继无人，而是后继乏人，人少了。七八十年代的时候工厂处于黄金时期，劳动力也充沛、生产力也强，现在湖笔厂因为老工人多，退休的也多，一些老工人慢慢地退下来了，所以面临青黄不接的局面。现在如果要招新学徒的话，有是有，但是少，因为原来农村的家庭子女多，现在都是独生子，你生了一个，读书读好了，出去一般都是留在大城市，留在公司里工作，大多都不回来了。也有部分农村里的年轻人不去上大学，读了初中、高中就回来了，回来以后觉得我们这个湖笔制作的手工艺还是比较有吸引力的，我们只要在经济待遇上能够跟上去，他们还是愿意来学的。所以我想农村现在这一块问题不大，就是人少，不像改革开放之前子女多的时候，小学毕业或者初中毕业就马上来学工艺了。

　　除此之外，湖笔在传统基础上也必须要创新，没有创新就没有发展。在当前传统湖笔的基础上要多发展一些礼品笔和收藏笔，在毛的质量上、用料上也要改进。现在羊毫、兔毫比原来少了，那么就用其他的毛代替加入其中，比如尼龙毛、石獾毛，把这些毛加进去进行品种的创新，不能单一地完全按照传统的羊毫笔、兔毫笔来制作，这样对以后的发展是很不利的。

　　湖笔技艺不能断，不能失传。我认为这技术要从小培养，十八九岁的时候或者更小的十六七岁的时候就要开始做了。如果年纪大了，二十多岁就不容易做好了，一定要从小练好这个基本功。我们厂里现在三十岁左右的人还有相当一部分，他们再过二十年、三十年还都能在厂里工作，湖笔制作技艺不会断，但他们退休了之后该怎么办？如果年轻人有兴趣加入湖笔制作的话，我希望退休之后有机会再带几个学徒，在我有生之年把他们培养好。等他们技术成熟后接下来再带一批学徒，这样一代接一代传下去，这个湖笔制作技艺就不会失传了。

2014 年善琏湖笔厂职工

　　我从小到大都在湖笔厂，对湖笔厂的感情很深，工厂培养了我，湖笔养活了我。我从一个不懂事的小孩到湖笔厂当学徒，到成为厂里职工，再到1980年组织上培养我，叫我当管理人员，管技术生产，我想一切都归功于我们这个大集体。如果没有湖笔，就没有我，所以我对工厂和这个品牌是很感恩的。

　　湖笔是由历史上多少代的工人和书法家们共同创造的，在我们这一代也要传承下去，这是我的心愿。如果说在我们这一代断掉了，我们就辜负了祖辈。现在有两个方面比较好，一个是国家把湖笔制作技艺列为非物质文化遗产之后，国家、省里、市里重视了，也有一些经济支持。湖州也出台了一个扶持振兴湖笔行业的政策，全年有两百万的资金，这笔钱下来之后对湖笔行业的发展是非常有帮助的。这对我们工厂来讲，对传统工业来讲，是及时雨，是雪中送炭。另一方面就是要靠我们的努力，现在整个湖笔产业的客观条件很好，下一步就是要传承，实实在在地传承，我们责无旁贷，要做好培养人才这个工作。我作为传承人要担起这个担子，不但要对得起国家，也要对得起自己。在工作中争取多做一点贡献，如果说百年之后在湖笔的传承历史上有我的一份功劳，我就很开心了。

徽墨制作技艺

徽墨,即徽州墨,因产于古徽州府而得名。具有"拈来轻,磨来清,嗅来馨,坚如玉,研无声,一点如漆,万载存真"的特点。

从现有史料来看,徽墨生产可追溯到唐代末期,历宋元明清而臻于鼎盛。徽墨制作技艺复杂,对不同的制墨原料会采用不同的生产工艺。如桐油、胡麻油、生漆均有独特的炼制、点烟、冷却、收集、贮藏方法,松烟窑的建造模式、烧火及松枝添加时间与数量、收烟,以及选胶、熬胶、配料、和剂等也各有秘诀。

2006年,徽墨制作技艺入选第一批国家级非物质文化遗产代表性项目名录。

周美洪

国家级代表性传承人

周美洪（1957—　），男，安徽省宣城市绩溪县人，国家级非物质文化遗产代表性项目徽墨制作技艺代表性传承人。现为中国文房四宝协会副会长、墨专业委员会主任，中国歙砚研究所所长，安徽省歙县老胡开文墨厂厂长，中国徽墨研究所所长。

周美洪受其父嫡传，从小便接触徽墨，深得墨法真谛，技艺精益求精。1979 年进入老胡开文墨厂从事制墨工作。1983 年徽墨研究所成立后，开始从理论高度研究、继承徽墨制作技艺，努力达到『拈来轻，磨来清，嗅来馨，坚如玉，研无声，一点如漆，万载存真』的制墨准则。1993 年主持制定观赏墨、收藏墨行业标准，填补我国墨业产品标准空白。代表作品有李廷珪牌超漆烟墨、李廷珪牌徽墨、超细油烟松烟墨等。

采访手记

采访时间:2014 年 5 月 20 日
采访地点:安徽省黄山市歙县老胡开文墨业有限公司
受 访 人:周美洪
采 访 人:范瑞婷

周美洪(中)与国家图书馆中国记忆项目中心工作人员合影

　　见到周厂长的时候,他刚从深圳参加会议回来,凌晨两三点钟到家,早晨八点准时到单位接受我们的访谈,而且精神抖擞,十分健谈。这种对工作认真负责的态度,是我们年轻人该好好学习的。

　　周厂长的管理理念让我很敬佩。他们工厂,赚钱最多的是一线的工人,他也一直致力于给工人们改善工作环境。他一直强调,技术工人才是最重要的人才,是墨厂存在的基础。他每年都会参加各种展销会,跟画家等各种用墨的人交流,了解市场。他觉得墨是用的,因此工厂中大部分产品是中低档墨;他不断研制改进配方,让墨发墨更快,适应现在快节奏的生活中广大书画家及小学生们的用墨需求。

　　他很爱孩子,见到工厂职工的孩子还有自己的小孙女都开心得不得了,是位很有思想又平易近人的长辈。

周美洪口述史

范瑞婷 整理

我 1957 年出生于老徽州①府绩溪县的一个小山村里。绩溪是一个传统做徽墨的地方，整个老徽州府都是，包括绩溪县、歙县、休宁县等。

1956 年以前，徽墨生产都是小作坊，每一家有二三十个人，1956 年公私合营前，当时徽州仅存四家墨厂，也就是这种所谓的小作坊。1956年公私合营，它们合并起来成为一家墨厂，就是歙县老胡开文墨厂，开始的时候叫墨庄，后来叫墨厂，现在叫老胡开文墨业有限公司。

① 徽州，古称新安，宋徽宗宣和三年（1121）改歙州为徽州，从此历宋元明清四代，统一府六县（歙县、黟县、休宁、婺源、绩溪、祁门）。徽州府治歙县，辖境为今黄山市、绩溪县及江西婺源县。

从我爷爷开始，我们家都是吃墨饭的

我是 1979 年进厂的。我父亲是吃这个（墨）饭的，我父亲退休，我顶替他进的这个工厂。我父亲最早的时候是做墨的，后来年纪大了，就去打磨车间修理墨了；到他退休前，他是生产管理人员，管仓库。我父亲还做过描金,基本制墨的所有工序他都做过。

做墨毕竟是一种体力劳动,比方年轻的时候,在做墨车间比较合适一些;一般来讲过了五十岁,就应该要换到轻松一点的工种,质量验收什么的比较多一点。

我父亲做了一辈子墨。他十二岁就到南京去学做墨,因为当时南京有墨厂。老早徽州有一句话,"前世不修,生在徽州;十三四岁,往外一丢",意思就是这里不是鱼米之乡,我们这里田少地多,而且这个地很多都是不长东西的,所以一般地讲到了十三四岁,就要赶出去学手艺,要出去讨生活了。像我父亲那代人,就是这样出去学手艺的,手艺学好以后,正好是抗战的时候,再回到徽州,我们这里算大后方。回到这里做墨,就这样做了一辈子。

我的爷爷也是做墨的,都是吃墨饭的。他也是在南京学的,当时南京有一个墨厂,是胡开文①过去开的店。胡开文距现在有两百多年了,他是在休宁学艺,在歙县发迹的;发迹以后,按照现在讲,他经营意识好,在全国各地开店做墨,包括在南京、武汉等地。开店就要招一些学徒工,我爷爷那一辈,包括我父亲那一代,一开始都是在作坊里面做工。1956年公私合营,我父亲才进入墨厂,从1956年到1979年退休,他的工龄也只能算二十多年。

① 胡开文(1742—1808),男,绩溪上庄村人,清乾隆年间制墨名家,"胡开文"墨业的创始人。师从汪启茂,是休宁派墨匠的后起之秀。先于休宁、屯溪两处开设『胡开文墨店』,到20世纪30年代发展迅猛,先后在歙县、扬州、上海、安庆、南京等地开设分店或新店。后代均沿用此老字号。

我开始进厂的时候,也是一个车间一个车间地跟着学。我最初做质检、包装,后来再去做墨,然后到了仓库,就这么做起来的。我们刚刚进厂的时候,叫学徒工,那个时候工资每月是十七块六毛五,加上九毛钱的粮贴,十八块五毛五。那时候当学徒工的话,没有说你进来之后,先得从哪个工序开始,有一个学习的过程。这些都没有,就是根据你个人的条件,按照当时生产的需要来分配,哪个地方需要人就去哪个地方。

墨是有灵魂的，墨是他们的生命

　　当时去的时候，每个工序都有师傅，师傅带徒弟。我师傅姓胡，叫胡秋善，很严肃的一个老头，做墨做了一辈子。他老是这么讲："现在是新时代，要是早时候做学徒的话，稍微出一点错，打你骂你是很正常的。"我师傅比较严，脾气也很古怪，但是他手艺特别好，做墨包括包装、验收他都做过，他的手艺算一流的。

周美洪在检查晒墨情况（图片由周美洪提供）

　　有一次包装的时候，我不小心打掉一点墨，他就那点墨至少讲了一个月。"这墨做出来不容易，你为什么不小心把它打掉！"他老讲一句话，按照现在的说法就是，墨是有灵魂的，做墨就要把它当个事情干，不能敷衍了事，这其实是那一辈老师傅共同的品质。

　　我还有一个师傅叫汪德基，他也是教做墨的。他现在还健在，八十好几了。这些老师傅，包括胡秋善也好，汪德基也好，最大的一点就是脾气都不好，在家里是绝对的男子汉（大男子主义），霸道得很；在车间里也是这样的，师傅就是师傅，徒弟就是徒弟，有点"君君臣臣父父子子"的架势。但是有一条,他们的手艺都非常非常好,所以要求得会格外严格,希望徒弟们学这个手艺也能跟他们一样,要求技术比较精湛。其实他们就把做墨当作他们最崇高的事业,墨就是他们的生命啊! 他们对墨是很有感情的,都是从十二三岁开始做,一直做到老。

因为家庭的关系,我跟这里的很多人一样,从小是在做墨车间长大的。我 1979 年 8 月份正式进厂,先在质检车间干了三年。质检最重要的就是认真,一定要按配方办事,一点都不能含糊。配方一定要准确,如果要修改的话,按现在讲要经过论证,那个时候讲要经过实践,不能轻易地改变墨的配方。质检的核心就是认真二字。

可能当时在这里我算最有文化的,但当工人我肯定不是最好的,我如果是最好的,可能当时厂里的领导,会把我留到车间里。20世纪 80 年代初的时候,厂里也很缺管理人员,就抽调我搞管理。成为管理人员以后,我主要搞供销,1988 年开始当副厂长管生产。作为我来讲,我必须要知道这七个主要的车间,产品原料的来源、质量的好坏,它的配方我也得掌握好。

你把我的饭碗砸掉,我要跟你拼命的

这个厂是 1956 年公私合营的,比我还大一岁,1964 年以前,这个厂效益非常不好,1964 到 1966 年左右,效益慢慢好起来了,特别是 1964 年郭沫若[1]到这个厂来过以后。那个时候周恩来总理指示要保护传统工艺美术产品,这是要换外汇用的。从那个时候开始,我们就通过上海外轮供应有限公司[2]出

① 郭沫若在 1964 年曾到歙县徽墨厂视察过,还留下墨宝,他写下毛主席的诗楹联一副:『梅花欢喜漫天雪,玉宇澄清万里埃。』两句诗分别出自《七律·冬云》《七律·和郭沫若同志》。

② 上海外轮供应有限公司,国家指定的从事上海口岸国际航行船舶港口供应的国有企业,成立于 1957 年,1996 年加入国际船舶供应商协会(ISSA)"是国内最早加入该协会的成员单位。

口，那时候就开始做出口墨了。当时效益还好，"文革"的时候这个厂效益就不行了，但是没有停产过，我们是全国唯一没有停产的墨厂。这个厂的老职工多，"文化大革命"期间他们把一大批模具保护了下来。

"文革"开始以后，我们就开始做墨汁，做墨汁写大字报。到了1968、1969年，"文攻武卫"[1]的时候，这个厂的工人不答应了，这样的话这个厂也要被搞垮。工人宁可一个月只发五块钱，也要把这个厂保留下来，他们自发组织起来，没有让外面的人进入这个厂搞"打砸抢"。当时好多地方，根本拦不住他们的人往里闯，我们这里当时为什么能做到呢？因为当时做墨的工人比较彪悍，个子很高，也没什么文化。在他们的意识里，我们这个厂从新中国成立前做到新中国成立后，你把我的饭碗砸掉，我要跟你拼命的，所以"红卫兵小将"看到这种工人也怕；再加上徽州这一带的人，在武斗方面相对要好一些。到1970年的上半年，我们厂就恢复生产了。中间有大概六个月，大家就一起轮流到厂里看门，当时这个厂描金照描，就是墨没做，所以是工人自己保护下来的这个厂。这是我父亲那一代老职工们的功劳。

像现在厂里五十多岁的职工，都是20世纪70年代末和80年代招工的，那个时候是统一招工。我们这里很多情况是这样的：很多人都是一家人在这里上班，老职工自己，然后他们的儿子或者女儿也都在这里工作。这两年开始公开招聘，基本上住在工厂附近的家庭都在这儿上班，所以我们的责任重大。

我们希望宣传好徽墨，让大家真正认识徽墨，老百姓包括年轻人喜爱它，同时我们自己也要把品牌做好，保证产品质量。一个企业最重要的就是产品质量，质量好了品牌就有了，那么经济效益就上去了。再加上政府这两年比较重视，对我们在税收、社保方面都给了一定的支持，这个厂的效益会越来越

① "文攻武卫"是指1967年"文化大革命"时期，江青为煽动武斗，在对河南一派群众组织的代表讲话时提出的口号。

好,效益好起来以后,招工应该就好一些;再加上媒体宣传徽墨的重要性,宣传产业工人的重要性,让大家乐意来做墨,乐意为徽墨事业奋斗,同时经济效益也不比外面低,那大家也就愿意来了。

我们跟这里的行知中学合作,他们有一个非遗班,教学内容有理论也有技术。我们会有一些技术师傅定期去给他们讲课,在那儿学完理论之后,他们会到这里来实践。这也是在年轻一代传承的一种方式。现在的年轻人中,尽管爱好这个的人不多,但是通过宣传,通过生产环境、工资待遇的改善,还有这种传承的方式,慢慢地还是有人愿意来学的。

管理人员好培养,技术人员难培养

我们这个厂的管理模式是这样的,你要拿高工资,你就到车间去干,你要是管理人员,那工资就要低一些。到车间,干的是技术活,你有本事可以多干一点,你手艺好的,会做好墨,那相对来讲工资就高一些,普通工人相对来讲工资就要低一些。管理人员好培养,技术人员难培养。在我们这个厂,我觉得最重要的就是技术工人,没有我,这个厂可以重新换一个厂长,没有他们,"这个地球就不转了",厂长这个"光杆司令"是没用的。按照现在来讲,对于工人,要改善他们的生产环境,提高他们的经济效益,工人是很实在的,你真诚地对待他,把他当作你的兄弟姐妹,或者当作你的子女一样看待,不要亏待人家,大家也会理解你、支持你。

比如做墨车间,原来是没空调的,现在我们把三台空调装起来,而且把环境也改善了。这几个主要的车间,都重新粉刷了一遍,把工人们洗手的地方也专门搞起来了。2011年县政府奖励了我们二十万块钱,要求我们做个博物馆,那个时候我们的厕所已经坏了几十年了,我想厕所很重要,这是人人都要用的,所以我就用那个钱建了一个厕所。后来他们讲,周美洪这个厂长,所有的车间都破破烂烂,就这个厕所漂亮。改善工作场所或者是环境,让大家都舒服一些,对工人就来实际的,这个我觉得挺重要的。

我当厂长以后,我就对车间主任要求,再不能按照原来传统的模式,要想工人安心工作,对他们的管理模式要改变。中国人有个说法:"一句话讲得跳,一句话讲得笑。"所以管理方法要改变。第一要保证事情做好,第二要保证产品质量过硬,但是你要注意方法,不能按照我们那一代人师傅带徒弟的方式,把人家一凶一凶的,那可能不行了。现在对他们要客客气气的,包括现在的小孩,都是夸着长大的,老话讲是"棒棒出才子"(棍棒之下出孝子),现在我认为可能不行,所以对工人也是一样。

墨的本质不能变,墨是用的,是让老百姓用的

任何墨,你做成礼品型的,做成任何形状的,你必须能用,它的本质不能改变。墨首先必须能作为一种工具,要能磨,就像做砚台,你再改变它的形状或者是神态,也必须要能当个器具。墨如果不能磨那不能叫墨,砚台不能当器具那就叫石雕了。所以墨要能用,这是我的宗旨。

咱们国家做墨的不算少,原来全国有三大墨厂,都是国有企业,一个是我们歙县的老胡开文墨厂,一个是上海徽歙曹素功墨厂①,一个是屯溪胡开文墨厂②。但目前规

① 上海徽歙曹素功墨厂,原名上海墨厂,是中国传承至今历时最久的老字号之一,现下属于上海周虎臣曹素功笔墨有限公司。曹素功(1615—1689),原名圣臣,号素功,歙县人,清代制墨名家。最初借用名家吴叔大的墨模和墨名开店营业,后以墨质和工艺造型精良而声名远扬。后期移店至苏州、上海等地,著有《墨林》二卷。子孙世守其业,绵延三百余年。

② 屯溪徽州胡开文墨厂,由胡开文于清乾隆三十年(1765)创始。屯溪徽州胡开文墨厂系由徽州各胡开文墨庄、字号和作坊公私合营组成。1910年胡开文墨普获南洋劝业会金牌奖章,1915年生产的『地球墨』在巴拿马万国博览会展出并获金质奖章。

模是我们厂最大。

现在歙县绩溪等地的小墨厂也有不少,这些厂都能做好墨,但怕的是他们为了利益偷工减料,要做假,那这个墨就不行了。整个文房四宝笔墨纸砚的好坏,首先决定性的是它的材质,然后是做工,只有原料货真价实,做工精细认真,才能算是好东西。所以作为搞企业的人,一定要重视自己的产品质量,重视自己新产品的开发,不断调整自己生产的方式方法。

墨的品种方面,经常有一个时代的特征。比如"文革"的时候墨模有"文革"的特征,"文革"以后我们把那些模具大部分都刨掉了。1992年以前,我们的产品主要是以出口日本为主。日本五十岁以上的人,对汉文化很喜欢,用具也比较讲究。日本是属于全民都写毛笔字,他们的毛笔课是中小学生必修课,经常到上课的时候,一个人发一锭墨,发一个砚台,发一支毛笔。日本对中国的传统文化挺重视的,日本也做墨,在奈良有四家墨厂,但是他们没有资源,他们的配方跟我们也不同,做出来墨的质量不如我们的。所以必须从我们这里进口,再加上日本的人口减少,做墨的人也越来越少。

1992年以后日本经济不行了,国内市场那个时候慢慢地兴起来了,按照当时讲叫两条腿走,既不把日本市场丢掉,更重要的要把国内市场做好,做我们国内老百姓需要的东西。

这些年来,我们去掉了原来的一些老品种,开发了很多新品种。我们开发的新品种实用的多,要适合老百姓用,要让所有的老百姓都用得起。所以我厂到现在为止,最便宜的墨出厂价有一块五毛钱的,有两块钱的,我们贵的墨一条两百多块钱的也有。文房四宝要进入千家万户,要让老百姓用得起,还是一块五、两块的做得多,这个很重要。

现在我们这个行业,大家都是在做高档墨,做尖端的,做最好的。但是我不是,我是以中低档的为主,高档的相对来讲要少一些,因为高档的用的人少,这也是我从市场调查得来的。

为了适应市场，我经常到外面去看看，参加展销会，到全国各地走访客户，到我国的香港、台湾，到日本走访那些书画家。我经常接触用墨的人，比如很多画画的人，要看他们的要求，还有中小学生需要，等等。

我很喜欢小孩。比方我这次参加深圳"中华巧艺——中国非物质文化遗产百项技艺（深圳）联展"，他们组织很多学生去参观。只要是学生来买的，我都要卖得便宜些，我说学生又不拿工资。要按照市场角度来讲，这叫培育新的市场，中小学生就是将来的用户；从传承角度讲，就要让他们知道，让老头子、老太太，更重要的让学生知道，我们的徽墨到底是什么，它怎么好。

墨要实用，要适合现代人的需要。现在的一代人，就跟20世纪80年代或者90年代的人要求不同，比方20世纪80年代的时候，外观上要漂亮，要花里胡哨的，现在讲要线条，要有艺术感。

专为学生设计的墨（图片由周美洪提供）

　　他们需要的是直观,节省时间,下墨要快,墨用起来不能磨半天磨不出来。下墨快这个理念,是从日本学来的。老话讲穿衣服,叫"新三年,旧三年,缝缝补补又三年",现在不是这样,现在穿个一年,明年再去买新的。用墨也是这样的,现在的年轻人时间宝贵,作为用墨的人喜欢马上发墨,这个墨最好是一次两次就把它磨掉。作为厂家来讲磨得多,你就消耗得多,那卖得也多,应该讲是好事。为了适应现代的需求,就要慢慢地不断调整配方。像发墨快的话,就跟胶有关,胶质不能多,多了磨不动,太少了墨要裂,这个就是我们吃饭的家伙,就叫配方,就是不断地调整配方。但是有一条,原始的东西、传承的东西不能丢,从老祖宗传下来的配方,根本的东西不能改变。这个墨啊,每一块墨都有一个灵魂在里面,你这个墨做的有灵魂,那这个墨就是好墨了。

　　我的工厂有一百多个工人,我是把做墨作为一个事业来干,我要保证这个事业传承下去,必须要把企业的规模保留下来。如果今天是为了我个人发财,我用几个周末搞点描金,做做高档墨,一锭墨至少卖几百块钱,又轻松,又舒服。我有这个规模,我就必须保证大家都能发工资,如果大家都要发工资的话,那就要全部力量都投入来做。

　　做任何事情,不要忘记了老百姓,老百姓用的东西是最多的,所有行业最终要靠老百姓养活,我们这个行业也是一样,最终要靠广大的书法爱好者,广大的中小学生。我们现在的徽墨市场,其实受众面很广,也有收藏的需求,实用的还是最多的。比如刚才说的爱好者,我们中国有三亿多中小学生,有五六千万书法爱好者,如果这帮人都磨墨写字,那这是一个很大的市场,这是近几年的事情了,至少是十年之内的事。

少了哪一道工序，都不能完成一块墨

据我了解，我们这个行业没有很多传统行业中传男不传女的习俗，一般需要重体力劳动的都是男的，像做墨车间、配料车间；那么像描金、做盒子这种需要细致性的，一般都是女的。描金车间也有男的干过，比如有的人身体不太好，有的年纪偏大或者有一定残疾的。因为我们这个行业，不是哪一个人自己能做得起来的，做墨细分的话有十三道工序，分得粗线条的话，也有七大工序，包括点烟、配料、做墨、晾墨、修理打磨、描金、包装，哪一道工序出了差错都不可以，少了哪一道工序都不行。

让烟退退火，穿七八成的鞋子

徽墨根据其原料，主要有两种，一种是松烟墨，一种是油烟墨。整个工序首先是取材。比如像油烟墨，首先是选桐籽，最好是要选阳山上的桐籽，就是晒太阳比较多的地方，任何植物，阳光充足的都要更好一些，包括水稻、各种蔬菜。先把桐籽拿来榨油，这个油不能榨得太嫩，太嫩了不出油；也不能榨得太老，太老了耗料太大，烟就变味了。它一般是两斤六两桐籽榨一斤油，如果两斤三两桐籽就榨了一斤油，那可能就有水分，油就淡了，这个油的质量就不行。然后要熬桐油。看这个桐油熬到什么程度，我们有个最简单的办法，就用一个手指头把油挑起来，它是黏糊糊的，看到是金黄色的最好，如果是黑乎乎的就老了，要看它是淡淡的颜色那就太嫩了。熬桐油我们是跟别人合作，直接买现成的，需要检验它的质量。比方桐油我们要木头做的机器榨的油，金属机器榨的油不好。

取材后是烧烟取烟。像烧松烟，一般在山中一个斜坡上，收烟的是一个窑，在窑口那一带烧，烧的那个烟飘上去，飘得越远的烟越轻、越好。所以真正好的松烟，比空气还轻，必须要把水摆进去，才能抓住。①它为什么主要在深山老林里面烧呢？因为现在有生态保护的问题，必须用不成材的树、没有用的树，是因为这个原因我们用这种树，而不是特意挑这种树。一定要用货真价实的松树烧的烟，其他柴禾烧的烟不能要，不要贪小便宜，因为松烟油性比较大，画画效果也好。

烧烟又是一门技术。烧烟的时候一定要注意，火头不能太大，大火烧出来的那个烟都很粗；火要慢慢地烧，优哉游哉地烧，那个火头就小，这样烧起来，它出烟量少一些，但质量好。像桐油的话，我们厂的定额是十三斤六两烧一斤烟，就是收一斤烟得烧十三斤六两的桐油。以前的说法叫百斤百两，就是一百斤桐油可以烧一百两烟，但这是古代的说法，是老秤，(一斤)十六两制的，一两是三十一点二五克，其实出烟率不高。现在有的厂出烟率很高，但那个烟的质量就差一些，它的火力大，火苗就大，烟就粗。我们还是用的老式点烟法，不折不扣地按照传统的模式来做，一些方式方法可以改进，比如用一些设备减轻劳动强度，把车间的机器改进好，让它跑烟少一点，但是我绝对不会改变传统的根本。

① 因为烟太细太轻，需要加入水，让烟潮湿凝结有重量，才好收集。

像松烟，最好是要囤积五年以上的材料，要套着用，今年用五年前的，每年都用五年前的，这个要资金来保证。这是为什么？我们这个烟烧好以后，就摆在那里，要让它退退火，把火退掉。包烟的那个纸，也是老纸好用，就像人的鞋子，穿到七八成新的鞋子最好穿。桐油点起来的烟，最好也要摆个三五年再用，让它的火气退掉。

做墨还有一个水质很重要。我们徽州这一带为什么做墨行呢，

取烟

为什么包括其他地方做墨的人，都要集中到歙县来呢？歙县有几块地方水好，这我就透露配方的秘密了。我们用的是这里的地下水，这里地下水含铁量要高一些，氧化铁含量高，就是这样的水。

胶是皮胶比较好，牛皮胶最好。胶我们需要的是黏度，黏度太高了不行，黏度太低了也不行。原料除了烟、胶，还有辅助材料，麝香①、冰片、金箔等，少了哪一样都不行。

麝香以前是野生的，因为麝是国家一级保护动物，现在都是圈养的，在陕西那边有几个这样养殖麝的基地。有一种说法，说它对人体特别好，可能是因为它本身所有的这种药用性。麝香里面有个籽，一粒一粒的，那个时候麝香还比较多，很多人就愿意吃这个东西。经常闻麝香的人，比如真正做墨的老师傅，相对来讲白头发的人少，除了意外或者遗传高血压什么的，一般来说寿命都比较长。这个没有科学依据，也没有谁去考证过。但有这样一直传下来的说法，因为本身存在这个现象。比方说我父亲，他到八十五六岁的时候，头发还是只白

① 麝香，药名，又名寸香、元寸、香脐子等。为鹿科动物林麝、马麝或原麝雄体香囊中的干燥分泌物，呈颗粒状或块状，有特殊香气，可以制成香料，也可入药，是中枢神经兴奋剂，外用能镇痛、消肿，十分珍贵。

了一点点，还真挺神奇的。我头发到现在就有一半白了，但这个也可能因为遗传基因，因为我母亲是白头发很多的。

墨除了能写字用，还有一种专门药用的，就是药墨。药墨是外用的，就是生个疮啊，用它在上面拉一拉（蹭一蹭），它是一种民间配方，这个配方已经有一百多年了，它就在厂里这么一代一代传下来。

好的墨除了药墨，也是会加中草药的，三七、冰片、猪胆①，它起的作用是什么，就是让墨的颜色更好。墨能流传千年，它保存时间这么久，到底是哪个原料起的作用，现在可能没有哪个人说研究出来了，但它肯定是一个合力的过程。

① 猪胆，中药名，入药部分为猪的胆汁，具有清热、润燥、解毒之功效。

配料在我们这里有固定的人，要登记入档案的，不是我一个人知道。这段时间的配方是这样，比方烟五斤胶五斤，再加辅助材料多少多少，这一个配料的单子，你要按照这样配，不能含糊、不能配错。最近我们的墨汁出了点问题，我就跟管生产的黄厂长说，你肯定是搞错了配方，一定要注意，严格按照配方做。很多人会觉得这

称料(辅助材料)

个配方或者秘方是制墨中最重要的,但是从我的角度来讲,所有的工序都重要,每一道工序都不能含糊。

轻胶十万锤

把上面说的原料配齐了,第二步就开始是和料了。你配好料,他不帮你和好也不行的。和料要和得透,胶要重新熬。胶熬好了后,用棍子挑起来,看到要是金黄色的,基本上要成片,不能像水一样,至少挂在棍子上二十厘米不能掉,就熬好了。熬好了再把这些料倒在一起搅拌,要搅得均匀。这个步骤早先全部是手工,现在有一点机器,这个我认为是应该改进的地方,我马上还要再改进,机器搅

熬胶

锤打

肯定比手工搅得均匀。改进以后，一个是减轻了劳动强度，再一个质量会更好。搅拌透以后，把它拿出来，搞成一个鼓一个鼓、一个饼一个饼的，再来锤打。

在和料这一部分，已经是要锤打了，跟做墨之前一样，这两个地方都要锤打。比如讲有时候出现墨的质量问题，那个墨打开以后里面有蜂窝，就是有一个洞一个洞的，这肯定是没有锤打好，再好的料你没有做好也没用。

古话讲，墨要轻胶十万锤。意思是打得越透越好，就像和面揉得越透，那面条越好吃，做墨也是这个道理。要认真地去锤，不折不扣地去做，如果讲要打两百锤，你最好就打到两百锤，那个墨质量肯定好，只要功夫深，铁杵都能磨成针。这个锤打用的锤子特别沉，是铁的，它必须要保证足够的重量才能捶打好，重量当然是越沉越好，但太沉了人拿不动啊，一般来讲就是八磅，七斤多的重量。

锤打好以后，交给做墨车间。当天的东西当天做，不好，要晾，让它摆个一天再做，效果最好。我们这的土话说要让它回一点，是让它有一个胶性回掉一点、退掉一点的过程。

做墨，最有本事的工人就穿白衬衫

做墨的工艺叫成形，要变成我们后面看到的墨的形状了。做墨工人第二天做墨之前，墨饼要先摆在一个容器里蒸，它需要保持在一定的温度，不能硬起来，硬掉了墨就不好做了；如果太软，比如下模①是五十克，到干了变成三十八克了，那样也不行，就是要软硬基本上合适，这个就是手艺。

蒸完了之后的第一个步骤就是锤打。在我们

① 下模，墨从墨模里面出来，成为单独的一块墨。

老师傅的眼里，做墨的工人最有本事的，身上就穿白衬衫、黑裤，他在那里做墨，身上不会脏。这就需要高水平，你手艺得好，能够控制，不会搞到身上、脸上哪都是。有的人做墨，一做满脸都是，搞得到处都很脏，很多学徒工可能会这样。

做墨前先要称重，每块墨多重、多少分量得先称准，然后搓成长条放入墨模。墨要成形需要坐杠，坐杠外观像一个长条凳的东西，这是墨的一个主要生产工具。工人一边一个个放入装了墨的模具，一边每放入一个，就坐下使劲一压。古人不会讲这是因为什么，其实是用的杠杆原理。墨定形需要压力，工人一坐一压墨，就定形了。

定形完，不是接着拆。一般来讲，做墨的人要三十副印板（墨模）才能做墨，它有定额的。一轮得过得去，你不能先做的后拆，后做的先拆，这个就要打屁股了，质量就有问题啦。哪个先做你自己要摆好，搞清楚，哪一个先做，哪一个就先拆。一般二两的墨，现在有空调的情况下，你要一个小时以后再把它从模具里拆出来。如果拆早了，那个墨没有完全分皮①，就是没有完全收缩，你是用指头把它拉出来的，那等这块墨干了以后，它会变弯变翘。所以做墨要等它分皮，等墨压下去以后再拆，再一冷墨就好了。

在墨做好以后，当天就要交上来验收，有专门的验收员。这个验收主要看表面，有没有起泡的，有没有做得不规范的，验收不合格的话得退回去。

我们对做墨的验收，最重要的是一年以后的抽检。做好的墨上都有工号的，这个墨是谁做的都能看到。每个人手艺都不同，有的人心灵手巧得很，做的墨质量格外好，我可能没看工号就知道这个墨是谁做的。一年以后抽检这个墨才准确，如果你拆得早了，或者是你坐杠时屁股坐歪掉了，这边重那边轻了，这个墨都会不同；还有你下料的时候，两头不均匀，叫大头小尾，这时候都会反映出来。

① 指墨模里的墨与墨模自然分开。

制墨

这就要墨特别干了以后，才能知道这个墨的质量，按照现在来讲叫深层次的验收。

晾墨，比伺候月子还难哟

验收员验收好以后，墨就交给晾墨车间。晾墨也很重要，工人们每天都要不断地翻，干燥的时候翻得就更勤更辛苦，像这种下雨季节他们会好过一些。早先这个晾墨车间年纪大一点的老太婆，讲开心话说比伺候月子还难。为什么呢？像那个油烟的墨，要不断地翻，而且翻的位置和翻的方向，都不能搞错，比如讲一块墨有点翘了，你要马上把它翻过来，而且晾墨还必须要翻过来翻过去，用手拎着拿过来是不行的。如果不是做墨的原因，是你晾墨造成墨的变形，那这个墨也没用了。

因为有不同形状的墨，就有不同晾的办法，比如有些是挂着的，有些是立在地上的。晾墨需要温度适中，最好是稍微干燥一点，

晾墨

要让水分跑掉；它不能有阳光晒，一晒墨马上就裂，风一吹它很容易造成热胀冷缩，比如外面干了里面没有干，墨最好是从里面干出来，所以需要阴干。

晾墨晾到五成干的时候，就要打磨，日本人叫修理。从磨边开始打磨，你稍微不注意的话，边搞掉了，那墨就坏掉了；或者不小心把墨打掉，就卖不上价格，变成次品了。打磨好以后又返回到晾墨车间，再来晾墨，晾一段时间以后把它们一包一包地包好，像砖头砌墙一样砌到那里，再用石头压起来，至少要压一两个月。

比如一块二两的墨，一个月就晾到五成了，前期干得要快一点，后期再慢慢干。它打磨好了返回继续晾，晾了又压，压好又拿来晾，全部晾好要六个月时间，所以一块墨在晾墨车间待的时间最长。墨晒到九分干以后就非常脆，很可能会摔断，所以要非常小心。

墨晾好以后，那就交给半成品仓库。再按照生产需要，哪个需要描金再拿来做。除非急等着要，一般的墨要两年以后拿来描金。按照需要，比如我们原来主要卖给日本人，他这个墨订多少，那个墨订多少，确定好再来描金。

　　描金首先要打蜡,要把表面的灰刷干净,把它刷得亮亮的再描金。打蜡的时候用的是石蜡,因为它对墨的使用效果不产生破坏作用,其他的工业蜡,会对墨从而对画家的使用产生副作用。描金用的材料是金粉、氧化金,也可以用真金,用金箔的金来描金。描金就是按照墨上面的图案,慢慢地、一点点地描,不能描出界,出界就难看,外表就不漂亮了。描金描好以后,再交给包装车间。

描金

　　我们还有一个车间,一帮女同志做盒子,那个车间是可以讲话的。但是描金车间是不能说话的,要保证做的时候静心,还有一说话就有风,会把那个金粉吹掉,所以描金是一个很细致的活。

　　如果不需要描金,墨晒好后就可以交给包装车间了。包装要很小心,包得像豆腐干一样,包得不好墨要打掉了,那就前功尽弃了。所以我讲哪个工序都很重要。

墨模,浸着刻者一辈子的心血

　　制墨还有一个非常重要的工具就是墨模。刻墨模的前面,还有木工,木工把要做的形状先做出来。墨模是做墨当中一个成形的工具。

从唐朝的时候就有墨模了,那个时候相对讲简单一些,是以松烟墨为主。做墨模的木料用的是楠木。外面那个边框可以是杂木的,主要是里面那个墨模。这个墨模必须很细密、柔软,要好刻,又能透气,而且不容易扯掉,就是里面有黏性,墨在里面又不能拆不出来,所以对墨模要求很高。刻模具是一个技术活,对技术要求很高的,这个手艺很难学,要有画画功底,有艺术功底,你还要能静下心来坐得住。一般来讲,刻墨模的人对艺术要懂得一点,他刻那个墨模,必须刻成反的,墨放进去它是陷下去的。而且那个刀法跟刻砚台、刻任何东西不同,刀法要用平刀、圆刀,那个刀法刻起来要利于做墨的时候拆出来,不能让那个墨压下去,凹到里面去拆不出来了。我们这个墨里面是有胶的,跟面粉那种状态不同,所以刻的弧度能不能拆出来是关键。

我们这有四个刻模具的师傅,他们各有特色。一个年纪大点,五十七八岁的女同志,她刻字刻得好;有个马师傅,他刻山水比较好;两个年轻人中,年纪大点的那个女同志,刻人物刻得好,另一个年轻女孩子时间还比较短,学了没几年。

墨模的图案每年都不同,图案设计首先是周健[1]的事,他是学建筑工程的,他设计好以后给马师傅。马师傅要画样,还要按照客户的要求修改。之前有刻龙啊、凤啊这些图案,现在刻的少了,按照现在的题材,比如有要刻线条的,有要薄意性的[2],就有随意、写意的特色。比如刻生肖墨,每年都不同,今年是马年刻马,明年是兔年又刻兔,就这样刻。

那么最后验收墨模,用什么验收呢?一个是他们自己验收,用橡皮泥印,重要的墨模,我就要去看了。橡皮泥一印,不是就跟墨一样了嘛。一印,拿出来一看,头发刻得好像粗了,再刻几道,脸开得不好,那就

[1] 周健,周美洪之子。
[2] 即极浅的浮雕,因雕刻层薄而富有画意。

很难修了。刻墨模最难刻的是人物，而且最难刻的是正面人物，就像照相，也是正面难照，侧面好照。墨模可以修改，哪里不行可以多刻几刀，再把它修一下，但是不能补，墨模刻起来要一次性成形，刻坏了就没用了。

我们厂还留有很多清代的墨模，也有一些墨模随着年代久远和使用次数太多坏掉了。现存的墨模比较有代表性的是十大仙墨模。这个十大仙墨模是清代初期，一个刻模的哑巴刻的，他一辈子的代表作就是这个十大仙。十大仙是八仙①加上王母跟老寿

①八仙，即铁拐李、汉钟离、张果老、何仙姑、蓝采和、吕洞宾、韩湘子、曹国舅八人。

十大仙墨模

十大仙墨模王母

星，这套模具他刻了十年，是一辈子的心血。这副模具我们现在已经不能做了，它一直使用到 1980 年左右。

这些是一代一代传下来的，比如一百多年前，胡开文的墨厂把它盘给你，包括这个模具，这是当时四家合并时一家作坊里的。还有很多其他墨模，有棉花图、十八罗汉、古隃糜①等。因为十大仙呢，后人没有哪一个能重新再刻过，像棉花图和圆明园御景图，这两个现在的人能刻得起来，后面有人刻过一样的。

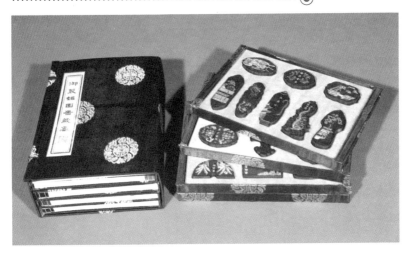

御制铭园图藏墨

原来传下来的这些木模，我们现在都不用了。我从 2000 年以后，对一百年以上的模具都保护起来了，再到 2010 年的时候，新中国成立以前的模具我也都摆在那里不用了，我再重新刻一副用。唯一的就是十大仙我刻不起来了，哪一家都刻不起来，这个算一种文物。2002 年的时候，台湾有一个搞墨的人愿意

① 隃糜，古县名，汉置，隃糜以产墨著称，后世因借指墨或墨迹。

买去，他讲我给你二十万，当时我很穷，企业刚刚改制，我知道这二十万很重要，但我讲不卖，因为它太珍贵了。

奚廷珪成了李廷珪

从墨的历史来讲，做墨比较早的是在河北易州^①。那个时候，在河北做的墨还不像徽墨那么有名。唐朝末年，社会动乱，那里有一个叫奚廷珪的人逃到这边，易水人姓奚的多，就在我们歙县境内用松树烧的烟，还有这里的水做墨。那个时候做墨是进贡给皇上，当时的南唐后主李煜，他虽然是一代昏君，但是他书法写得好，画也特别好，他如果不当皇帝，会是一个很好的艺术家。那时候奚廷珪进贡的墨，用来画画、写字都特别好，李后主对他们做的墨非常赞赏，赐国姓李，所以徽墨的鼻祖就成了李廷珪。中间又经历宋元明清几代，每代都有很多制墨名家。

如果有"黑色记忆"的话，我们的祖先可能几千年前就有了。那个时候古人烧木炭，拿木炭来画，可能会画出某些符号。你们可能听过很早以前有糯米做墨，其实是这样，因为糯米比普通米要稠一点，煮成稀饭很稠，用那个来当胶，再搞点木炭倒进去。和好了以后，再像做鼓一样拍拍，把它形成一块一块的，就有形状了，就可以用来画画写字了，质量当然还是不行。哪个时候开始用锅了，就把锅底灰刮下来，这又进了一步。再后来，挖个洞建个窑烧火，用锅底飘出来的那个烟，把烟取出来，这就更细了一点。那个黏合剂也在不断改进，后来变成了油。最早的时候是把猪皮熬成胶，大家做红烧肉的时候能看到上面那层油，那个猪皮黏黏的，人们就把猪皮拿来熬，把它熬成胶，是不是黏合就好一点，就这样来的。后来再有牛皮胶、鱼皮胶，包括现在的食用胶，这样演变过来的。

① 易州，今河北易县，因境有易水得名。

徽墨开始只有松烟墨,到了明代以后才有油烟墨,也是偶然的发现。当时某个爱好做墨的人炒菜,把那个油烧着了,就烹起来了,浓烟滚滚啊。他就发现菜油能出烟,但菜油是吃的,做墨就可惜掉了。

那用桐油烧呢?桐油也是油啊。做墨的人就开始试验了,中国人既勤劳又有智慧,他们不断地试验,菜油是吃的,猪油是吃的,把吃的烧了就可惜掉了,桐油不是吃的,那就把桐油拿来烧。结果烧了桐油的烟,发现比菜油烟更好,这样就用桐油烟。桐油有附着力强、防腐等很多优点,桐油和石灰调在一起后,原来经常做海里木船压缝子(黏合)用的。

明代的时候,我们国家的经济发展很繁荣,那时候做墨也是最好的时期,当时我们的墨已经东运到日本了。当时程君房①、方于鲁②的墨,都是很有名的;到了清代初期,著名的制墨名家有曹素功、汪近圣③、汪节庵④、胡开文,胡开文在与曹素功的竞争当中更占优势,所以胡开文一直沿传下来了。它是一代一代地传承,比如方于鲁做到最后,并非是他的子女接着做,他带徒弟,徒弟学成了自己到外面去开店,徒弟并不都姓方,但他们也算方氏墨派的。再比如汪近圣,在清朝初期的时候开办墨厂,做得也很好,到了后来因为他没有子女,到老了要把这个店盘出去,盘出去什么东西都要给人家,包括配方。所有开墨厂的人都知道,你必须要把配方给我,然后才是原料、讲究做工。盘出去就不姓汪了,或者还是打着你的牌

① 程君房,名大约,号筱野,新安人,明代制墨名家。其墨光洁细腻,款式花纹变化多端。著有《程式墨苑》。

② 方于鲁,本名大滶,字建元,歙县人,明万历年间制墨名家。本是程家制墨工人,得程君房墨法。制墨有独创,所造「九玄三极墨」被誉前无古人。著有《方氏墨谱》六卷。

③ 汪近圣,绩溪县尚田村人,清代制墨名家。原是曹素功家墨工,后独立在徽州府城开设了「鉴古斋」墨店。著名的墨有「毓峰选烟」「金壶墨汁」「青云络」等。子兆瑞,孙炳宇、君蔚等,均好制墨。

④ 汪节庵,名宣礼,字蓉坞,歙县人,清代制墨名家。他的店号「函璞斋」,嘉庆、道光年间为其鼎盛时期。善制集锦墨,其墨「烟香自有龙麝气」,颇受欢迎。

子,但是接替你的人,就不是叫这个名字了。曹素功也是很有名的,他在跟胡开文竞争中迁到苏州,他还有点产业在上海墨厂,后来他就留在上海;在竞争当中,胡开文有商业意识,在全国各处开店,所以他就在徽州一直沿传到现在。但是胡开文做墨也就做了三代,中国老早有一句话,穷不过三代,富不过三代,风水要轮流转的。所以胡开文到了第四代,就不是胡开文家的了,是他的招牌,是他的配方,他的店盘给别人了,那你的东西都要拿出来,你的工人也被接收了。这些人就这个做墨的手艺,他还是要靠做墨吃饭的,比如像我父亲,他还是要吃墨饭的,这次换个老板,但我还干这个活。有的人看到其他行业赚钱,比如搞服装赚钱,他就做服装去了,他原来的这个店就要盘出去。

一点如漆,万载存真

咱们历史上对好墨有一些基本的要求,一个是下墨要快,不能有杂物,就是磨上去很舒服。磨出来的墨,写的字、画的画要能达到极致的效果,就是墨分五色,浓、淡、枯、湿、清。①比方画个眼睛点一点黑的,要跑出来了,那个墨就不行,要能站得住;再比如我画个蝴蝶,画上去渗水一样渗掉了,就不像了,这个墨的质量也不行。有一个检验墨的办法,我一幅字写好以后,当场就摆到水里,这个字要还在,不浮掉,那就叫好墨,是油烟的好墨,油烟墨它能达到这个效果。

墨有一个最大的优点,它能作为永久历史记载的工具。全世界最好的墨水,包括我

① 墨分五色,是中国画的技法名,实指墨色运用上的丰富多变。语出唐代张彦远《历代名画记》:"运墨而五色具。"五色说法不一,或指焦、浓、重、淡、清,或指浓、淡、干、湿、黑等等。

们现在用的，包括日本的，二十年以后都要落色。为什么人家写的经书，毛笔字写的，包括以前记载历史的东西，毛笔蘸墨写的不落色，因为墨一千年不会落色，它是一点如漆，万载存真。

中国科技大学一位校长叫朱清时[1]，他讲中国古代的纳米材料就有两种，一种是中国的墨，由纳米级的炭黑组成，一种是我国古铜镜的防锈层。很早以前农村里筑房子，要把写了吉祥话的纸贴在柱子上，二十年以后这个纸可能没有了，那个字还在。

墨是我国古代一直使用的书写用具。但是到 19 世纪后期，就有蘸水笔了，墨好像销路也不行了，后来又有钢笔，好处是现在用墨写字在慢慢地恢复。教育部现在建议中小学生恢复写毛笔字。写字能修身养性，它能让人静下心来，能磨炼一个人的性格。字也是一个人的面孔，面孔很重要。

[1] 朱清时（1946—），男，化学家、自然科学家、中国科学院院士。曾担任中国科学技术大学校长、南方科技大学创校校长。他在激光光谱学、分子高振动态实验和理论、单分子化学研究等方面，取得一系列国际领先水平的成果。专业著作有《生物质洁净能源》等。

汪爱军

国家级代表性传承人

汪爱军（1965—　），男，安徽省宣城市绩溪县人，国家级非物质文化遗产代表性项目徽墨制作技艺代表性传承人，安徽省高级工艺美术师。

汪爱军于1984年高中毕业后招工进入绩溪县胡开文墨厂，从事制墨、炼烟等工作，1993—1997年分别任车间副主任、主任、副厂长，1997年任厂长兼县书画油烟材料厂厂长。1997—2000年在绩溪县委党校进修经济管理。2005年以来参与国家『文房四宝邮票』的外形及包装设计，制作了『邮票墨』；参与设计『中法镇海之役』纪念墨、辛亥革命百年纪念墨等产品。『苍珮室』系列产品在2009年第四届中国文化礼品博览会上荣获金奖，在2010年第二十五届文房四宝博览会上被评为『国之宝』和『中国十大名墨』。2010年上海世博会上，汪爱军制作的『和谐承徽』四锭套徽墨被指定为安徽省政府世博会礼品墨。

采 访手记

采访时间:2014 年 5 月 21 日
采访地点:安徽省宣城市绩溪县胡开文墨业有限公司
受 访 人:汪爱军
采 访 人:范瑞婷

汪爱军(中)与国家图书馆中国记忆项目中心工作人员合影

　　汪老师人较瘦,身上有知识分子的感觉。跟他交流,发现他很有化学方面的知识。他认为要做好墨,必须搞清楚基本的组织结构。他说制墨业并不神秘,很多问题可以用现代的科学知识解答。但是,古代的制墨技术达到了顶峰,而从制墨材料及配方上来看,目前的水平还谈不上创新,能恢复到清代中期的水平已经是很好了。

　　他拿出工厂做的一块墨给我们演示墨的鉴别。他把墨从盒子里拿出来,然后在墨上敲击,用力不小,声音很脆,墨完全不会断裂。接着,他往手心哈气,然后用墨往上划,真的下墨了,下墨速度之快真如书上所说,达到了哈气下墨的地步,现实生活中见到这样的好墨令我们兴奋。他说解决了脆度和下墨快的矛盾,也就抓住了做好墨的核心。

汪爱军口述史

范瑞婷 整理

我是 1965 年在绩溪瀛洲乡汪村出生的。绩溪算是徽墨的原产地之一，是中国徽墨之乡，自古以来徽墨的名家，像清四大家①里面的汪近圣、胡开文都是绩溪人。从唐代开始，绩溪这个地方做的墨就在整个徽州地区占了一半，一直延续到现在，徽墨生产都是以徽州这一块为主。

唐朝末年的时候，历史上有两个人物：一个叫奚廷珪，一个叫奚超，他们父子原来在河北的易水，为了躲避战乱逃难到徽州。他们看到这里做墨的松树等植物很丰富，同时这里是山区，战乱也比较少，就在这定居下来，开始在这边做墨。后来到了南唐时期，因为制墨精良，李后主赐国姓"李"，奚廷珪就改叫李廷珪。

① 清朝四大制墨名家为：曹素功、汪近圣、汪节庵、胡开文。

越国公后代，制墨名家

发展到清雍正年间，制墨大家有汪近圣，

汪近圣是越国公汪华①的后裔，我们是其中一支传下来的。汪氏家族为了不跟李世民发生战争引起战乱，归顺唐，汪华被封为越国公，主管六府一州，接近于四分之一的国土面积②，因为当时北方的很多地方还归其他部落。汪华生有九子，徽州的汪姓就是他的后代，现在徽州有一个汪华研究会，包括北京也有汪氏同乡会，像我们汪氏家族也有族谱。我们可能是第八子的后代，就是专门守墓的，现在在安庆桐城那一块的是第六子的后代。

汪近圣跨两个帝王，一个是康熙，一个是雍正，故宫博物院里有些老墨，鉴古斋③制，就是他做的。汪近圣的墨做得好，家业做得很大，后被请到北京去，担任墨务官④，专门管给宫廷制墨，后来举家迁到北京去了；他家另外的兄弟还在休宁，也还在做墨，发展到后面有名的有汪启茂⑤，启字辈的，他那个时候在休宁开墨庄。

胡开文实际上叫胡天柱，也是我们绩溪人，他是汪启茂家的女婿。到了汪启茂这一代，他只有一个女儿，胡开文是到他家做墨工，就是专门做墨的，后来汪启茂的女儿看中了他。他就是我们绩溪胡姓，是李改胡⑥，跟胡雪

① 汪华（587—649）：原名汪世华，字国辅，一字英发，歙州登源里人。隋唐时期割据势力，后归顺朝廷。隋末天下大乱之际，为保境安民，起兵统领了歙州、宣州等六州，建立吴国，称吴王。武德四年（621）顺应华夏一统形势，率土归唐。唐高祖李渊授予上柱国、越国公、歙州刺史，总管六州军政。后世历代帝王下诏，将他作为维护统一的典范，江南六州百姓奉他为神，拜为『汪公大帝』『太阳菩萨』『太平之主』，建祠立庙七十余座，千年来祀典不辍。

② 待考证。

③ 鉴古斋：汪近圣的墨店名号。

④ 另有说法是他的次子汪兆瑞在京城担任制墨教习。

⑤ 汪启茂：清代著名墨工。康熙五十三年（1714），十三四岁前后即外出学徒，康熙五十九年（1720）即开创了汪启茂墨店和『苍珮斋』斋号。

⑥ 胡氏为绩溪最大姓氏，历史上四支四次迁入，有『龙川胡』『金紫胡』『遵义胡』『明经胡』。北宋开宝年间（968—976），延政之父胡昌翼，系唐昭宗李晔幼子，襁褓中遇朱温之祸，父托孤婺源考川胡三，携归抚养，遂居胡里（今湖里）。唐时取进士，以经义取者谓之明经，昌翼于后唐同光三年（925）登明经，后世称『明经胡』，俗称『李改胡』。[参见绩溪县地方志编纂委员会编：《绩溪县志（上册）》2011年，方志出版社，第156页。]

岩①、大文豪胡适都是一个家族。我们这边还有一个胡宗宪②，还有原国家主席胡锦涛，那都是地道的本地胡，所以绩溪有真胡假胡的说法。

胡开文在乾隆三十年（1765）以后，墨才做得比较有名。他做药墨服务于大众，好多人让蚊子咬了，或者有无名的肿痛，可以用药墨磨一磨敷一下，或者可以吃，因为他服务于大众，所以他的社会影响力就很大，名声好。他家业做得大，全国各地有很多分号，基本上是开店的形式。

墨是因地而生的

生产这个墨，还是受地理位置，包括当地的气候、材料等一定限制的。你比方说刻墨模，我们用石楠木，它的密度很高，很细腻。它是适合在我们这个纬度上③生长的，像我们这一带的楠木是比较多的，再往南边走，可能生长更快点。制模也是个地域性很强的技艺，是因地而产生的，不可能讲大批的原材料在北京，我非要到南方来做，这个不现实。

徽墨的产生也是这样。实际上古代做墨，最早是在隃糜，现在的陕西千阳，就是陕西往甘肃去的那个地方。汉在隃糜做墨，后来发展到中原，到河北的易州，现在的易县，在唐之后又开始到徽州。婺源一直到一九九

① 胡雪岩（1823—1885），本名胡光墉，字雪岩，安徽绩溪人。中国近代徽商代表人物。利用过手的官银在上海筹办私人钱庄，在全国各地设立『阜康』钱庄分号，被称为『活财神』。在杭州创立了『胡庆馀堂』药店，制『避瘟丹』『行军散』等供军民之需，有『江南药王』之美誉。后被革职查抄家产，郁郁而终。

② 胡宗宪（1512—1565），字汝贞，号梅林，安徽绩溪人。胡宗宪于嘉靖十七年（1538）中进士，后官至浙江巡按监察御史。嘉靖三十二年（1553），组织人员把沿海倭情、地理形势及抗倭措施编成《筹海图编》，建立沿海防御系统。后被以贪污军饷、党庇严嵩等十大罪名弹劾，于嘉靖四十四年（1565）自杀身亡。隆庆六年（1572）平反，追谥襄懋。

③ 北纬30°左右。

几年才撤掉墨厂,以前它属于徽州地区,从唐后期之后,徽墨的产地就一直在这里。

我们取松烟的时候,这里松树很多,取桐子的时候,我们绩溪往南的方向都是桐子,黄河以北种不出桐子树的,因此这边的原材料很丰富。

墨的制作最开始主要是原材料的准备。在烧烟的时候要很严格去控制,不要给它碳化掉。现在松烟是哪个地方有树,就到哪个地方做一个灶,它很简单,就是跟着原料走。烧烟的季节基本上都是入秋以后,现在立秋还是比较热,到了冬至的时候是最好的。我们这边像梅雨季节都是种田、割油菜,这个季节很忙,很多工厂像我们也不要求工人去做很多墨。冬至以后,一直到第二年的雨水期间,气候很干燥,温度又很低,晾墨的损耗率等各方面都比较好,而且因为很冷,细菌啊、病毒都很少,是烧烟的好时候。

现在这个时候(5月份)的树水分特足,烧出来都是水,包括炼这个桐油烟,水分太足了火苗也不稳定。烟是这样的,它是越陈越好,三年五年的烟拿出来用最好,胶就用新鲜一点的。胶也是那个时候熬好了,到这个季节来用只不过是溶解一下。

熬胶有很多质量标准,脱脂、黏度、透明度,胶是越透明越好,有很多指标都要控制好。比如冬至开始熬胶,熬牛皮胶,古代的时候都是一条一条的, 里面中药已经放好了。我做好了之后把它密封,密封之后不可能放几年再来用,还是要新一点。你要拿出来用的时候,因为它是块状,放一定剂量的水,加热一下,然后就溶开了,实际上不叫溶胶,现在科学的方法叫水解。胶是越熬它越硬,胶的黏度是越高上去,越磨不动。

烟和胶这两种材料起好了,再就是辅助材料。辅助材料说起来是辅助,那里面学问很深。比如清代乾隆三十年(1765)到现在都两百多年了,那时候的墨保存完好,这就体现了这墨本身的质量。有的墨没几年就散掉没用了,这就是其中辅助材料的重要性。当然烟跟胶首先要好,这是根本,这样烟、胶、辅助材料就齐了。

再就是和料。和料也不是一和就行了,也有个过程;和料下去之后,接着是打墨、下锤、制墨,那个就叫成形过程了。出来之后就是晾墨,晾墨也很关键的。古代梅雨季节人们不愿意做墨,因为这个季节空气湿度很高,所有的东西都容易变坏,晾墨得翻得勤一点。墨晾到一定程度,有个锉边①的过程。锉边的时候,有的人很精细,调一下边线看一下,那个墨拿出来就很工整。师傅在锉边的时候,看到厚薄不一样的墨,要退回去重新做,这就是把关的问题了。再下来就是入库。因为如果马上就来描金,它里面可能有水分,为什么有的金看上去黑,但是不亮,实际上那个墨本身没干透,它里面有水分。

为什么有的金看上去很沉着,有的金很浮躁? 这个金要好看,它有个余金的过程,每一道工序里面都有它的绝活。传统的说法叫余金,实际上就是把金粉里的脏东西,把它剔除掉。有人讲得玄乎得不得了,我家大姨原来在工厂里就是搞这个的,实际上就是用很干净的水,用根毛笔、毛刷,慢慢洗,洗个三遍五遍,把金粉里面的杂物全部去掉,那个金看上去就很漂亮。每一行把东西做好都有它的过程,一开始讲失传了,但是很多在民间还留着。你要去问,你虚心一点,这些老同志都在,这帮人都在你的身边。

再下来就是包装。长江以南有梅雨季节,这个季节空气湿度很高,什么禽流感、H1N1②,都是五六月份高发,这个季节最容易产生这种疾病,因为这个温度跟湿度,都适合病菌的生长。我们中国墨用动物胶,所以这个季节也容易产生菌,墨就容易坏掉。

① 锉边,墨锭在模具中挤压后,会有一些毛边,锉边就是用工具将墨边角上的毛边打磨、修平、除掉瑕疵。
② H1N1 甲型流感病毒,它的宿主是犬科动物、鸟类和部分哺乳动物,它也是人类最常感染的流感病毒之一。2009 年在墨西哥爆发,后疫情传播到全世界。

现在有除湿机了也很方便,烟草公司不是也用除湿机嘛,实际上是把空气中的湿度抽掉。

我与徽墨合作社

咱们这儿做徽墨,是一直传承下来的,到了抗日战争、解放战争那个年代,国民党抓壮丁,墨没人做,也中断过。新中国成立后国家就搞公私合营,那个时候叫手工业社,毛主席要恢复经济,把公家跟私人的东西合资,产生了叫公私合营企业,20 世纪五六十年代出生的人都知道。公私合营之前做墨都是一些小作坊,有的个人家里在做,公私合营之后,开始把一些老艺人集合起来,开了一个合作社,我们那时候叫徽墨合作社。

我父亲不是做墨的, 但是我们家这一代好多人都做墨。我是1984 年 4 月份招工过来的,那个时候进工厂干活还要托关系。我进去的时候,一开始就是学做墨,跟着师傅学。那个时候做墨基本上靠手感,后面再自己一步一步地去想去做,这样学出来的。我师傅是程细根老师,也是我们绩溪人,他十几岁的时候就到外面去学做墨,应该是在歙县学的,新中国成立之前战乱他就回到老家了。到1954 年公私合营的时候,就把这些原来做墨的人全部集中在一起,他也是其中一个。那个时候师傅是不教的,就是你自己看,他反正在做,我们这边学手艺都是自己看的,聪明的就学出来得快。那个时候带徒弟不像现在,当时你做多少工拿多少钱,他要拿工资的。你跟到这个师傅学就叫他师傅, 师傅叫你做什么你就做什么, 不是一点点时间,是一年两年三年,再慢慢开始独立。制墨车间我待了好多年,后来又到了炼烟车间。

到炼烟车间,我的师傅是董龙军老师,他是车间主任。炼烟就不复杂了,不过是环境差一点,不是技术活。最有技术的活就是做墨会搓粿①,温度、柔度刚

① 搓粿,把墨搓成能放入墨模的圆柱形长条。

好在那个时候,最后搓起来没有节痕再放到模具里面;收墨的时候有一些技术要求,基本上凭手感,就是做得多了之后知道达到哪个手感就可以,这个一开始师傅会教你。制墨车间有个火板,是加热墨团的,火板最早的时候还是用木炭,后来到我们那个时候开始有电炉,你感觉冷下来了,就按开关加热,它也是按照季节的,不同的季节加温不一样。都是靠你的手,你必须感觉到墨团搓上去很柔和,这样一个原则,要靠慢慢做慢慢摸。

我们做墨,像南京的金陵印社,有时候叫他们给题字,或者直接临摹有些大家的字,临摹下来放小,放到模具上。这块我不是强项,木模制作车间就只待过一小段时间,主要是因为我后来当到副厂长,各方面我都要去了解。

原来行业里面,一直以来都是个人管个人的一套,最后集中起来。你只有当领导的,比如车间主任,各个组各个地方,有炼烟车间、制墨车间,有描金车间、包装车间,比如配料的那个人怎么配,这些就都不一样了,都需要去了解。

因为当时我高中毕业,在我们那个厂里几乎没有,厂里基本上是卖力气活的人,因为这个行业比较吃力,像打墨、盘料①等。你文化高一点,厂里总会培养你的,所以我在工厂里慢慢地被选出来做管理。

工厂因为都是轻工大集体的企业,是按照计件的工资标准,从我们的老前辈董龙军,后来的汪荣这帮人传下来的,管理制度都是国家定的。那个时候国有企业都是国家的硬性制度,标准也是国家来定,只不过行业的产品标准,由各个车间主任负责,等于是这样一个过程。那个时候人员很臃肿,那样一个厂一百六十多人,规模和招收员工越来越多。应该是到了改革开放以后,20 世纪 80 年代末期 90 年代初期,我们进厂那时候是最旺期。

① 盘料,也叫和料,就是把各种材料通过搅拌、捶打等方式,完全融合在一起。

老墨模棉花图中的采棉(工序)墨与墨模

老墨模棉花图中的织布(工序)墨模

因为改革开放,很多农村里的人都想出来干活,那个时候工厂做得很大,但是那个时候又做得很乱,就是产品的质量保证不了。刚刚改革开放,市场上一下子有了需求,新兴产品出来了,大家都去做皮鞋、做预制板①等,都是做那些与计划经济不搭界的,那个时候是生产的最高峰。到了1997年那一次亚洲金融危机②以后,好多工厂都停下来了。

我们当地一九八几年之前也就这一个厂,到了1988年之后,才开始有其他的乡镇企业。改革开放到了我们安徽这边,就是改得田地包产到户,手工业商业方面,到了1988、1989年才开始有个体户产生。我是在这个企业改制之后,把它买下来了。

① 工程要用到的模件或板块。

② 1997年7月2日,亚洲金融风暴席卷泰国,泰铢贬值。很快,这场风暴扫过马来西亚、新加坡、日本、韩国、中国等地。亚洲一些经济大国经济开始萧条,部分国家的政局也出现混乱。

传承的是人，还是缺人

我们现在把描金的一部分放到人家那去做，做盒也是发到其他厂里去做。因为我们要核算成本。像有专门的墨盒厂，就做这个包装盒，他们天天有人去做，你给他一个规格，他也给你做。原来都是墨厂自己做盒，盒子材料还得去砍伐，工序多得不得了，那么就把它分掉了。我们现在主要就是做墨，我们炼烟都是自己炼，烟、胶，再有制墨，有部分描金的工人，大概有六十多个人。

我们现在有一帮人是长期不可能放假的，到了冬天的时候，会增加更多人，就是专门取松烟。有的季节家里不忙的，也会来做墨，会帮着炼烟。我们现在有三十几个人全年是不间断生产的，因为每年有这么多的销售量。现在我们厂基本上没有年龄低于四十岁的人，我讲的是在一线上搞生产的，不包括办公室、销售等部门的人员，这是个大问题。

传承的是人，咱们这边还是缺人。今年我们做墨的人二百元一天，炼烟的人也是二百一天，和料的人也是二百，这个价格远远高于我们本地的工价了。搁古代，做墨是门手艺，跟建房的砖匠，打家具的木匠，还有做竹器的竹匠一样，我们这边你做哪一个活的，就叫什么匠。做墨跟那个匠是通的，工钱是一样的。但现在做墨的还是少，还是招不到人，因为你来了之后，不是一两个月就学得出来，学徒的时间挺长的，除非是你来我就给这个工资，那又不现实，这样就搞乱掉了；还因为它比较脏，比较费力气，现在的木匠、砖匠基本上机械化了，你看那气枪嘣嘣一打，电锯一锯，也没有很大的力气活了，现在做墨还是解决不了这个问题。我们也想不出好办法。这个月（5月）十几号我们省人大会议，讨论非物质文化遗产条例①，叫我们几个传承人去调研，也是谈到这个，没人学是最大的问题,其他的都不要紧。

材料可以分析,技艺可以用图像、文字的形式记载下来,但是没有人去学、去传承,没有人都是空的,所有的事都是事在人为。现在做墨的人很难找,咱们徽州不是有几大地区,比如歙县、屯溪和咱们绩溪都在做嘛,人员也是互相挖过来挖过去,我们也教了好多人,他学起来就跑了不干了,关键就在这里。再就是墨的价格,一直也卖不到很高。我们的上庄跟长安镇,这两个地方做中低档的墨,量做得很大,他们的价钱就卖得很低,而且他们跟工人的协议是这样的:男同志平常就干农活,有空的时候来做墨,女同志你可以有空就来描金,没空就不来。反正是个体户,他不用租房子,可以在自己的房子后面,盖一栋房子让几个人来做墨,也不用交税,他什么都不用交,这样他的价钱就卖得很低,也不会亏钱。这样的经营模式,对这个产业冲击很大,然后价格又统一不起来。干活的人总是哪个地方钱多,往哪个地方去,这是很现实的。比方说现在的墨匠,我们这边是一百八十、二百块一天,那我如果二百四十、二百五十块一天,工资占整个成本的比例肯定要高,比如到百分之四十,手工艺品以后可能工钱最少要占到百分之五十。我们绩溪县2011年成立了徽墨协会,我是这个协会的会长②,整个行业如果能统一起来,行业协会会起到关键性的作用。

做高端墨,做高品质的墨

咱们工厂的产品,基本上是中高档为主,以私用墨、收藏墨为主。我们这种企业,不用替代品,也不用化学品。现在好多墨都用炭黑,用很糟糕的胶来做,

① 2014年5月20日,安徽省第十二届人大常委会第十一次会议举行第二次全体会议,《安徽省非物质文化遗产条例(草案)》已经省政府常务会议通过,提请本次会议初审。应指此条例的讨论。
② 2011年12月29日,绩溪县徽墨协会成立大会举行,来自全县各个徽墨企业及收藏、研究徽墨的代表人士参加了会议。会议通过了《工作报告》《章程》,选举产生了协会领导机构,汪爱军当选会长。

有的时候几乎刚拿到北京去,或者放个几天就散掉没用了。

古代的墨,防腐基本上都是用中药,所以我们现在做墨的时候,有十几种中药。有的中药是植物香料,有的中药就是一种防腐败剂、防胶败剂,胶一败墨就碎掉了。现在有的是用化学防腐剂,徽墨是一个传统产品,我们还是做这种传统的东西。

像我们做墨只是做高端的一部分,我自己去把这个配方全部做好,我不可能所有的墨都去做。只是说现在要生存,要适合市场。有低档的墨,几块钱几毛钱一块,比方说六千块钱一吨,那你六毛钱一公斤对吧,但现在好多胶都要八万块钱一吨。

徽墨基本上按材料来分类。比方说用生漆,就是我们这边的漆树,插一根竹竿进去淌下来的漆,加一些其他的植物油,然后再炼烟,这个在古代叫漆烟墨。再有松烟做的墨叫松烟墨,桐油烧的烟做墨叫油烟墨。再后来还有用矿物质,比方说朱砂,这种墨叫朱砂墨,还有用各种植物颜料或者矿物颜料生产的叫彩色墨。我们讲的漆,实际上在北方就叫大漆,大漆加了桐油,放在一起熬制。熬制以后有一定的温度,再搅拌,因为它温度到了多少,搅拌速度到了多少,它这个分子结构就开始分开,分开再聚合以后,分子结构又开始交联,所以它就叫漆烟。如果是传统的桐油烟,直接就是用桐油点烟。古代又分得很细,它顶上的烟,就叫顶烟,所以你看到好多老墨的横头上面,都注明顶烟。

顶烟传统的制作方式是有一个瓷的碗罩在上面,但是关键的技术在哪里?你不能给它碳化掉。得掌握一个关键的点,不能碳化掉的关键点就是里面的空气。任何物体离开氧气,它就没法燃烧,所以要控制一定的空气。为什么古代的烟房总是一个窗户在上面,一开始的时候它是关死的,空气里面有氧气它就可以燃烧,烧到后面烟房里面缺少空气,就拉开一点点窗户,让少量的空气进来。像我们农村里面,烧了个炉灶,搞个东西去挑一下,火"哗"一下都上去了,因为有氧气冲进去了,就是这么一个道理。

顶上的烟是飘在上面的,有一定的油分,油烟的标准有一个吸油值①。黑度②也一样,遮盖得越密就越黑,好多人不知道黑度是什么,黑度用现在科学的说法,就是白的遮盖率,你越细腻,就遮盖得越好,感觉就越黑。

烧烟的时候尽量不给火太大,火苗越小,烟肯定是越大,这个又跟现代的化学相近,你油烧得越少,可能烟出得就越多,它就越没有碳化,这就是你的技艺水平高。碳化了以后,它就往下落,然后就飞掉了。不完全碳化形成的烟炱③叫烟,碳化之后我们叫它灰,烟跟灰是两种东西,从性质上分,一个是有机物,一个是无机物。按道理讲烟是没有颗粒的,是形成一种炱,你在很光的纸上磨了以后,它的补给作用很强。所以比方说你抓一把烟,在一张光纸上一磨,磨到最后全部都没有了,都补给到纸张缝隙里面去了。

超细纯桐油烟墨也是这样。如果不控制好烟,它有碳化,这个烟的细度就达不到,我们尽量把烟房用空气阀门的形式,始终把这个烟房控制在含有一定量的空气在里面,所以我们采取现代的方法做这个东西。为什么叫超细纯桐油烟,就是纯的桐油烟进去,取的是顶上的烟,很细腻。现在碳化不碳化,检验方法叫检测目数④,现在新墨的炭黑,包括日本的三菱炭黑,它的目数可能达到一千二至两千。

烟稍微有重量,有点碳化,就往下掉了,就不会飘在最上面了。稍微有一点碳化的情况,也可以用,关键是溶不溶于水。有机物一般不溶于水。最近几

① 吸油值,即炭黑吸油值,即DBP值,是在规定试验条件下,100g炭黑吸收邻苯二甲酸二丁酯(DBP,di-n-butyl phthalate)的体积(cm³)数。可以计算炭黑聚集体之间的空隙体积,是炭黑聚集和附聚程度的量度。

② 黑度,指炭黑所具有的黑色呈现强度。炭黑作着色时,黑度主要基于对光的吸收,对于特定浓度的炭黑,炭黑越细小,则光的吸收程度越高。

③ 烟炱,指从烟囱壁分离下来的或被烟道气冲刷出来而后落到烟囱周围地区的煤烟团。

④ 目数,物理学定义为物料的粒度或粗细度,目数越大,说明物料粒度越细。筛分粒度就是颗粒可以通过筛网的筛孔尺寸,目数即指一平方英寸(25.4mm×25.4mm)面积上所具有的网孔数。

年上海一个老同志给我讲古代的墨是怎么回事。他磨好墨以后会搞一个大的池缸,毛笔蘸了墨滴一滴到这个池缸里面,再加水,然后再加再加,水越加越多,加到后面用玻璃杯看,水都很清,看不到任何一点不溶物,这个就是没碳化的。你看古代人,这个就是人家的绝技,他做多了,会总结出经验,有碳化颗粒进去,它就是不溶解。你能溶解得越好,你的补给性也越好,在宣纸上的堆积感,墨的黑度也越好,这些多少是有关联的。

有些老同志,可能年纪比我大十几岁的,他还在做墨,他们传承的应该是 20 世纪五六十年代、六七十年代那个水平,但你想要把古人精品的东西学到,你得看实物,有真家伙的。现在康雍乾的东西看得到,嘉庆的东西也看得到,同治以前的墨有人家里也有。这种事情关键是有人去做,你学不学是主要的问题,或者你的基础知识达到一个什么程度。现在也有人讲我们的墨,在生产工艺上、细度上,达到了过去那个水平,某些程度制作上,可能还比那个时代要好。

但是它在文化方面、设计方面,包括字体、雕刻等方面,还是不能比。因为历史的时间段不一样,文化都是靠堆积的,做多少年以后才堆积得起来。我们现在应该还是学古代的东西,创新还谈不上,这是我个人的观点,你要把康雍乾的东西都学到位了,你就不得了了。可能你要天天去摸去看,还要有悟性,可能还讲究一种运气。因为各种季节做出来的东西不一样,比如湿度高了,炼烟就很难,炼出来的烟肯定油分偏高,油分偏高的话,做出来的墨成色又不一样。所以,为什么中国墨、中国画它跟世界上其他地方的不一样,墨加水多一点点,它出来的韵味就不一样,画都没有格式化,我今天画了四张画,四张画用的力量不一样,宣纸不一样,加水不一样,填墨多少不一样,四张画出来就不一样,韵味也不一样。

因为我们做墨,就要分析这个墨。墨是烟跟胶为主体,其他的都是辅助材料。辅助材料在某种条件下,起到关键性的作用。温度跟湿度达到了,霉菌就产生了,就是腐烂产生了,腐烂实际上就是氧化。这也是为什么古代的干尸、木乃伊很干,在没有氧分的情况下密封,就不会腐烂。如果是宫廷里的贡墨,那种墨拿出来以后,你第一感觉是油光闪亮干干净净。哪像现在的墨,有些徽州人骗你说这是墨霜,那都是霉菌,霉菌对身体是有害的。因为达到一定的湿度和温度,蛋白就开始腐化了,也就是产生霉菌了。霉菌是一种菌,发霉的东西最起码你不能吃,好的墨应该是中药,已经做防腐处理了,防腐了就不可能发霉的。

咱们墨的消费主体,现在基本上还是写字画画的人,是专业的人在用。如果是作为印刷品,可能用墨汁,但如果想把这个作品卖掉,或者是去参展得奖,肯定用墨。除了他们这一类人,还有就是作为礼品收藏。所以用墨的这个群体很窄,包括我们本地人,可能都不知道徽墨还这么奥妙,还这么深。关键是群体问题、爱好问题,你不用它,你永远不了解它。

墨是中国的文化艺术,它是丢不掉的,它是画画写字的载体,中国传统的书法跟绘画只要存在就依赖着墨,所以文人就很爱这个东西,有的文人我送他一锭墨他特高兴。安徽大学高分子材料研究所的沙鸿飞,是我们安徽省的画家,享受国务院津贴,我有个高中同学是他的学生,他现在退休了,七十几岁了,每年都到我这里来。

你不要保密,我们用科学都可以解释

清代那种水平的墨,一线画上去以后,跑都不跑,就像漆滴上去一样。你再压一笔的时候,它还给你这感觉,你用了三四笔,就有三四层。现在大部分的墨几笔上去都糊掉了,胶很重,墨就会发白。你要讲黑白分明,那肯定就是胶要少烟要多,所以古代制墨讲三分胶七分烟。还有"轻胶十万杵"的说法,不是真叫你打十万下,是讲尽量打锤多一点,那样胶跟烟会更融合一点,也是形象地跟你说,要做事认真、用心。在各种材料跟胶都比较好的情况下,通过很普通的热胀冷缩的原理，把它们结合在一起，事实上是很自然的科学。我要用什么中药，它是防哪一种细菌的，哪种中药在什么温度下要失效的，那个也是要讲科学的。

中国科学院自然科学史研究所的所长廖育群，当时做徽墨范本的时候，他就带着我逛厂，他说你不要保密，你那个中药，我跟你说说它是什么药理，比如哪一种中药温度不能太高，我们在他那学到很多。我们做墨的人大部分只知道，古代传给我们这么多中药，哗哗哗一倒全部加进去，实际上达不到那个效果，还有一个前后次序问题。现在的专业术语叫炮制①，古代熬制中药怎么熬，也有一个程序。

我们宣城市跟日本的四国中央市是友好城市，那个地方也造纸，日本四分之一的纸，是四国中央市造的。我们也去过他们的墨厂，他们的墨不打滑，我们的墨打滑是脂肪问题，因为我们用的是动物胶，动物的皮下组织有很多脂肪，脂肪脱不掉，摸上去有油就要打滑。

日本也是就地取材，因为海洋资源很丰富，它就用海藻做胶，它的墨密度细度也是很好的，但是海藻胶做出来的墨，跟我们的还是有区别，润色还不一样。像模具它用什么呢，它用钢模，我们是用木头，石楠木的木模，都是就地取材的。所以有一样好东西留下来，立名在这个地方，肯定是跟这个地域特产有相对的关系，没有这种东西它也不会生存下来。哪个地方最方便取我的原材料，我肯定往哪个地方走。

现在在墨上面，日本的墨汁在中国高端市场占了很大的比例。日本有几个牌子在中国销售，那么小巧的墨，卖到几百、几千，它现在的生产设备是装备式，大型碾磨机打锤碾磨，它的设备都比我们先进，原料有的跟我们不一

① 炮制，古同炮炙，指用中草药原料制成药物的过程。主要是加强药物效用，减除毒性或副作用，便于贮藏和服用等，有火制、水制或水火共制等加工方法。

样,它没有我们的物产这么丰富。但按照制造工艺讲,它有些东西超过我们,我是实事求是地讲。它的东西在中国很多,大家手上拿出来的玄宗墨汁,用的中国皇帝的名字,一个墨汁卖到最高峰的时候,跟我们中国的五粮液一个价钱,那个时候五粮液卖二百八十元,它也是卖二百八十元一瓶。我们去过日本,也用过它的东西,我们后来请了好多高分子材料方面的专家,把它的成分,包括里面墨含量多少,水分多少,它用什么防腐剂,我们基本上都把它测出来了。

对材料都不懂,你怎么去突破,这个胶是什么结构组成的,烟是什么结构组成的,你得研究。

动物胶和植物胶都有它的特性,植物胶的润度,比如圆笔写下去的扩散力,没有中国的墨这么润。但是它的墨很好磨,因为植物胶没有脂肪,我们的动物胶制作有多道工序,得尽量把脂肪脱掉。古代也有一个说法有鱼皮胶,我听我们工厂已经退休的老同志讲,也叫广胶,是广东、广西产的胶。像清代后期的时候,现在的广州番禺那块,原来是填海来的,海里面的礁石很多,退潮的时候,鱼都是往上面走,它不会跟着水跑,所以大批的鱼留在浅礁上,渔民就把它拿回家放到锅里煮。海里的生鲜非常好,它的骨头跟皮,稍微熬一下就能做墨用,这个胶非常好,没有脂肪。它也做火柴用,做火柴的黏合剂,它的黏度不一样,起到的用途不一样。原来有一个阶段,就把这个胶拿来做墨用。所以现代人要吃海洋里面的东西,因为没脂肪,有高蛋白,对人体是最好的,脂肪会饱和,饱和以后会堆脂。实际上用广胶就是这个原理,古代的人就知道。熬广胶的技艺,我们也只知道是这样一个过程,你知道是什么材料,知道这个程序,真正去做它就都不复杂了。

有的文献上写的东西,实际上是一带而过,如果你不去做,肯定像读一个词一样一带而过,但是你去做的话就感觉到了。像历史上有一个阶段,墨就是用广胶,它后来中断了,但这种做法在民间还是一直在传的。

从近代过来,鸦片战争、太平天国的"长毛反"①,到甲午战争、孙中山开始反清,好多民族工业都不生长了,或者瘫痪了。我们这一块在太平天国的时候,遭遇的劫难很大,家里树都砍完了,好多人被杀掉以后都钉在这边。那个时候哪家做工艺品啊,几乎就是种点田,搞点吃食。再后来到抗日战争、解放战争,再到"文革",从1840年到"文革"这一百二十多年,中国断掉了很多东西,几代人过掉了,老百姓的日子过不下去,哪个人还去做这些东西呢。现在国力可以了,有些人想起来,这些东西丢掉确实可惜了,再去讲非物质文化传承,把民间的东西传承下来。有的专家眼光还是很长远的,他到民间去收集,把那些老艺人传下来的东西收集起来。再讲回来这也是人的问题,还是那个人愿不愿意去传,愿不愿意去学,愿不愿意去挖掘,是不是用心去做。

解决了脆度和下墨快的矛盾,也就抓住了做好墨的核心

清代汪近圣的墨,拿出来干干净净、油光发亮。在玻璃上或手心上,哈一下气它就发墨,敲起来嘭嘭地响,这种墨就是最高境界的墨,而且它的堆积感,包括润墨、韵味,所有的标准它都达得到。

古代留下的墨,有很多清代的,现在在北京很多收藏家手里。为什么古人做得出来这些好墨,你现在做不出来呢?还是制作技艺、配料这些方面没能达到。如果哪个墨能达到清代御墨那个水平,细、亮、堆积感,那么加不同的水,用不同的力量,它就会分出不同的层次。

在乾隆盛世,文人墨客对墨的评比,都是自然形成的。有一种墨叫紫玉光,有很多人用,

①长毛反,因为太平天国规定不剃额发,不扎辫散着头发,而他们意图推翻清王朝建立新政权,所以被清政府叫作"长毛反"。

115

当时乾隆皇帝评价紫玉光说，墨在磨的时候有紫的颜色，光就是很亮的意思，玉就是像玉一样很细腻而且很透，感觉到很润，磨墨有脂，有一种色泽。所以墨达到这三个水平，这个墨就是非常好的墨了，紫玉光墨是乾隆皇帝御题的墨。

这个基本上就是墨的衡量标准。墨不发墨不行，墨见水以后要

汪爱军演示墨发墨快的效果

汪爱军演示墨敲击有钢铁声的效果

很快发墨,敲起来要像钢铁声一样的;又要叫它发墨很快,又要叫它敲起来像钢铁声音一样,这个就有点矛盾了,但是你把它做到了,就是精品。

比如说我们在北京几个大收藏家这里,人家拿出来几十锭或者几百锭墨,那都是早期的时候在北京那些文物商店或其他店里收来的,那时候不值钱,但相对来说一般人也买不起。以前我们到北京的时候看得到,他会磨给你看,但他现在也舍不得用了,磨掉就没有了。我们现在也帮他们做这些东西,有的墨就是小的墨锭,三十克,价格也卖到一千多,它也不算仿古,就是靠近古代的那个工艺水平。

很多画家画画要求很高。因为他在写生或者有灵感的时候,马上要画张画。他在淡墨的时候会加浓,加一层再加一层,他加五笔,就感觉到有五种层次。比如像齐白石画虾子,他淡墨淡一笔,然后一根线条勾线勾上去,这根线就会像漆一样横在纸上,它就像跳了出来,一笔两笔三笔就像一层两层三层堆上去,就有堆积感。他用的料是宣纸、墨,还有一种着色的材料,比如石青①还有朱砂,他用的料都很讲究,所以他那种画的颜色几百年都不褪,保持着原有的色泽。

前几年中国美术学院那些博士生,天天往我这里跑。我家里的老墨,一磨以后很潮,拿一个笔磨得浓一点,一根线画上去,就已经固定在那里,好像有一种立体的感觉。现在的墨或墨汁,它就达不到这个效果。

我同样在一张大宣纸上面,同样两支笔,我这边用现在的墨,那边用古代的墨,试了之后把两张纸一重合,黑度、亮度,马上就能分出来,特别是在堆积的时候。三年前几乎整个行业,没有人能达到,没有墨能堆得上去。

① 石青,又叫蓝铜矿,是一种碱性铜碳酸盐矿物。可作为铜矿石来提炼铜,也可用作蓝颜料。

画家在磨墨的时候也会添加一些东西，很多人在找古代的墨色，它很沉着、很稳、很舒服，那个不单纯是靠我们这些做手艺的人去完成的，用的人也在动脑筋，所以突出了他们的风格。

像我们这种做墨的人，就是一个匠人，一个手艺人，没有人要求你，你做不好东西的。像古代的一锭墨，文人要帮你想出什么名字来，不是随便想个什么东西就做上去的，那没有文气；而且有人帮你题一个字，这个词这句诗源自于哪里，都有来头的；然后他再帮你设计成什么样子，留白多少。在某种程度上讲，墨也是一个工艺品，第一感觉这个东西要很好很漂亮，这个需要有文化懂艺术的人来帮你做的。

我们做什么呢？我们就是把墨的材料做好，比如画家讲我要画到什么感觉，我们帮你做好。如果他讲我这个墨黑不够，我们帮他做黑，他讲这个墨堆不上去，我们让它堆上去，我们是服务于他们的，他们如果不提要求，我们也不会进步，这个是同步的。后来因为

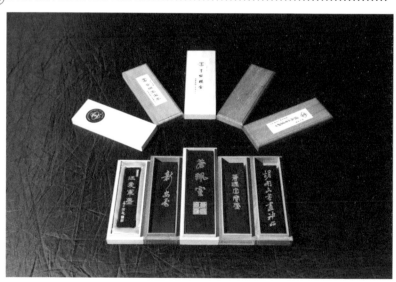

汪爱军苍珮室作品

艺术品字画市场在凸显,有的人为了提高艺术水平,他也在想怎么画好。有的羽毛,发丝似的毛,带一点点墨,用多少力量的时候,它会画出很细微的发丝。这个就要靠墨跟纸来体现了。

目前来讲,我的目标就是把康雍乾的东西,把最高境界的东西学好,我就感觉很满足了。说墨分五色,枯也好湿也好,你写字转锋的时候它要很流畅。有人讲我要笔到哪里墨跟到哪里,就是要跟着我的心走,我的心要求我的笔画到哪里,我的墨要跟到哪里,他要达到这个境界。有的墨一写就枯掉了,转锋的时候就转不过来,你看那个《兰亭序》的转锋、勾线,那种笔法,那都是淋漓尽致地去体现的。我们是做非遗传承的,把古代最好的东西拿出来,你有好东西我们来研究,我们来跟上。你要想把这个东西恢复好,你就是把古人的东西先学到,特别是传统的自然科学。

比如说墨磨开以后或者断开以后,要没有空洞,你看着没有颗粒,就是像平的玻璃片一样的。这种东西肯定没有颗粒在里面,有颗粒就形成炭了,形成炭就没法溶解了,它溶不到水里面,就补给不到宣纸上面去。

传统的民间的东西,是多少代人的经验创造堆积起来的,高手其实是要去解决墨的矛盾。墨主要是用的,远近的距离要有,堆积感、层次感要达到,所以你把一张画拿起来以后,远近、立体感马上就跳出来,体现得非常好,就是靠墨来体现。墨汁就完全达不到,墨汁的胶固含量很高,基本上达到百分之六十多,墨是反过来,胶越少越好。古代文献上写的三分胶七分烟,我们现在达到了四分胶六分烟左右,古代具体达到的烟胶比例是多少,不知道,反正表达的就是胶少烟多的意思。胶是蛋白,你字画挂在墙上,一旦有水分了,一旦太阳晒到了,蛋白最容易氧化,氧化掉以后它就会脱落,就不黑了。所以烟越多越易渗透到纸上,所谓入木三分,这张字画就会流传几百年或者上千年,现在画家要求的也是这样。

其实咱们做墨是好多种工艺的融合。你看这块墨,这边是字就代表书法,那边是画就代表绘画;还有做墨模的人,模子是一个锥形的,它是越压越紧的,做模的木匠再下来就开始雕刻了,有设计,有雕工,成品墨模还有保养问题。有的模具保管得好,有人讲我这个模具一百多年了,懂的人每年在秋冬的时候会拿出来,让水分脱掉,不然木头就烂掉了。这个行业的人看到一块墨,会看到很多东西、很多人,并不只是一块墨。

一得阁墨汁制作技艺

"一得阁墨汁制作技艺"是清代同治年间由谢崧岱创制并传承至今的墨汁制作技艺，它是由墨锭到墨汁的开创性制墨工艺。

清代同治四年（1865），进京参加科举考试的考生谢崧岱为减少研墨时间，参照家乡古法制墨的手法，创制了与墨锭具有相同书写效果的墨汁。谢崧岱取其自创对联"一艺足供天下用，得法多自古人书"上下联的首字，将店铺命名为"一得阁"。

一得阁墨汁店最初通过古法烧烟，以炭黑、骨胶、冰片、卤盐等为原料，经新老胶混合、搅拌、石磨、捶打等纯手工制造而成墨汁。1956年公私合营后，一得阁墨汁店更名为"一得阁墨汁厂"，并引进化胶釜、三辊机等生产设备，不断改进配方和制作技艺，形成以高色素炭黑、骨胶、冰片、麝香、苯酚为原材料，以化胶、拌灰、轧制为主要生产环节的墨汁制作工艺。一得阁墨汁有墨迹光亮、耐水性强、书写流利、写后易干、不洇纸、永不褪色、适宜拓裱、浓度适中、香味浓厚、四季适用十大特点。一得阁生产的"中华墨汁""一得阁墨汁"先后被评为国家银质奖产品、轻工部优质产品。2006年，一得阁被商务部认定为"中华老字号"。

2014年，一得阁墨汁制作技艺入选第四批国家级非物质文化遗产代表性项目名录。

一得阁墨汁制作技艺第三代传人尹志强（左三）、何平（左二）与国家图书馆中国记忆项目中心工作人员合影

张英勤

第二代传人

张英勤（1927—2017），男，河北省深州市人。1943年起师从一得阁墨汁制作技艺的第一代传人徐洁滨，成为第二代传人。1957年起成为改良一得阁生产技术的带头人。1963年起担任一得阁墨汁厂厂长，于1987年退休。

张英勤是第一代传人徐洁滨的同乡。1943年，十六岁的张英勤进入掌柜徐洁滨的一得阁墨汁店做学徒，期间掌握了古法制墨的技艺。1953年，一得阁开始进行公私合营，以原一得阁墨汁店为核心，由十余家制作墨汁、墨块、印泥等文化产品的企业共同组成一得阁墨汁厂。张英勤作为生产带头人，不断钻研，通过引进现代制墨技术、生产设备和原材料，使一得阁墨汁制作技艺日臻完善并传承至今。张英勤担任一得阁墨汁厂厂长期间，领导并参与了一得阁墨汁厂厂房改建、702微波材料科研项目及工人工资改革等重大事件，为一得阁的发展奠定了基础。

采访手记

采访时间：2016年
采访地点：北京
受 访 人：张英勤
采 访 人：北京一得阁墨业有限责任公司

位于北京市琉璃厂的北京一得阁墨业有限责任公司办公大楼

　　张英勤老人作为一得阁墨汁制作技艺的第二代传人，是一得阁从民国时期、新中国成立初期和改革开放以来近八十年历史的见证人，又由于他本人长期担任一得阁墨汁厂的厂长、书记，他的口述对一得阁的文化传承具有很高的史料价值。2016年，北京市一得阁墨业有限责任公司曾委托北京市宣武区文化局的团队拍摄了张老的口述访谈。在我们筹备、编辑书稿的过程中，由于张老已年届九十岁，考虑到他的身体因素，我们没有再去打扰。北京一得阁墨业有限责任公司得知后，将张老的口述访谈视频捐赠给国家图书馆，这篇口述文字稿就是在该口述访谈的影像内容基础上编辑整理的。2017年8月，张英勤老人去世，很遗憾没有看到本书的出版。

张英勤口述史

刘芯会 整理

我叫张英勤，是河北省深州市①马兰井村人，出生于 1927 年 11 月 8 日。1943 年我十六岁，开始在一得阁当学徒，到 1987 年六十岁退休。我从 1963 年开始当一得阁的厂长兼书记，一直到退休。下面我从创始人开始，简单介绍一下一得阁的情况。

谢崧岱、徐洁滨与我的传承

一得阁创建于 1865 年 6 月 6 日，也就是同治四年，到今年（2016）是一百五十一岁。创始人是谢崧岱②，他是南方人，第一代传人叫徐洁滨③，也是我师傅、掌柜的。现在第二代传人里，我是唯一健在的一个，虚岁九十岁。

① 深州市，原名深县，隶属于河北省衡水市。1994 年撤县设为深州市。

② 谢崧岱（1849—1898），湖南湘乡人。其父谢宝璜，曾佐左宗棠幕府。1860 年由湖南入京，后送选国子监，曾官授国子监典簿。谢崧岱于 1865 年与友人研制墨汁制作技艺，并在琉璃厂附近的宣南地区（文人聚集区）创立一得阁墨店。谢崧岱于光绪十年（1884）著有《南学制墨札记》一书，将其与三位友人共同研制的制墨技艺总结为『取烟、研烟、和胶、去渣、收瓶、入盒、入麝、成条』的『制墨八法』。

③ 徐洁滨，河北省深县（今深州市）人。一得阁墨汁制作技艺第一代传人。一得阁创始人谢崧岱无嗣，遂将墨汁店传与徒弟徐洁滨。徐洁滨善于经营，不仅将一得阁墨汁制作技艺不断完善，申请『双羊湖』商标自成品牌，还在天津、郑州等地开设分店，市场占有量不断扩大。

谢崧岱于光绪甲申年（1884）所著的制墨名篇《南学制墨札记》

《南学制墨札记》中记载的一得阁"制墨八法"

① 留题诗文。

"一得阁"的那个匾是谢崧岱亲自写的，他留了两句话，叫"一艺足供天下用，得法多自古人书"。第一代传人徐洁滨的留句①是"龙滨古法"。在去年（2015）6月30号，我作为唯一的第二代传人，他们让我给一得阁做个留句，我原来的留句是三十六个字，"一得阁建一百五十年，科学传统结合重科研，提高质量品种促发展，满足书画艺术写新篇"。简单讲是十二个字，"五十年，重科研，促发展，写新篇"。因为我1963年开始当厂长，主管生产技术，所以我的留句很符合我们的实际。

我在一得阁学徒的那些年

我1943年到一得阁当学徒。我来一得阁的时候，徐洁滨是我师傅，也是一得阁的掌柜，徐新孔是我大师兄。1944年一得阁在天津建分厂，我们师傅掌柜的，跟我们大师兄少掌柜的（我们管少掌柜的叫大师兄），带领我们两个小徒弟，在现在琉璃厂①的后院刨瓷坛，挖银圆。经过清理是八千五百块银圆，给天津分厂买房子，这是一个大事。

这是自己家的厂房，是参照中和戏院②建设的。据掌柜的介绍，建设这个楼的木料是从菲律宾运来的，因为他第二房夫人的弟弟在菲律宾做事，所以建得很像样。西边是一排高大瓦房，六间房相互通畅，是包装的作坊，白天在这包装，晚上两侧的暗楼子供工人睡觉。南边是生产墨汁的厂房，五间用于生产墨汁，另外一间供工人休息。东边是伙房，伙房工人管吃管住，吃饭有两桌，一桌是工人，一桌是我们门市部的业务人员，两桌吃两种饭。北边是账房，计算生产数量跟出库，很像个样。中间是大扇棚，大扇棚底下存货，当时没仓库，直接存在这。整个厂房比中和戏院还大，而且这房相当坚固，我们后来改建厂房的时候才把旧厂房拆了。

我们厂房北边还有一个小院，有四间大北房，底下铺的是地板。我们掌柜的当时与同善社③打交道，经常在那念经、烧香、拜佛，每周一三五还是二四六打坐、念经。我们业务人员里有一个毛笔字写得好的，用朱砂颜料专写黄表字，每回掌柜的念完经都要烧那黄表。虽然一得阁的掌柜信佛，但是"文化大革命"和历次政治运动，他不属于"反宗教门"④，上面认定他属于信佛，没事。

靠外边是两个院，东院、西院，都是四合院。西院是他的第一夫人，东院是他的第二夫人。他的第一夫人有一个男孩子、四个女孩子，一共五个。

① 琉璃厂，位于北京市西城区和平门外，清代许多进京参加科举考试的考生聚居在这一带，故制作、售卖文房四宝的门店众多，形成较为浓厚的文化氛围，新中国成立以后发展成为琉璃厂文化街。

② 中和戏院，旧称《中和园》1949年改名中和戏院。始建于清末，为二层砖木结构，位于北京大栅栏，曾是许多名伶的重要演出场地，也是我国著名的京戏剧院。

③ 同善社，是1913年由彭泰荣在四川创立的邪教组织，于1918年前后在北京、上海等许多省市开始推广。它兼拜弥勒、释迦牟尼、玉皇大帝、孔子、老子、济公等神明或圣贤，自诩为《万法归一》《以"气功"静坐等方式让教徒冥想，借以进行思想控制。同善社在北伐战争、抗日战争和新中国成立后都企图阻碍社会进步，后在1951年全国清理和取缔反动会道的运动中被全部取缔。

④ 反宗教门，"文化大革命"中错误地取消了宗教的合法性，许多宗教被认定为反动宗教。

我们大师兄徐新孔就是他的大儿子,在墨汁厂专管技术。东院住的夫人是本地的,北京南苑人,生了一个姑娘、一个儿子。他这新夫人是有学历的,生下的大姑娘叫徐子怡,辅仁大学①毕业的,二儿子在东方红仪器厂工作,都没在墨汁厂跟我们共事。徐新孔在墨汁厂管工厂管技术,我们掌柜的管财权、人权和门市部。

当时的一得阁挺有规模的,虽然生产用的是老式设备,但我们有自己的制烟作坊。掌柜的在广安门大街有三十来间房,都是专烧烟子的作坊,不用出去买烟子。里面有专用烧烟子的耐高温的大灯,厂房也很特别,地上有气眼进气,上边封闭起来。制作油烟墨②需要烧油烟,有柴油、豆油烟、菜籽油、棉花籽油等,最好的是桐油。用桐油烧出来的烟制墨又亮又细,带蓝光,现在的云头艳墨汁里边就用了桐油烟,因此是最高级的墨汁。制作松烟墨需要烧松香和松木,松香有油,可以烧成高级的松烟墨,五老松烟③最好,写小楷、画工笔画最合适。松木烧的烟子就一般,可以制成写小楷用的小松烟墨。

徐洁滨还学习了古法制胶。他利用骨胶④的自然特性,在我们位于东北园胡同的门市部后边搞了一个四合院,骨胶进来了整袋在那院子里存着,三年以后再使用。夏天三伏天热,那胶在袋里自己嘎巴嘎巴响,为什么?撤热⑤性。墨

① 辅仁大学:1927 年由马相伯、英敛之创办,与北大、清华、燕京并称为“北平四大名校”。1952 年在全国院系改革中,北京辅仁大学与北京师范大学合并。

② 我国墨汁主要分为油烟墨和松烟墨两种。油烟墨是以烧制桐油、菜籽油、胡麻油等植物油的炭黑为原料制成的墨,其特点是色泽乌黑,有光泽,多用于表现书画的神采。松烟墨以生长于黄山一带的松木做燃料、燃烧松脂取其烟,其特点是色泽乌黑,但无光泽,多用于表现苍茫、古朴之感。

③ 五老松烟,与阿胶松烟、小松烟等都是松烟墨的品种,松烟墨的特点是浓墨无光、质细易磨。

④ 骨胶,是一种以动物骨头为原料制作的黏结材料,一般为珠状固体。具有黏结性好、强度高、水分少、干燥快、且价格低廉的特点。骨胶因其黏结性和悬浮性,广泛用于墨汁生产中,使墨汁着纸不洇。

⑤ 撤热,指撤出反应热,反应热是在物理或化学反应中所释放或吸收的热量。此处将胶置于室外,利用夏季室外积聚的热量使胶粒互相反应,但应注意条件控制,过多的反应热积聚,会导致胶块变质。

汁用胶是要它的亲和力和托附力，不要黏性，胶的黏性过高会导致墨汁拉不开笔，没有扩散力。墨汁厂的院里两边都是大缸，存着液体胶。冬练三九，夏练三伏，冬天三九不能冻，夏天三伏不能臭。每个缸上标记着年号，生产墨汁要用新老胶按比例配制而成，保证一年四季适用。夏天需要浓，春天、秋天需要稳定，冬天需要胶小，要不然灌不了瓶，一年四季四个配方。我们掌柜的非常注意胶的制作和配比，这胶就跟涮羊肉一样，嫩了不熟，老了咬不动，胶成坨了就没法用了，成水了也就没劲儿挂不住墨了，所以火候很重要。这些都是我们大师兄徐新孔负责，新老胶的配比保密，几分之几不告诉工人，都是他给弄好胶，工人才能去生产墨汁。

墨用一个大铜皮缸盛着，外边是铜皮，里边是洋灰铸的。烟子跟胶来了，拿木槌楞把它砸熟了，就跟摔胶泥一样，使胶跟炭黑和在一起，最后和成跟面一样的墨泥。一天生产一锅料，一兑是二百斤墨汁，上午开始砸到下午，完了兑水，开始过箩，搁到缸里沉淀。工作相当笨重，相当累，真是古法生产，完全靠人力。新中国成立以后，工人要求解放劳动力，很多老工人岁数到了，也不想干了，就改成了用石磨来磨。这样倒是快，磨它几遍就行了，但是质量不保证，还是用老配方老办法做出来的质量好。所以这是两个，一个是烧烟子，一个是骨胶，这是墨汁厂最拿手的，也是墨汁厂的特点。

墨汁的防腐剂是卤盐①（也叫大盐），因为这种原材料既充足又便

青年时期的张英勤（图片由北京一得阁墨业有限责任公司提供）

① 卤盐，又称"盐卤"，主要成分是氯化钠、氯化钾等，是我国传统的凝固剂。

宜,防腐、防冻,还防臭。现在这墨汁不使盐了,改科学的配方了。

公私合营成为一得阁墨汁厂

在抗美援朝战争中,政府号召捐献铜铁,一得阁盛墨汁的容器都是紫铜①桶,一个三百斤重,一得阁将这二十个紫铜桶,总共六千斤铜铁捐献给了国家。

1953 年,在公私合营合作化浪潮中,以一得阁墨汁店为主体组成了一百零八个人的公私合营企业——一得阁墨汁厂,产品有墨汁、印泥和墨块。当时是由四家做墨水晶的、三家做墨块的、两家做墨水的(有做蓝墨水和做黑墨水的)、两家给装订厂做浆糊的,共同组成一百零八个人的工厂。第一任公方厂长②是地方国营"北京市墨水厂"派来的赵文才,书记是由五四一厂③也就是印钞厂调过来的郑继荣。因为一得阁墨汁厂是大企业,资金多,有老掌柜(指徐洁滨)、儿子(指徐新孔)和孙子,最后由他的孙子徐定国做私方代理人④,任一得阁墨汁厂的副厂长。徐定国曾经在上海荣墨斋工作,比我大两岁,属牛的,要活到今年(2016)也九十一岁了。

墨汁厂合并以后经过整顿梳理,产品由自销变成北京市文化用品公司收购经销,所以大部分产品都被淘汰:墨水晶是给解放区生产的,一袋两片,一片可以沏一小瓶墨水,全国解放后销路就没有了;蓝墨水、黑墨水质量不行,也淘汰了;还有做砚台油的、做颜料的也淘汰了。就剩下一得阁的墨汁,三家做墨块的,还有两家打浆糊的。所以一得阁墨汁厂

① 紫铜,又名红铜,是比较纯净的一种铜,具有较高的导热性和耐蚀性,用做工业纯铜。
② 公方厂长,指公私合营的企业中代表国家方面的厂领导。
③ 五四一厂,1908 年(清光绪三十四年)度支部印刷局成立,并于 1911 年开印。1955 年使用"国营五四一厂"厂名;1988 年更名为"北京印钞厂"。"国营五四一厂"为秘密厂名。
④ 私方代理人,指在公私合营的企业中担任原企业或资本家利益的代表。

远远完不成生产任务，到 1957 年只能完成四成任务，工人只发百分之七十五的工资，出现工人吃不饱的情况。当时大部分年轻人外调，墨汁厂经过一年的调动，调出四十四个人，还剩下六十四个人，但还是吃不饱。虽然墨汁、墨块、浆糊的大部分生产没有问题，但是也出现了商业门店只收小学生墨块，不收高档墨汁的情况。

从"吃不饱"到"吃不了"

当时的厂长和书记决定，派人到上海学习经验，一个任务是学习墨汁的科学配方、机器轧制、仪器检验，这些是原来的一得阁都没有的，都是手工做，技术比较落后，质量也不稳定；再一个任务是学习北京的缺门产品，主要是北京市场缺少的广告色、水彩色、国画色和油画色这四色，这些商品当时都是从天津、上海调入，所以我们学这四种。当时墨汁厂派我还有一个做墨汁的老师傅到上海学习了二十多天。我们首先是到上海的墨汁厂，学习墨汁的科学配置、机器轧制，以及半成品和成品的检验技术。我们深入车间跟着老工人亲自操作学习，他们使用新型的防腐剂，墨汁配方合理、稳定、不沉淀。在这方面当时的一得阁是落后的，我们用的卤盐虽然防腐防冻，但缺点是爱吸潮，用它写完字，下雨阴天字会往下流，还不容易裱糊（易晕开扩散），不稳定，一年四季需要有四个配方制作。而使用新型的防腐剂，经过三辊机轧制后的墨汁细腻、稳定、不沉淀。我们学完这个以后，又到上海美术颜料厂学习马利颜料①、广告色、水彩色、国画色和油画色。

学成回来以后，我们首先请示二轻局②帮助我们调试设备。二轻局找到化工局，因为一

① 马利颜料："1919 年爱国画家张聿光集资创办了民族颜料厂，并注册商标『马利』牌，取『马到成功，利国利民』之意。它研制并生产出了中国第一支水彩颜料和第一支油画颜料。马利颜料是我国历史最久、规模最大、品种最全的美术颜料。

② 二轻局：指北京市第二轻工业局。

得阁墨汁厂属于全民所有制企业,账面调拨不要钱,所以就从位于宋家庄的北京市地方国营油漆厂,给我们调来一台小型三辊机、一台小型旧锅炉,正符合一得阁的情况。调进设备安装以后,生产的产品质量良好。厂里领导很满意,商业门店知道后非常高兴,他们可以收购北京的商品销售了,也敢存货了,就增加了收购量。

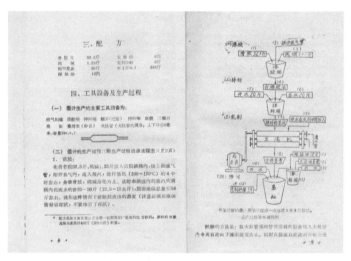

1959 年,由张英勤、刘荣海编著的"文化教育用品科技丛书"之《墨汁制造》

《墨汁制造》一书中描绘的一得阁墨汁制作技艺的操作流程图

我们首先研究的两个产品，一个是广告色，还有一个是小学生画水彩画用的水彩色，当时这两个产品的市场需求量大。研究完技术，化工局把原材料也给解决了，胶和颜料都配齐了，才发现设备不够。我们又跟北京市新华印刷厂位于礼士路的油墨车间联系，他们有十几台设备，给我们加工半成品。我们在新华印刷厂用木桶舀半成品回来，兑成成品。从那开始广告色的产量逐步增大，我们生产多少，商业门店就收购多少。一得阁从1957年后半年到1958年变得"吃不了"，厂里人手不够，只能在社会上招家属工。在1958年、1959年和1960三年，广告色的产量、产值、利润都超过了墨汁，一得阁由赔钱吃不饱变成产值利润翻番，开始活了。

著名书法家、篆刻家魏长青在一得阁试墨，左一为张英勤（图片由北京一得阁墨业有限责任公司提供）

1966年"文化大革命"开始了，写大字报要用的墨汁，和搞"红海洋"、搞漫画要用的广告色，都供不应求，最后都供不上了。后来我们生产了制作简单的"大字报墨汁"，许多单位买"大字报墨汁"

都成桶地买，一买就四五百斤，回去写大字报，其他装瓶的墨汁更是供不应求。当时我们白天搞生产，晚上搞运动，在"四清"运动和"文化大革命"当中，墨汁厂不光没减产，产量还连续翻番。到1969年，那时候一得阁墨汁厂也就百十来人，要成立第一批革命委员会①，选举革委会主任，二轻局的联络员跟墨汁厂的工人都赞成我当主任。我提出条件：我当主任行，但是不要副主任，两边一边出两个委员，有事讨论，完了主任拿意见。当时全北京市都是两个革委会主任，没有一个主任的，就一得阁特殊，所以在"文化大革命"中我们一得阁墨汁厂比较稳定。

后边我们就继续颜料生产、墨汁生产、墨块生产，不仅有的吃，吃得饱，有的时候还吃不了。到1970年人员和生产都比较稳定了，二轻局、轻工部找到一得阁和中国科学院物理研究所，研究一种叫微波吸收材料②的新型材料。1970年2月份，上面派了六个人到一得阁来，轻工部又给我们拨了十五万试制费买设备。经过一年的时间研究成功，这叫"702微波吸收材料"。科技大会给我们评为三等奖，发了奖状，后来因为墨汁厂生产的墨汁、颜料等产品的发展，这个微波吸收材料跟我们的生产距离比较远，我们就联系调给了广安门外红波塑料厂，产品调给他们，只带走我们一个技术工人，科学院的技术人员都到那去了，轻工部把拨给的十五万也调回了。

① 革命委员会，简称「革委会」，是「文化大革命」期间的政治组织形式，由干部、工农兵代表和群众代表三方组成。

② 微波吸收材料，一种能吸收微波、电磁能而反射与散射较小的材料。20世纪80年代中期开始，中国微波吸收材料的研制取得了较大进步。

张英勤任厂长期间讲话（图片由北京一得阁墨业有限责任公司提供）

抓住机遇改建厂房

1972 年，尼克松①和田中角荣②要访华建交，我们借这个机会到二轻局和市政府要求改建厂房。当时万里市长刚起来抓工作，因为万里经常上中国书店看书，我们是对门，听说我们是一得阁的，想搞基建增加产量，迎接日本访华、建交，生产好墨块，万里同志说："你们是全民所有制企业，搞基建一个项目不能超过二十万，多了中央不会批，最多贷款十九万五，所以你申报'技术措施'③吧，让二轻局支援点儿，做些小型的改造。"万里同志提的很实际，回来我们向上级一汇报，二轻局局长李文双特别满意，所以二轻局派办公室主任李国臣跟我

① 1972 年 2 月，时任美国总统的尼克松访华，并于 1972 年 2 月 28 日发布《中美联合公报》，标志着中美关系正常化。

② 1972 年 9 月，刚刚当选日本首相的田中角荣访华，并签署《中日联合声明》，宣告中日邦交正常化。

③ 技术措施：对于国家拨款单位，进行技术措施的改造需要申报国家更新改造措施预算拨款、科研费用拨款等。

一块到规划局申报项目,很快就批了。

我们从 1973 年开始陆续拆除以前的破旧厂房,到 1974 年我们的项目就排队排上了。但是这种小项目没人接,好不容易排到施工项目里。当时一建公司正在和平门建设烤鸭店,天桥的药物大楼也是一建公司的项目,所以我们在两个基建项目中间,作为原材料的料场给两边支持正合适。一建公司的康书记说:"因为搅拌机搅拌石头和沙子需要暖气,你的锅炉给我们送气,我们在工闲加紧给你建设成,我们今年(1974)'十一'开始建,明年(1975)3 月,半年给你建成。"

经过努力,还真是 1974 年的 10 月 1 日左右开始,1975 年 3 月交给我们使用的。就现在这个四层楼,总建筑面积是不到四千平方米,二轻局给拨款十万,文百公司给拨款十万,我们贷了十九点五万,地下人防工事给了七万,这个楼建设一共花了不到四十七万,合大概一平方米一百二十块。一建公司出技工,我们出壮工,我们在街道办找了二十个临时工,加上我们厂的一些壮劳力,什么推石头子啊、码砖啊,我也在这帮助建这楼,所以我是亲临受益。这个楼还是防震楼,跟建国门外的友谊商店一样,每一层都是一个样,地震不倒不裂。不久就赶上唐山大地震[1],建好的楼纹丝不动,我们的工人都到这里避震来。所以这是一个大事,改变了墨汁厂的面貌。从这以后,一得阁开始走向稳定和正规,我们也增加了新的机器设备,从平房搬进了楼房,墨汁生产更加科学、高档和全面,四种颜料都进行生产。

① 1976 年 7 月 28 日,河北省唐山市发生里氏 7.8 级大地震,地震造成逾二十四万人死亡,十六点四万人重伤。

一得阁办公大楼原貌（图片由北京一得阁墨业有限责任公司提供）

合并分立，只为提高工人待遇

接着就是一得阁的工资低，进不了人，尤其是学生后继无人的问题。1969年开始给厂里分学生，也分技术人员，给我们分了两个北京工业学校的中专毕业生，马甸中学、石景山中学和门头沟中学三个中学给了我们四十多人。当时，我们头一年进厂的一级工是每月十九块钱，转正之后的二级工是每月三十二块钱，一般像我们这样公私合营的厂子二级工工资应该都接近四十块，所以就留下了不到二十个人，都嫌工资低不来，留下的都是家庭比较困难需要吃饭的孩子。

北京市政府和二轻局为了保留一得阁的生产人员，给我们想办法。二轻局副局长宋丁、我们文百公司的副经理任长全和我三个人到北京市劳动局研究一得阁工资，研究既符合国家政策，又能改善二级工工资的方案，最后的结果是让我们跟全民所有制的北京唱片厂合并。当时他们厂的二级工工资是四十一块，我们是三十二块，一合并就涨了将近三分之一的工资，这样既符合全民所有制的规定涨工资，又在不违反政策的情况下并厂，所以市政府很快就批准了。我们合并以后既不叫一得阁，也不叫唱片厂，叫北京文化用品厂。但是批准后不长时间，周总理逝世了，唱片厂的工人排队到市政府请愿，要求恢复唱片厂，因为唱片厂是周总理亲自批准设立的。经过请愿，市政府了解到我们的实际情况，就同意分开。虽然分开，但是工资问题解决了，一得阁执行唱片厂的工资制度。所以这是改变墨汁厂的一件事，它保存和发展了一得阁的工人数量，保证工人能够得到适当的工资，后来分来多少学生也不走了。就这样一得阁的厂房解决了，工资制度也解决了。

一边搞工业，一边搞商业

接下来就是另一个大问题，改革开放以后要求沿街门面能改商业的都改成商号，上级公司研究让一得阁跟一个厂合并，我们搞商业，他们搞墨汁。我提出了反对意见：两个厂合并后弄不到一块，谁干商业，谁干工业？墨汁厂一百多年都在这，离开这地儿没条件生产，你给搬到别处去怎么弄啊？我提出墨汁厂就地改造，一边搞商业，一边搞工业，前边的楼一层和二三层的一半搞商业，剩下的厂房仍然作为墨汁厂的生产基地和办公室。文百公司很响应，他们经理说："上级叫合并，我给你拿五十万，你来改造你们的厂房，咱们以后改名叫'艺苑楼'。"这匾是国家副主席乌兰夫①给写的，我们在 1985 年春节前开张，因为处于起步阶段，我们商业上采取的策略是少投入资金，一部分出租厂房，一部分代销其

① 乌兰夫（1906—1988），蒙古族，内蒙古土默特左旗塔布村人。1925 年 9 月加入中国共产党，1983 年 6 月—1988 年 4 月任国家副主席。

他产品。工业和商业齐头并进，艺苑楼三年就赚回了五十万归还文百公司。从这开始一得阁的商业就一直没断，并且越来越灵活。

我 1987 年退休，从 1943 年十六岁学徒到 1987 年六十岁退休，这些就是我经历的改变墨汁厂面貌的大事件。

技术革新与名家墨宝

我们 1957 年到上海学习回来，将一得阁传统配方改变成现代配方，一直沿用至今。溶胶是头等重要的，溶胶一开始用锅炉搅拌机，现在改成先进的溶胶釜，质量比较稳定。测胶黏度的仪器，是一个上海人发明的大肚管，里边能容 28CC①的胶，上边粗底下细，装满胶了以后有秒表测流速，掌握它的流速就知道它的浓度，这下由仪器测，不用靠眼看了。墨汁轧制都用三辊机，现在的三辊机是上海生产的，一个辊筒四吨多，三个辊筒十二吨，一个转一下，一个转三下，一个转六下，相互摩擦。所以墨汁轧三遍相当细，亲和力还好，沉淀二十四个小时没问题。现在的防腐剂是石碳酸，也叫甲苯②，防腐两年、五年都没事，防腐效果不错。墨汁里边的香料都是人造麝香，天津香料厂生产的，还有冰片③（又称梅片）等香料。我们现在大部分炭黑是四川生产的高色素炭黑④，印毛刷的油墨、高档的油墨这种炭黑。高色素炭黑稍微便宜点的，还有丹东

① 'CC'全称为 Cubic Centimeter，是容积单位「立方厘米」或剂量单位「毫升」的意思。

② 甲苯，此处是指以甲苯为原料加工形成的苯酚，是墨汁中的防腐剂，常温下是固体，使墨汁能够长期保存，不腐不臭。

③ 冰片，别名「龙脑」等，是由龙脑香的树脂和挥发油加工提取的结晶，白色至淡灰棕色，气清香，作为墨汁的香料和渗透剂添加使用。

④ 高色素炭黑，是一种粒子细、黑度高的着色剂。一般黑色素的粒子越小，接触表面积越大，着色力越好。高色素炭黑因其色深光亮而用于墨汁、涂料等产品生产。

著名书画家参加一得阁研讨会(左一尹瘦石,左三娄师白,右一陈叔亮)(图片由北京一得阁墨业有限责任公司提供)

出的,比四川的便宜点儿。油墨厂原来专要四川的炭黑,这炭黑是天然气生产的,但是四川的要现钱,丹东的可以先进料,后付款。我们现在用的是丹东炭黑,丹东的炭黑质量也比较稳定。用的骨胶是三级骨胶。现在我们的一得阁墨汁,高档墨汁生产得比较多。

一得阁产品现在的销路相当好,光去年(2015)一年的销售额就四千多万元。一得阁生产的中华墨汁,这四个字是吴作人[1]给写的,它前些年一直保持出口,还被评为国家银质奖。一得阁墨汁被评为轻工部优质产品,也是国家优质产品。书法大师启功给我们写了四句话:"砚池旋转万千磨,腕力终朝费几多。墨汁制从一得阁,书林谁不颂先河。"说明一得阁首创解决了手工腕力研磨墨块的麻烦。吴作人给我们写了"宜画又宜书"的墨宝。日本著名书画家柴田木石[2]到中国来交流,给我们写下了"墨之宝"。

[1] 吴作人(1908—1997),安徽宣城人,是我国著名画家和美术教育家,中央美术学院院长。吴作人师从徐悲鸿,早年专攻素描、油画,兼攻国画,功力深厚。晚年专攻国画,其作品融会中西,别具一格,成为徐悲鸿之后中国美术界的领军人物。

[2] 柴田木石(1926—2014),日本著名书画家,曾任日本现代硬笔书道协会会长,是中日书法交流的推动者之一。

尹志强

第三代传人

尹志强（1958—　），男，北京市西城区人，祖籍河北省深州市。2016年9月被确立为一得阁墨汁制作技艺的第三代传人。

尹志强1976年入伍，1980年1月从部队复员，同年3月进入北京市设备安装公司工作。1981年11月调入北京市一得阁墨汁厂，并从1982年起担任北京市一得阁墨汁厂机制车间主任，2013年退休。尹志强长期在生产一线工作，有逾三十年的吹胶、轧墨等制墨工序的实操经验，是技术较为全面的制墨技艺传人。

尹志强2016年6月返聘，并于同年9月作为一得阁墨汁制作技艺的第三代传人之一，正式收徒四人，开始传授制墨技艺。

采访手记

采访时间：2017 年 3 月 28 日至 3 月 29 日

采访地点：北京市房山区长阳镇一得阁墨业有限责任
公司长阳分公司

受 访 人：尹志强

采 访 人：刘芯会

国家图书馆中国记忆项目中心工作人员对尹志强进行口述史访问

上学时，在书法课、美术课上，老师就让我们使用一得阁的墨汁书写毛笔字，构成了我们对"文房四宝"最初的印象。第一次踏入一得阁在长阳镇的工厂大楼，熟悉的墨香就扑鼻而来。

作为一得阁墨汁制作技艺第三代传人的尹志强老师是一位率真、乐观的"老北京"，提起制墨三十多年的历程，他绘声绘色，声情并茂，采访过程轻松愉快，让看上去枯燥的制墨工艺也变得有趣起来。尹老师从 20 世纪 80 年代刚入厂时的趣事，讲到后来对老国企"恨铁不成钢"的感慨，再到如今他与徒弟们间其乐融融的关系，许多故事让我们感慨不已，也为这代制墨人的坚守而感动。

尹志强口述史

刘芯会 整理

从复员进厂到退休返聘

我是土生土长的北京人

我 1958 年出生，土生土长在北京，祖籍是河北深县，现在叫深州市。小时候家里兄弟姐妹五个，我上面仨姐姐，底下一个弟弟，家庭出身属于工人。我家住宣武区①，小学是在香炉营四条小学念书，之后在一三六中学②。当时的高中不用考，中学就是五年制，初中毕业直接上高中。

1976 年年底，我高中快毕业的时候正好征兵，我就报名当兵了。没有选入当兵的人全都插队去了，所以我没赶上插队。我们部队属于空军地勤，我是机械员，是维修飞机搞机修

① 宣武区，北京市原辖区，位于北京城区西南部，2010 年与西城区合并，成为新的西城区。
② 一三六中学，指北京市第一三六中学，现为北京第十四中学分校，位于原北京市宣武区。

的。我在西安临潼机场①整整待了三年。当时在部队发展不错，但是后来在大裁军②的时候把我们部队给裁了，所以我们全都复员了。我是1976年年底当的兵，1980年1月份复员。

复员回来以后，1980年3月份我去了北京市设备安装公司③，在那干了一年。设备安装公司就是装一些机器设备，比如锅炉等，凡是设备的东西，安装公司全给装。在设备安装公司上班，工作时间特别长，早晨6点钟从家走，有时候到晚上12点钟才回来。虽然那会儿年轻，但还是单身，家里一看不行，把我谈对象的事给耽误了，就想调走。

到1981年的年底，大概11月份，我就调到一得阁来了。当时不知道一得阁是做墨的，就知道是国企，当时国企比较稳当，大家都想去。那时候进一得阁很难的，所以也是托了人。我父亲在单位也是厂长，跟我们老书记张英勤又是老乡，他们都认识，所以我才能来到一得阁。

青年时期的尹志强（图片由尹志强提供）

① 临潼机场，是指位于陕西省临潼市的军用机场，现为空军营地。
② 大裁军，我国在1980—1981年进行了第六次裁军，通过这次精简整编，减少了保障部队和非战斗人员的数量。
③ 北京市设备安装公司，应为北京市设备安装工程公司，创建于1954年，现隶属于北京建工集团有限责任公司。

我是在一得阁厂里认识的我爱人，当时我当车间主任，她是我手底下轧广告色①的，我们1984年结的婚，结婚以后生了一个女儿。我结婚那会儿二十七岁，我爱人二十五岁，都属于晚婚了。当时结婚没房子，北京房子非常紧张，本身我们家房就不宽裕，我们单位又没房，但是再不结婚岁数又太大了，没办法。我家就把仅有的两间平房给我挤出一间来，另外一间打一隔断，我父母、三姐和弟弟挤在一块。那会儿我大姐、二姐早结婚了，我结完婚以后，我三姐才结婚。再后来我父亲单位又分了房，住房才宽裕点。我弟弟后来也结婚了，两间平房我们俩一人一间。

进入一得阁，哪脏哪苦就到哪去

我来了以后，老厂长张英勤，就是我师傅，那时既是厂长，又是书记，他就对我说："小尹，在厂子里想干什么活你挑吧。"当时我跟我父亲一块去的，我父亲就跟张英勤说："哪脏哪累哪苦，就让他去，年轻人就让他锻炼锻炼。"老书记说："太好了，就轧墨去吧，去机制车间。"那会儿我们管制墨车间叫机制车间，这样我就调到机制车间。一去我就没离开过，从1981年年底，一直干到现在，一直跟这墨打交道。我刚到一得阁那会儿，就前面那一栋四层楼，后边没有楼，是平房。一九八几年的时候后边又盖几栋新楼来，变化挺大的。

我进厂时的师傅是一个姓周的，叫周文元。我是最晚一个进厂的，没有师兄弟。那会儿一般是学徒三年，但是因为我是当兵回来的，所以我一进厂就二级工②，没有

① 广告色，是指喷刷室外广告展板的水粉颜料，其特点是浓度高、遮盖力强。
② 1956年我国进行第一次全国性工资制度改革，建立了企业工人技术等级，共分为八级，刚进厂工人为一级工，该制度现已取消。

当学徒。过去的机器设备都比较老，不像现在似的，设备是轴承的，机器电钮一按，"噔"，机器就转上了。过去的机器是铜瓦①的，手柄一推一拉，稍有偏差就会把瓦给磨了。所以当时机器设备不让动，就让看，让你撵味桶。撵味桶就是墨从机器上轧完一遍以后，往下流到一个桶里头，因为要轧三遍墨，它再往上翻，轧第二遍墨的时候，这个桶你要撵味干净了，撵味得锃亮，不能有墨，我当时就干这个。

当"不脱产"的车间主任

当时我们车间主任叫王文海，身体不太好，老不在。而我复员回来以后不怕脏不怕苦的，领导一看说小尹真能干，现在缺这么一个主任，就说由我来当。所以我记得特别清楚，我 1981 年的 11 月 26 日进的厂，1982 年的 6 月份当的车间主任。

我们的工种基本分成两大部分，吹胶②和轧制③。我进厂的时候，是在轧制车间，没有学吹胶，但是我当车间主任以后，迫使我也得学吹胶，我不学没法领导那帮人。所以我这个车间主任，一直就没有脱产，一直跟车间打交道。

转过年没有多少日子，我的师傅周文元就退休了，我就跟着其他师傅学。当时吹胶的有一个姓季的老师傅，季宝山老师，现在想起来他也就是五十五六岁那样。他腿有点不好，因为这个吹胶挺难的，我想好好学，所以我老帮着他到胶房看胶。当时我已经是车间主任了，季师傅不好意思用，说：

① 铜瓦，又称铜套。我国最初三辊机的轴承以石墨铜瓦、铁皮铜瓦等为材质，耐磨性能欠佳。随着技术的发展，现在多以高分子材料结合纳米技术的高科技轴承为主。

② 吹胶，又称化胶，在现在制墨工艺中是指将骨胶颗粒用电热装置熔化、稀释，并制成合格胶液。

③ 轧制，是指将炭黑、胶液和其他辅料、香料搅拌而成的墨泥混合物在三辊机上轧制，形成墨膏的过程。

"小尹你甭管了，走吧，放心吧。"我说："没事，我年轻，您歇着，我替您干。"你看现在我们拿机器拌，但过去是人拿铁锹拌，这活特别脏，干完以后从脸到身上都是黑的，一露牙是白的。我帮他和灰，后来季师傅说："小尹你真是这个材料，是不是特别想学？"我说："是！"他说："我教你怎么出胶，看着。"

当时我们这个部门虽然工作苦点，但是上下班时间卡得不紧，完活了就可以走。就好比今天来了，说化一锅胶，有时候好化，有时候难化，我这锅胶化完以后，甭管几个小时，俩小时化完俩小时走，四个小时化完四个小时走，没有别的特殊要求，完活就走。其实1982年那会儿干活比现在苦多了，但是我感觉特别轻松。因为化胶这活，把胶搁进去就是看胶，基本没别的事了。在机器上轧墨也是，上了料以后，机器上有料你待着就行。但就是工作时间长，说白了就是熬人，但是感觉还挺适合我的，也没想太多。

这样跟季师傅学完以后，我就自己一点一点地摸索，慢慢地边干边学。所以你看我们这里，当年跟我差不多时间进厂的，这些年调走的调走，没的没，而且都是会轧墨的不会吹胶，会吹胶的不会轧墨，它分着跟两个部门似的，像我这种又会吹胶又会轧墨的，可以说是没有。我全会，就是因为当车间主任迫使我学的，我也是为了管理。

我再举一个例子。那会儿一得阁是国企，每月拿工资，有些年轻人也不管好与不好的，都是糊弄。当时我抓生产抓得比较紧，我家离厂子近，晚上没事我就到厂子里去看看，一个是抽查看他们在干什么，再一个利用业余时间跟他们多沟通，就这样一点点把跟他们的关系处得特别好。因为我进厂最晚，他们都比我去得早，轧墨或者吹胶出现什么问题，大家伙坐在一起讨论，这问题出在哪了，大家出主意，最后我选一个，谁说得有道理就用它试试。所以你看现在一得阁的配方，给任何一人拿走，一点用没有，他制不出来。配方只是一个参考，制墨的眼力活太多，像开机器的手法，没人教你就是不行。我开机器的手法纯粹是老师傅手把手给教出来的，现在传给他们，我也是手把手教。你让我讲什么道理，我讲不了，没那么高水平。但是机器的大概原理我知道，注意事项、出现的问题我都知道，经验多。吹胶也是，都是眼力活，很小的细节不注意不行。而且必须勤快，不怕脏不怕累，肯吃苦，关键在这，没有这个也不行。

尹志强工作照

假货频生，艰难维持

实际上这假货，给我的印象全都离不开本行的人，包括学艺不精的。过去我们在北京市顺义区有一个加工厂[①]，那边有一批学轧墨的，他们都是跟我学的。当时只让他们干低档墨汁，高档墨汁不许他们干。学完以后他们觉得有本事了，就拉一帮人跑到山东去，生产了好多假墨汁。他们不注重质量，是黑的就得。后来包括我们在顺义加工厂的那些人也这样了，根本就不重视质量，生产墨汁就是胡来，市场反应特别不好，说老一得阁已经没了。

2009年，领导跟我说咱们在长阳再开一

① 1992年，一得阁的墨汁开始在北京市顺义区进行委托加工，此厂现已停产。

分厂①,把这边给建起来。当时我听了挺高兴,立马就答应下来,来这边帮着建厂、带徒弟。我现在底下干活的大徒弟张永林,从2009年到现在,断断续续跟了我八年了。那会儿产量也不多,就我、我大徒弟,还有一个已经走了,我们三个人生产,支撑着这个墨汁厂。我去了以后,制出来的墨汁,社会上反映说,老一得阁回来了,而且还点名要长阳的墨,不要顺义的墨。但是领导也绝,非搭着两边的墨卖,要这边两箱,就得搭那边一箱,要不不卖你的。后来他们把生产线都要弄走,长阳也快不行了。我退休那年,工会主席找我说:"小尹,你跟厂子干了三十多年了,怎么跟厂都有感情,领导让我找你,让你干到六十,退了休也别走。"我说"我多一天都不干",扭头就走。为什么?看不惯当时某些领导,他们就是为钱,不重质量。

返聘归来,老一得阁墨汁又回来了

2015年,现在这批领导班子接了厂子,他们特别重视老字号,说老字号的兴也好,败也好,就在这几年。他们来的时候,不夸张地说,合格率应该在百分之五十,市场反应非常不好。马静荣厂长跟领导推荐说有一个姓尹的,不行把他叫回来。领导说既然尹师傅有这种水平,人才不能外流,想办法把他请回来。当时我不知道这个情况,马厂长打电话问我:"老尹你干吗呢?"我说:"没事,在家踢毽儿呢。"他说:"能过来帮帮我吗?我这现在弄得一塌糊涂,你帮我捋顺捋顺,我高薪聘你。"我跟马厂长是2009年在长阳建厂的时候认识的,所以关系不错,我就说:"甭跟我提钱,您说吧,几号让我过去?"他说:"你6月1号来吧。"当时(2016)我退休在家待了已将近三年了。

来到这以后，我先了解了一下情况，结果底下十六个池子的墨，多一半都不合格。而且厂长跟我说，技术科也跟我说，咱们的设备太老了，辊子枣核了[1]，就是轧不细了。我说我先看看吧，因为我刚来还不了解情况呢。我就跟工人们说："这么着吧，今天咱们吹锅胶，上午吹胶下午轧墨，都谁跟着我？"结果这帮人全都跟着我。工人这一下手我一看，手法不对，当时就叫停了。我说："你们的手法全都不对，是谁教你们的？"有一个轧墨比较早的，说："没人教我们，我们就从网上学的。"我一听网上学的，说："你们手法都错了，再这么干的话，这个设备就全毁了。"我就马上给他们讲机器的原理，三个辊子，前辊、中辊、后辊都干什么用的，这个都不明白没法轧墨。讲完他们开始按照我这方法轧墨，这一轧看机器没事，也没枣核，完了我就跟马厂长说，机器没事，厂长一拍大腿："太好了，我就怕机器坏。"这机器已经用到现在了。

我是去年(2016)6月份回来的，7月份的时候，墨汁合格率一下上升到百分之九十以上，我们的网络销售人员过来找我说："尹师傅，现在网上反映墨汁非常好，都说老字号又回来了，又黑又亮。"我听着也高兴，是从我手上弄出的墨汁嘛。因为我退休之前一直是车间主任，是抓生产第一线的，这次回来以后马厂长说这个部门还是我说了算，全交给我。我们现在的产量非常大，供不应求。

[1] 辊子，又称辊筒。三辊研磨机通过水平的三根辊筒的表面相互挤压及不同速度的摩擦而达到研磨效果，主要用于油性颜料等浆料的制造。此处"枣核"了是指辊筒经长时间相互削磨，辊筒周边变细，难以达到细致研磨的效果。

墨汁制作流程

吹胶，主要看火候

手工艺的配方是死的，手法是活的。我们制墨的第一步就是化胶，我们也叫吹胶。我们的胶是用动物的骨胶做成的,比如说牛骨头、猪骨头,这种动物胶。胶来的时候是固体的,一颗粒、一颗粒的,你得把它给熬化了。但不是化了就行,你知道火候不到出来的墨汁什么样吗?见过猪皮冻吧?墨汁出来是冻,没两天就凝上了;火候大了也不行,托不住色,一检验就露底。所谓"露底",就是我蘸完笔以后,写字盖不住纸,能露出白来。所以说吹胶的火候非常重要,关键就在这。还有,吹胶搁的原料都一样,但是小料、辅料什么时候放,手法不一样。另外,这胶的黏度多大,不同季节使什么样的胶合适,春夏秋冬四个季节都不一样。

吹胶的火候就凭眼力,这个眼力也是过去我的师傅教我的,用舀子舀。我看差不多能出胶了,但是心里又没底,怎么办啊?把这舀子伸进去舀出一舀子来,一倒,一是看这胶的流速和稀稠度,再一个看胶挂不挂舀子,黏四壁的厚度均匀不均匀,关键在这。我退休以后,他们搞了一个中控,就是一种专门测胶黏度的设备。技术科做了一个指标,就是熬胶熬成熟了以后,定一个胶合格的区间。我来了以后,现在都不测了,因为他们测试从 3.6 到 4.8 全合格。所以他们说,尹师傅,这胶没法验了,也不知道哪个数准。其实它是眼力活,而且熬胶这东西,跟天气、季节有很大关系。季节交替那几天,可能有一天墨汁突然就不合格了,这个问题依靠中控解决不了。是

吹胶反应釜

哪儿的毛病？解决方法全在脑子里。因为外界因素对它的影响太大了。

拌灰，比例是关键

烟和胶的配比是很关键的一步。胶化好了以后就是拌灰，灰是高色素炭黑。这个炭黑也有讲究，从20世纪80年代开始我们用的就是色素炭黑，就色素炭黑适合于墨汁。橡胶炭黑一般都用不了，橡胶可以做固体，比如做轮胎，但是做墨汁不适用。我们原来拌灰是拿铁锹拌，现在是用机器拌。

这拌灰很重要，我桶里边出胶的时候，有多少胶配合搁多少水，说白了就跟和面似的，饺子和面和什么样，面条和面和成什么样，你得把那灰拌得合适。首先是出多少胶，胶能拌多少灰，怎么和这灰，你这一料能出多少墨，心里都得有谱。而且拌灰这个人和出来以后，得让下一道生产工序的人，也就是上机器轧制这道工序，得让他好干。不能和出来以后，跟砖头似的，弄都弄不动，也不能稀得跟粥似的，都能拿水舀子舀，那也不行。这个也是用眼看，自个儿慢慢找，这个我来以后，全都给它找着

搅拌机

了。另外我来了以后,要求他们拌灰的时候,桶里面一定要加底水。因为加上底水以后,你再搁上灰也好,再放上胶也好,它四周不挂灰,和得比较匀,你要是不搁底水的话,倒上灰以后,它旁边全都是灰,就拌不匀。

轧制,手法很重要

拌出来的灰,我们放到机器上一共轧三遍,第一遍称为跑糙,跑得快一点,主要是看这墨里头有没有其他的杂质,在机器上过一遍之后,胶和灰能更均匀、更充分地和在一起。第二遍,我们要开始细轧,灰和出来以后眼睛看,所以有时候会稠一点,有时候会稀一点,细轧也需要看你和的胶与灰的吸收度,根据情况来调节机器的间隙和速度。第三遍要更细,轧成墨膏,就是一遍比一遍细。

操作机器这块,对工人的手法、机器的松紧度都有要求。我没来之前,工人在机器前边焊了两个大撬杠,别在轮子里边使劲压,把辊子都给挤碎了,我来以后全给扔了,这就属于手法不对。另外,跑糙需要多长时间、什么速度,你得掌控这机器的间隙。所以说这个手法很重要,看那墨的流速有多快,也得看机器紧的程度。而且墨还有一个特点,不是机器越紧,轧得越细,墨汁越好。墨汁轧得太细,机器太紧,太过了也不行,反而容易把它轧白了,就好像把它的黑色素破坏了。所以同一拨料,你可能轧五个小时,别人可能轧五个半小时,时间不一样是因为手法不同,松紧度要自己掌握,但是最终以合格为准。

这个墨好与不好,好轧不好轧,从机器上一眼就能看出来,就是看你胶吹得好不好。你胶吹得越好,墨轧得越快,后面的工序也越容易,因为它熟嘛。就跟你包饺子似的,刚和出来的面当饺子皮不好包,你把这面醒开了就特别好包。所以胶吹好了,灰和好了,特别舒服的时候,它就特别好轧。胶吹生了,和的灰不行,它轧的时候生,下来就不那么柔和。出来跟鱼鳞片似的,一片一片的,滋啦滋啦的,所以手法很重要,眼力活就在这呢。

工人在三辊机上轧墨

墨汁纯正，全在细节

墨的香味主要是靠冰片和麝香散发，麝香是人工麝香。制墨的小细节很多，一旦不注意就容易让墨汁变质。比如搁冰片，冰片应该在临上机器之前，要轧料的时候再放进去，搁在料里头通过机器一起轧，它那些香味就全释放出来了。你不能提前放进去，给它拿胶烫着，胶温度高的时候能达到190℃。几乎是热油的温度才能把胶化了，用这么热的胶把冰片一烫，全都结晶了，轧都轧不开，哪来的香味！原来他们工人就觉得反正都得放进去，先放后放不都一样嘛，其实不一样。

有的墨香，有的墨臭，也是因为平时干活的一些小细节导致的。墨汁是比较干净的东西，你不能给它带进脏东西去，不然它就容易变质。还有一个防腐剂的问题，我们的防腐剂就是苯酚，不能搁太多。咱们说的这冰片，它对眼睛是有好处的，是醒脑的，但是苯酚用量超过冰片就呛眼睛了，鼻涕、眼泪全给呛出来了，墨汁还怎么使啊。所以我来了以后，看徒弟们在墨池子里淘墨底子，我在上边呛得眼睛都睁不开，那就是防腐剂搁太多了。他们就是怕墨汁臭，玩命搁防腐剂。其实墨汁臭不臭，不是搁防腐剂的问题。

墨底子也是，我们的墨汁生产出来放到

墨池子里,容易产生沉淀物,我们叫墨底子。底子多了不淘,存多了没地扔。所以我现在把墨底子全都循环利用,把原本的废物给使上了,加在墨里头再轧。不让它产生墨底子,我一看有两三桶墨底子了,马上淘出来,搁在墨里头轧了,就全解决了。

我再说一个小细节,就是我们使用工具的卫生问题。我们通常在机器旁放一个小桶水,墨泥在机器上干边的时候就点一点水。然后我们在机器上轧墨,干完活以后得刷机器,就是用刮铲把挡板上粘的墨撮味下来。但是这个刮铲上也会粘墨,水桶里经常泡着刮铲,老有墨,时间长了刮铲就臭了。它臭了以后,你再拿它干活去,那就跟药引子一样,全给带臭了。这一点不注意也不行。

还有就是墨的温度要求。从三辊机上轧制完成的墨膏,需要再搁到搅拌机里加水打成墨汁,要求水温是90℃,我给它降到80℃。因为一般80℃就已经灭菌了,而水温越高,对色越不好。关键是水要干净,不能弄脏水,比如说雨水进去它就容易变质。这种东西一旦变了质,一点都拯救不了。而且发现墨汁变质了,必须全都扔,一点都不能要。这些都是平时干活当中的小细节,必须在工作当中去手把手地教。

新技术助推老字号发展

从我来一得阁到现在,我们的机器设备在逐渐进步。我刚来的时候只有两台设备,墨池子是十二个,剩下都是大缸,好些墨汁搁缸里头。现在不一样了,设备增加了。我来的时候吹胶用圆桶,底下是锥子形的,一个桶、两个桶、三个桶,把料倒桶里,烧锅炉拿气吹,但是用锅炉烧气,容易跑,浪费资源。1992年的时候,我们厂里有一个大学生,研究了我们现在用的"反应釜①"。改进设备之前的产量少,我们用桶一次最多可能吹三十公斤的胶,用釜以后一下吹三百公斤的胶,产量翻倍提高,不仅节省能源,生产效率也提高了。

① 釜,是指在炉灶之上或是以其他物体支撑的蒸、煮容器。

其实这个反应釜，我们技术科的人一开始没有研究出来。当时搞测试的时候，我说："我是车间主任，你们实验的时候叫上我，我学会了好教底下的工人。"他说："不用你管，到时候我们会给你数据的，你按照我们的数据走就行。"结果他没测试出来，试验的胶从釜的口里呼呼跑，都喷到房顶上了。最后他跟我说："小尹，这个归你们机制室，我们不管了，你拿走吧。"我在上面蹲了三天找原因，原来技术科测试总放分散剂①，这还特别贵。后来我通过一点一点试，釜里多少水配多少胶，温度多少。为什么化胶的技术我现在都知道，因为就是我试出来的。

包括这回锅炉改成电的技术也是从我这儿出来的。国家近些年为了保护环境，不让用锅炉了。前年(2015)9月底那会儿，马厂长给我打电话，说："过来给我帮帮忙，咱们搬新厂了，釜换成用电的了，过来帮忙测试一下。"我说没问题，就过来了。通过测试，我把这个电釜的温度从80℃，一直提到现在的170℃。另外，用电吹胶跟用水蒸气不一样，水蒸气吹胶的时候它能往里进水，电就不行了，干熬，还得兑水。所以你下胶的时候底水搁多少很重要，这点太关键了。我又是三天试出来的，后来跟我大徒弟说："我已经试出来了，接下来你自个儿吹胶，我明天就走。"他说："师傅你不能走，你给我弄一合格的出来，检验一合格，底水加多少，出胶的时候搁多少，您告诉我清楚了。"这么着我待了十二天以后走的。

一得阁的代际传承

一得阁的起源

一得阁的创始人是谢崧岱，徐洁滨是第一代传人。张英勤、杨俭芝,他们这代有四五个人是师兄弟,他们磕头拜师,拜徐洁滨为师傅,他们是第二代传人。张英勤从厂子公私合营以后,就长期担任厂长,我进厂的时候他是厂长、书记,所以他没带过徒弟。但第二代就他还健在,厂领导认为技术得有一个传接,看到我有手艺,就确定我作为张英勤的徒弟,成为第三代传人。

说起一得阁的历史,过去墨锭研墨,南方叫墨锭,北方叫墨块。创始人谢崧岱进京赶考,就因为研墨块,耽误了考试时间,没能如愿高中。科举考试本来就分秒如金,这么多学子因为研墨浪费时间而落榜,实在可惜。所以他就在东琉璃厂建了一个作坊,由墨锭、墨块改成不必研磨的墨汁。他们当时条件很简陋,那个墨不是像现在一样用轧墨机轧,而是用磨豆子的磨盘磨墨,就是这样创立了一得阁。"一得阁"的名字来源于谢崧岱的一副对联"一艺足供天下用,得法多自古人书",取的是头一个字,这样取名为"一得阁"。所以它是全国首创,名气也慢慢大了。有的年轻人不知道,但是一般老人都知道。我小时候也描过红模子,也写过字,但是我不知道一得阁是干吗的。到一得阁以后才知道一得阁原来是做墨汁的,就是我小时候写红模子用的那墨汁。

由谢崧岱题写,后翻新的一得阁老匾

我制墨,何平出方子

我跟何平老师,我是 1981 年进厂,她是 1982 年进厂,当时她进厂以后是轧广告色,后来她就上化验室化验,慢慢到了技术科。后来我们俩基本上一直打交道,我是制墨的,何平老师主要是出配方,然后我做出来的墨由何老师来检验,鉴定是不是合格。他们技术科主要负责的是墨汁的质量检测,是把关的,所以何老师对我的要求非常严。

这个配方主要是墨汁里胶搁多少,香料搁多少,每种墨汁里这些东西的配比。但是现在因为有一些东西的纯度可能跟原来不一样,所以就导致同样的配比,实际上和出来的料还是有区别的。尤其是原料的工艺也不同了,过去是烧油取灰,再说通俗点就是家里头大柴锅,烧柴底下熏的黑。现在用天然气来产灰,跟原来肯定不一样。所以配方就是一个参考,不同的季节,不同的温度,不同人手法的操作,做出的墨汁都有差别,需要适当调整原材料的配比,才能保证墨汁原本的质量。

接受任务,拜师收徒

2009 年我收过一个徒弟叫张永林,我返聘回来以后,领导找我谈话,说一个徒弟太少,要我再带点徒弟,把每个人都培养成尹师傅。从那会儿就让我选几个徒弟出来,要品行好,悟性好,还得肯吃苦。我物色了四个徒弟,一个是徐海波,一个是高俊杰,再有一个是王小连,后来补了一个魏光耀厂长,让他们四个人跟我学。何平老师也带了三个徒弟,她属于技术科,他们那都是新来的大学生。为了一得阁的品牌,也为了一得阁后继有人,领导决定在 2016 年 10 月 28 号进行拜师仪式,正式确定了我、何平和张永林作为第三代传人,并且确定了九位第四代传人。拜师时有一个宣誓,之前都找这些徒弟谈过话的,要热爱自己的本职工作,而且一旦拜了师,就不能离开这个厂子。

2016 年 10 月，一得阁举行第四代传人拜师仪式（图片由北京一得阁墨业有限责任公司提供）

我们一得阁到去年（2016）有一百五十一年的历史了，丢了确实可惜，单位领导也说咱们这代人不是为了钱，就是为了一得阁的延续，给下一代打好基础，要把一得阁做大。我也是抱着这种心态接受这个任务的。我的徒弟们是 2015 年进厂学的制墨，当时他们不清楚制墨是怎么回事，也是从生手一点点来的。我的几个徒弟，文化水平都不高，作为师傅，我会全心全意、毫无保留地把手艺传承给他们。但是第一你悟性得好，没有悟性你学不了，再一个你不爱本职工作、怕脏怕累也学不了。从现阶段来看，徒弟们都挺好，而且也尊重我。

手把手教，边做边学

刚回来那天，我就跳到墨池子里去了，干吗？淘墨底子。我说我当师傅的，得给徒弟做一表率，不能我光动嘴，让你们干活，我不动给人印象不好。所以我来了以后，马上就换上衣服跳到墨池子里了。淘完之后，以后再有什么活徒弟们都抢着干，根本不让我干。这就是刚开始那头带得好,上来就说他们,那活就没法干了,得有个方法。

学做墨汁首先是开机器。我来了以后,在机器不动的情况下,先让他们了解机器的原理,工作中的注意事项,开机器之前应该注意一些什么,刮铲怎么使,等等,都是在现场以实物跟他们讲。开机器之后,让他们亲手摸机器,找感觉。尤其是辊子拧多紧,前后贴多少,这个松紧度怎么控制,我做一个动作让他们重复,让他们自个儿感觉辊子挨着没有,这么一点点教。

化胶也是,告诉他们温度是多少,怎么调温度,底水怎么加,加多少,制到印上①,什么时候搁碱,中间什么时候加水,看情况该加水了,加多少,让他们自个儿亲自试。快出胶的时候也是,说你看见没有,现在胶的火候基本就算差不多了,你就不要离开了,要盯住了它,没有把握的情况下拿舀子舀一下看看。出胶和灰的时候,告诉他们这灰应该和到什么程度,和灰时什么时候需要加底水,什么时候不加,都是一步一步现场告诉他们怎么做。

因为我手把手教,所以他们掌握得非常快,现在基本都能独立干活,干得都不错。但是他们碰到一些没有经历过的、复杂的问题,有时候还处理不了,因为他们没有经验,毕竟刚干一年多,但是这些小细节,你提前跟他们说没用,非得这事儿他们赶上了,跟他们一说怎么解决、怎么处理,他们才记得清楚。这帮徒弟也说,以前不会干,通过师傅您来跟我们讲,您的每一句话我们都记得非常清楚,我们的手法全是按照您说的走的。以前自己学,或者跟别人学的东西全扔了。

① 意为在化胶装置上标注加底水的量。

我一个一个地都跟他们谈了,凡是你喜欢这个职业的留下,不喜欢的趁早赶紧走,别占着一个位置,也浪费人才。他们现在对工作热情都非常高,都愿意在这干。目前看徒弟们都还行,今后怎么样还得看他们自己。要按过去我们厂那会儿,是三年出徒。我们现在计划对这些徒弟们进行考核,也正在出方案，马上就要考。考完以后可能出师是一个工资，不出师是另一个工资，要有一个奖罚机制。

吃住在厂里，我是徒弟们的主心骨

我从去年（2016）来了以后，基本是吃住都在单位，为了带徒弟，也为了抓生产。我跟徒弟的关系处得很不错，大家在生活上也互相有个照应。徒弟非常尊重我，我也非常喜欢他们，但是对他们管教也严。他们平时一些吃喝拉撒的小事，我都管。有时候晚上喝点酒，买点小菜，在小食堂做点饭，在一块儿一边聊家常，一边就把工作中的事都说说。在单位住宿，出门必须跟我请假，而且绝对不允许夜不归宿，为什么？因为吃在厂子，住在厂子，单位要负责任的，我作为他们师傅也要负责任的，所以管得比较严。他们都是外地来北京打工的，家庭都比较贫困，有河南的、河北的，还有安徽的，再有就是北京本地房山这边的。

尹志强与徒弟们

他们都是孩子，我很包容他们，厂里头有些什么事情，我也护着。因为他们都是刚走入社会，东西南北到处撞，撞到这来的。他们也很热爱自己的工作，有些小问题，他们可以改，不能老是以制度压人。制度是人制定的，是活的，我老强调这个。所以他们都说，师傅这么向着我们，这么护着我们，我们就没有理由不好好干，好好学。他们说："师傅，您没来的时候我们就跟没娘的孩儿似的，没人管，您来了以后，我们可有了主心骨了。"这是徒弟们底下说的话。

现在生产任务大，产品供不应求。说心里话，我自己的孩子不支持我这么干工作，孩子说我岁数大了，该享受了。可是我回来以后，领导找我谈，又拜师，又媒体宣传，为了这老字号，压力都挺大的。因为老字号不能丢，不能在我们这代人手里传没了，所以就是冲着这个我也要留下来。我也跟家人讲，在身体允许的情况下，我就去给帮帮忙。只要厂子忙过这段时间，捋顺了，我就可以天天晚上回家。但是现在产量太大，底下设备还净出毛病，目前来看五年之内肯定走不了，但是五年之内我肯定就把人带出来了。现在基本全带出来了，就是有一些小细节，出点小问题他们处理不了，但是时间一长慢慢来，老干就全知道了。像我这人，从来不说留一手，我留一手累我自己，留它干吗，早早全教给你我多踏实。所以我有什么说什么，毫无保留。

老字号的发展与坚守

墨汁系列产品

过去一得阁的产品，就是北京、书画、中华、一得阁。其中，中华、一得阁属于高档墨汁，北京、书画属于低档墨汁。好像是1984年，全国评比几大墨汁，中华墨汁是国家银质奖，一得阁是优质奖。①后来又发展出云头艳。

一得阁和云头艳两个品种，没有太大的差别，但是云头艳比一得阁原料多一点，发蓝，胶性也小一点，它既适合于画画，又适合于写字。这俩都适合于绘画，就看你个人的喜好。有的人可能使一得阁习惯了，他喜欢那稠的，有的人喜欢用稀的。

中华墨汁就适合于写字，本身中华墨汁就胶少，书写的时候拉得开笔。后来我们把中华墨汁外加工了，毁得厉害。2009年我做过一次中华墨汁，请来一画家说您给试试中华墨汁，人家当场就拒绝。马厂长解释说，这是我们请过去的老师傅做的，您试试看怎么样，人家才拿起笔来一试，试完说过去的中华墨汁回来了。过去的中华墨汁是我们这红盒带一个鹰的图案，现在变成新包装了。

2016年年底，我们弄了一款新墨——上品云头艳。这个墨汁制作出来以后，上午出来，下午试墨。当时我们拿了个瓶子，到底下现灌了两瓶，

1982年，中华墨汁获得国家质量奖银质奖章

李苦禅试一得阁墨汁留作，后印在中华墨汁外包装上

163

给那些画画、写字的名家拿去。人家一蘸墨,刚一下笔就夸上了:"哎呀,这墨我从来没使过,太棒了!"我在旁边站着,心里美滋滋的。墨分五色,写字可能分不出来,但是画画非常清楚,人家会使笔,想要什么有什么,色全出来了。

上品云头艳是在云头艳老方子的基础上又高了一层。上品云头艳和云头艳就一个区别,这上品的要比云头艳更细,这个细不是从机器上轧出来的细,是墨汁出来以后又加工,让它更细腻,多了一道工序。再有就是原材料上面,也比普通的要多一点。

一得阁的墨汁适合于各种人群。最近我们又出了一个新产品,就是练习墨。它属于低档墨汁,要比北京墨汁好,比书画墨汁稍微次一点,它的品质是过硬的,所以在普通人眼里分不出什么区别。我们高档的墨汁适合于拓裱,墨汁颜色黑亮,永不褪色,耐水性也强。练习墨里边缺少东西,所以当时可能不褪色,也可能耐水,但是往后不好说,就适合于练习,不适合拓裱。我们做这低档墨汁,没要求它耐水,但是这项实验我们现在也做,就是这墨汁出来以后我们写几个字,干了以后,把它搁到水里,你别看是低档墨汁,它也不跑墨。为什么墨汁要耐水性强?比如我画了一幅画,或者我得了一幅非常有价值的画,不小心掉水里了,或者下雨淋了,没关系,回来晾干了,该什么样还是什么样,它不会晕成大黑疙瘩。

现在国家也重视中小学生写大字的问题,所以我们现在有一种小学生练习墨,是一套的,里边包括笔、墨,还有砚。它的安全级别都是食品级、化妆品级的,防止儿童误食。它还有一个特点,它外面有一个黄袋子,就是小学生提着它,就跟小黄帽似的,过马路有一个黄色的警示,一看还能提醒过路汽车,是特别贴心的一个设计。

建新厂,复工艺

20世纪80年代,我们厂生产包括广告色、国画色、八宝印泥、墨块等产品。但是做墨块比较辛苦,做成一个墨块最少得需要半年

一得阁的新产品:上品云头艳、练习墨和小学生练习墨套装(图片由北京一得阁墨业有限责任公司提供)

的时间,周期比较长。后来改革开放,领导也不重视,就全都外加工去了,很可惜。现在一得阁也有墨块,你到门市部去也有卖,但是那墨块里边不是真东西,土多,那个墨块能把你的砚台磨坏了。过去的墨块全是真东西:第一,炭黑过筛子,炭黑够细的吧,要过筛子,还要细。第二,胶熬好以后也得过筛子。第三,和泥,这个墨泥和得要求非常高,和完以后还要蒸坯砸坯,工序特别多。那会儿的墨块原料里全是炭黑,还分书法的、绘画的好几种炭黑,拿起来就能研。现在的墨块根本不行,都是土。过去的跟现在的我们能分出来,现在包的墨块,上面那层塑料薄膜很松散。过去我们厂包得绷直绷直的,特别平,拿回来你要不仔细看都不知道。哎哟!上边还有一层塑料纸呢。一得阁的老墨块生产技艺已经没有了,是想恢复,现在事太多,暂时忙不过来。

过去的墨块,没有描金的可能还有,得三十多年了,是80年代生产的,就是不多了。墨块丢了可惜,模子都没了,广告色也没了。现在就剩下一个墨汁,一个印泥,八宝印泥一直有。墨汁厂过去的东西,全都是好东西,都是真东西,没有假。印泥也是最近逐步恢复的,人还在,还有人能做。

我们现在发展的主要问题一个是厂子小,一个是缺少包装成品的自动化设备。我们现在的生产地点一个是总公司琉璃厂,主要

从清代传承至今的古油：晒制八宝印泥原料之一——蓖麻油

负责管理和办公,然后就是长阳这个工厂。从目前的形势看,一个工厂太小了,根本就供不上市场的需求,现在都是加班加点的工作。我们也准备在这附近找地,还要建厂。要是弄一个自动化流水线的话,从上瓶,到灌墨,到拧盖,到包装、封箱,全都自动化,一分钟能灌多少瓶,那速度比现在不知道会快多少倍,也省好些人。

去年我们去山东打假,今年马上就感觉这货跟不上了。今年开始又在甘肃那边打假,如果打假结束了以后,你想想这墨汁又得走多少货啊。所以说,一得阁潜力很大。普通人如何辨别假墨汁,一般假的墨汁比较便宜,我们发现的假墨汁,有的比我们的出厂价还便宜,那肯定是假的。再一个就看防伪,我们现在这个防伪一改再改,最后改成跟人民币的金属线似的,都能抽出来。

墨是非常干净的,对墨要尊重

过去我们和灰,什么都不戴,就这么拿锹和,现在还都有防护面具。墨的气味主要是由冰片散发的,对人身体没有伤害,反而还有好处。墨的气味不同，主要是原材料的区别，因为市场竞争，也因为国家技术保密，这个原料都相互瞒着。一得阁在全国墨汁行业应该是老大哥，因为是首创嘛。我听老书记（指张英勤）他们讲，过去在全国有五家墨汁厂，都是一得阁扶持起来的小单位，但是你别看是扶持的，全都互相瞒着，你到他们厂子参观，他们的原材料是什么东西全都藏起来，你是看不到的。他们到我们这来，我们也是全藏起来，都是互相保密。你要问我们使的什么，我们不可能把我们的东西都说出来，只能给推一个别的，能代替的，所以它的气味就有点不一样。

制墨会磨炼你的脾气，这个行业就是跟炭黑打交道，看上去比较脏，但是实际上墨是非常干净的。前些日子，我们这来了一个工人，让他去拌灰，他穿着雨鞋，上墨汁里涮脚去，当时就给开除了。他根本就不懂，黑是因为炭黑轻，就像飘的粉尘似的，容易刮在脸上，是这种黑，不是脏。墨是很干净的东西，你的脚不知道踩到什么东西，跑墨里涮去，墨臭了怎么办？对墨必须尊重，这都是辛辛苦苦做出来的。

包装车间流水线作业

　　我有制墨的手艺,首先是一得阁给了我一个平台,第二个也是通过自己的努力钻研。一开始钻研是因为当车间主任,从此我一学就"不可收拾"了。几十年来,我就是一头扎在这,为一得阁墨汁做工作,干一行爱一行。现在我们这批徒弟带起来以后,也是后继有人,一得阁的发展形势会越来越好。我作为一名传统技艺的传承者,很欣慰,也很荣幸参与其中。

何平

第三代传人

何平（1960—），女，北京人。2016年9月被确立为一得阁墨汁制作技艺的第三代传人。

何平1993年起担任北京市一得阁墨汁厂检验科科长，现任北京一得阁墨业有限责任公司技术总监。

何平1982年毕业分配进入北京一得阁墨汁厂，1986年起开始从事墨汁检验工作。她有逾三十年的墨汁调方、检验经验，曾先后多次参与我国制墨行业标准、国家标准的制定和复审。2015年退休后，何平被返聘原职。

采 访手记

采访时间:2017 年 3 月 29 日
采访地点:北京市房山区长阳镇一得阁墨业有限责任
　　　　公司长阳分公司
受 访 人:何　平
采 访 人:刘芯会

国家图书馆中国记忆项目中心工作人员对何平进行口述史访问

　　初识何平老师，首先感受到的是她身上的书卷气，让人很难将制墨工艺与她联系到一起。从毕业分配"误打误撞"进入一得阁墨汁厂，到成为一得阁墨汁制作技艺的第三代传人；从摸索着学习墨汁配制、检验工作，到成为制定墨汁行业国家标准的专家。何平老师默默守护着一得阁墨汁的质量，也带领着她的"大学生徒弟"们，为一得阁墨汁制作技艺的传承和创新不断努力。

何平口述史

刘芯会 整理

我出身于知识分子家庭

我叫何平,1960 年 11 月生,满族。我的父母是搞教育的,算知识分子家庭吧。我是 1982 年毕业以后分配到一得阁的。

我 1980 年考大学,当时刚恢复高考,大学的录取率很低,也没有扩招什么的。我们学校十二个班,上大学的不到十个人。所以我就又考了一年大学。其实当时给我分配得很好,是国家机关单位的公务员,后来又分配了一次,都是很不错的单位,我都给放弃了,还是有继续考学的心愿。后来街道办事处找我,说怎么分配你老不去? 你再不去,我们就不管分配了。现在很多单位有接班①的传统,你不属于接班的,我们才分配的,好多企业都不要人,越来越不好分配了,你赶快去吧。

① 接班,指子弟接替父辈岗位进入同单位工作。

171

我这时候都不知道分配我到一得阁，只说分配到北京市第二轻工业局，但是二轻局有好多个单位。当时北京的轻工系统，有一轻，有二轻。一轻有手表厂、灯具厂，都是上千人以上的大厂；二轻有皮革厂、文百厂，都是小企业。当时我在等分配的时候，负责分配的人就问我，分配到一得阁怎么样？我当时想一得阁是干什么的，没听说过。因为我们家里头都是从事教育工作的，没有人在企业工作，他们对这个企业也不是很了解。后来听人家说一得阁是墨汁厂，我说墨汁厂是干吗的？因为我上小学的时候写字都是研墨，又听说墨汁特臭，所以我从来没用过。我就想，那单位得多臭啊，就没想来。后来二轻局的说你看看去，没准你去了就留下了呢。我在正式报到之前，还真到一得阁调查了一下。当时就在琉璃厂那儿，以前那儿的马路特窄，现在扩宽马路了，现在的马路原来都是我们单位的院子。我当时一来发觉没有臭味啊，到传达室问这儿的师傅们，人家说这儿不臭，这单位还不错，我就这么来了，成了一得阁的一名职工。

青年时期的何平（图片由何平提供）

进入一得阁,从轧制颜料干起

当时来了以后,我们的老厂长张英勤问我:"你想去哪个车间啊?"我想选个比较干净的车间吧。后来他说:"你上轧制车间吧,两班倒,你要上这车间,你还能学点技术,那包装车间是干净,没什么技术。"当时我考虑两班倒不错啊,既有时间复习功课,继续考学,又能睡个懒觉什么的,就说行行行。我报到完说带我去参观参观,我一进车间发现怎么红的绿的黑的都是水啊,不是墨汁嘛,都不知道是干什么的,所以心里是有落差的。但是后来我想既然报到了,来了就来了,就好好干。

我进厂那一年,好多新人都是接班的,还有干临时工的,他们都在我前头来的,总共得有一百多个。我纯属是分配来的,所以我是单独来的,最后一个报到,跟别人都不认识。当时我来这车间,我的师傅叫邓继群,三十多岁,是一九六几年分配到一得阁的,她是年龄最大的了,其他人都是二十多岁,几乎都没结婚呢。邓师傅带了我一年多,就去做车间统计工作了。

我一进厂就是干三辊机,跟轧墨的机器是一样的,都是三辊机,就是他们是黑色的,我是彩色的。当时我们单位有颜料,有印泥,有墨汁,我在颜料组。当时做颜料的人,固定的有十个吧,轧墨的得有八个。我们是倒班,不一起上班,一人一台机器,一班是四个人左右,还有做八宝印泥的四个人,加起来可能做颜料这块的有十一二个人吧。那时候是计划经济,轧多少人家就收多少。如果不需要那么多人制作墨汁了,他们就来轧颜料,那人就更多了,我们就一班五个人。

我来的时候,一得阁墨汁厂有将近四百人,临时工也特别多,凡是能接班的全来接班了,干临时工。后来到 1984 年前后临时工可以转正,就把他们将近一百个人全转正了。当时厂里人真是不少,挺红火的。

除了机修和吹胶在外面,大家当时全在琉璃厂。干了两年轧制以后,1984年的时候,我们就有加工厂了,许多产品搬到顺义加工。以前顺义给我们厂做包装,做瓶子、纸箱,后来上级要求把北京市区的工业往外迁,不能在市中心了,需要转厂,所以有一部分生产慢慢也让他们干了,连颜料、印泥、低档墨汁全转到顺义去了,高档墨汁还是在琉璃厂这边。我就到顺义加工厂去培训他们,带徒弟带了有半年。后来琉璃厂的厂房除去平房,还生产高档墨汁,楼房都变成了商业楼,这边的人大部分转行做商业。1985年厂里把我调到办公室,我又回到琉璃厂干了一年的劳资工作。

检验工作我是从头学的

1986年的11月份,我调到质量部门,开始从事检验工作。我到检验是从头开始学,因为从来没接触过。当时我们质检科就俩人,科长叫蔺兴春。我们俩其实是同一个月进的厂,她在我们轧制车间实习了一个月。但是因为她以前是搞勘探的,从外地调到北京来,厂里就把她调到质检部门。后来她当了科长,我也到了质检科,在蔺科长的传帮带下学习质检,很快我就能独立操作了。那时没有传人一说,只是领导教我,我自己连看带学,慢慢掌握做墨的技艺。这门技艺不像其他学问,它是传承下来的,不是光学习操作机器就能掌握的。我也是在制作的过程中发现问题,慢慢琢磨怎么解决,一点一滴慢慢积累下来的。我从1986年到现在,做质检工作已经三十年了。

质检这项工作的难度在于一开始你掌握不好,尤其测黑度这一项,必须经过挺长时间的工作实践,才能看出来这墨的黑度,达到什么程度了。黑度够不够这个标准,这跟经验有很大关系。现在

正在进行质检工作的何平（图片由何平提供）

是有标准了,但是那时候没有标准,检验仪器也落后,全靠目测。比如说一得阁墨汁什么标准，北京墨汁什么标准，中华墨汁什么标准,你要是没经验,可能还是看不准。

我可能是一得阁里干化验时间最长的，虽然我也已经好长时间不干化验了，但是毕竟我从 1986 年到 1993 年将近八年的时间，从事纯化验工作。等我升任科长以后，质检人员最多时有六人。我们 2009 年又在长阳开了新厂，有一部分生产从顺义搬到长阳，我就长阳和顺义两个地方跑，新厂和加工厂两边都有专门的化验员，我就教我底下的几个同事。但是，质检科的人员一直不太固定，他们年龄都比我大，买断的买断，退休的退休，质检科又剩我一个人了。所以许多年来厂里的产品质量问题，哪个合格，哪个不合格，基本都是由我一人把关处理。

质检工作贯穿生产始终

我们从原材料进厂就开始严把质量关，所有原材料必须达到我们制定的标准。比如骨胶这项，超出或者没达到我们制墨的标准，我们就不能用，就得退货。原材料的生产厂家也得选，因为做骨胶有好几个厂家，每批骨胶的质量好坏，都要达到我们的标准，我们需要考察以后才能进。而且你说符合标准，到我们这以后，还得以我们的标准再检测一遍。炭黑也是，用什么炭黑，炭黑有多黑，能不能用。所有原材料，到货之后化验，检测合格能用了，才让它们进车间，包括辅料都是这样。

半成品的检验也是，就是所谓的中控，中间控制。比如说我们有测胶的中控，胶什么样才能出，什么样不能出。每个墨汁品种胶的黏度是不同的，都是通过中控检测。还有成品也要质量检验，因为我们出一拨墨汁就搁池子里，池池都要化验，不合格不能走，合格了才通知生产，才能下通知单灌装包装，所以整个生产流程都要质检把关。有时候他们做得不好，我也会跟车间师傅发脾气，所以尹师傅就说我特认真，对他特苛刻。那可不是嘛，关系到产品质量和老招牌的信誉，我必须得苛刻。

由于工作量大，2009 年之前我们分成质检和技术两个部门。2009 年我当技术总监后，所有出现的关于墨的技术问题，由我全权负责。比如胶的黏度虽然在合格范围里，中间差多少，黏度低点怎么办，黏度高点怎么办，需要我去调一下。当时专门有人管配方，我没有保管配方，但是这些技术细节我在工作中边干边琢磨，已经掌握。我就跟干活的师傅说，这个要加多少，这个要减多少，实际上我是质检、技术一肩担，虽然在质检部门，但是我也干技术的事。

配方由我保管

说起一得阁的制墨配方，算是厂里的核心技术秘密，我是 2009 年开始接触配方的，但是干了这么多年，对于配方的一些方法，哪个料放多少，以前我就知道，只是配方现在由我保管。那么多年，配方一直锁在柜子里，原来车间用什么料，用多少料，专门有一个人写配方。写完了配方，就跟照方抓药一样，基本没什么变化。但是到我这呢，它要实际操作，就必须得符合气候、节令的变化。比方说，冬天和夏天的配方就不一样，各个原材料在冬天跟夏天、天热跟天冷的性能也不同，放多少胶都是不一样的。原来的配方是不变的，但是到我这可能会给它调一下。因为原材料受外部环境的影响比较大，不能一成不变地按照配方走。

一得阁墨汁配料（先上后下，先右后左）依次为：冰糖、炭黑、冰片、骨胶、葵子香、纯碱、太古油

一得阁制墨配方从新中国成立以后才开始建立档案，专门保管。由于历史原因，以前不太重视档案保管，搬一次家就毁一批。特别是"文革"期间，就更不重视了。20世纪80年代以后慢慢才开始留着，以前都是记一个本上就

完了,虽然也都是从那个时代口传身教传来的,但是正经的方子都没有传下来。而且综合来看也改变了不少,包括原材料、技术操作都有改变,配方也在不断地改进。因为以前做墨汁没有那么多,就几种比较普通的。但是随着人们的生活水平提高,文化需求也不断提高,对墨汁品质的要求也提高了,对高档墨汁也有需求,所以这就需要创新,不然跟不上社会发展需求。

参与行业和国家标准的制定

墨汁行业标准的制定,从一得阁来说,大部分是我参与制定的。从行业标准,到现在的国家标准,我都参与了。1989 年第一次制定行业标准,我和技术厂长陈玉兰参加了《全国墨汁专业标准》的审定。审定会上,专业技术人员对全国墨汁专业标准送审稿中的各

1990 年全国墨汁专业标准

分类号：X50

QB

中华人民共和国轻工行业标准

QB/T 3652—1999
代替 ZB/TX 50004—1990

ICS 87.080
分类号：Y50
备案号：21454-2007

QB

中华人民共和国轻工行业标准

QB/T 2860—2007
代替 QB/T 3652—1999

墨　汁

墨　汁
Prepared Chinese ink

1999-04-21 发布　　　　　1999-04-21 实施

国家轻工业局　发布

2007-05-29 发布　　　　　2007-12-01 实施

中华人民共和国国家发展和改革委员会　发布

1999 年、2007 年墨汁行业标准

项技术标准、条款进行了逐项审定，认真讨论了标准的墨汁分类、测试仪器、测试材料及技术标准的数据等，制定了我国第一部全国墨汁行业标准。它意味着我国墨汁行业从传统的方法向标准化、规范化迈了一大步，是我国墨汁行业发展的一个新起点。

2006 年我又参加了这个标准的复审，因为 1989 年制定的标准标龄超长[1]，已经十五年了[2]，而且老标准中一些技术要求不符合产品的发展需求，用老标准来衡量新的墨汁行业产品已不适合，因此需要修订标准，从标准上推动行业整体水平的提高。当时复审的评审委员会人员并不多，我是其中之一，我和时任公司副总的王泽民参加了墨汁行业标准的修订和审定。

去年（2016）7 月，我还参加了国家标准的

[1] 我国在国家标准管理办法中规定国家标准自标准实施之日起，至标准复审重新确认、修订或废止的时间，称为标准的有效期，又称标龄。一般标准有效期为 5—6 年。

[2] 实际上，何平参与制定的 1989 年的《中华人民共和国专业标准——墨汁》（ZBY50004—1990 号）在 1999 年进行修订，形成《中华人民共和国轻工行业标准——墨汁》（QB/T3652—1999 号），原标准作废。

179

① 此标准《文房四宝墨汁》由中国轻工业联合会于 2017 年 11 月 1 日发布，2018 年 5 月 1 日开始施行。

制定和审定，这是在原行业标准的基础上，着重强调严格控制墨汁中有害物质的含量，从而排除安全隐患，保障产品安全。这个标准的制定将墨汁行业标准升级为国家标准，为规范全国行业市场，扶优限劣，以及企业的规范化生产提供了科学、健全的技术依据。①

我被确定为第三代传人之一

2010 年，我们单位启动申报非物质文化遗产项目，2014 年正式批下来。当时说非物质文化遗产项目得有传人，传人是谁啊？这个可能比较模糊。因为我们老厂长张英勤是一得阁的第二代传人，当时我们对谁能当第三代传人，大家商量推荐了尹志强。因为他是一得阁技术很全面的一个人，几乎所有工种他都会干，又当车间主任这么多年，制墨方面很有经验。当时他已经退休，公司领导又把他返聘回来，并商定他作为第三代传人的人选。

2014 年一得阁墨汁制作技艺被评为国家级非物质文化遗产代表性项目

后来也申报我为技艺传人的人选,毕竟现在的墨汁制作技艺不同于纯手工艺,离不开这个配方,配方配比和制作工艺需要全部掌握。虽然我负责的是检验工作,但墨汁制作的技术要点我通过几十年的经验已经掌握,由我出标准和工艺,由工人操作。实际生产中我与尹师傅互相配合,因为仅凭制作,没有配方做指导,是不能完成标准化墨汁生产的;我的配方也会根据他的制作时令、操作手法做调整。我们俩分工配合,缺一不可,所以最终确定我和尹师傅同为一得阁第三代传人。

因为我们都已经退休了,而且长阳这边几乎都是新人,人员有点青黄不接。正好尹师傅和我都返聘回来了,就想着得把技术传承下去,我也跟领导申请,给质检部门招几个新人,毕竟一得阁技艺留到现在不容易,要想保住就得有人懂、往下传啊。所以就这么招了几个化工专业的大学生。公司对这事非常重视,还举办了拜师仪式,定下了第三代传人和第四代传人,这样就能一代一代往下传了。

何平与徒弟们

大学生做传人，有理论还得多实践

前些年我们单位有些不景气，人越来越少，最少的时候就剩二十多个人，平均年龄五十多岁。新领导班子上任以后，招了好多新人。以前我们这没有大学生，最高的学历也是上班以后自学的，这两年我们招了好多大学生，还有留学回来的，各个岗位都有。具体我负责这个部门，当时没有说第四代传人的事，就说我这部门没人了，必须得招有文化的大学生。单位挺支持的，现在招的三个都是高学历的，当时还有没毕业实习期就来的，我们说你们实习期结束，不愿意干可以走。但是他们觉得在环境、待遇等方面还是挺满意的，觉得在一得阁挺有发展，也愿意学，所以他们都留下来了。

我这三个徒弟虽然都是化工专业的大学生，但是也没有专门制墨这个专业，所以他们也都是从头学起。虽然有化学理论基础，可能知道这原材料是什么，但是在厂里实际操作也用不到，所以还得在实践中学习。他们来了以后，从原材料开始掌握，我带他们上厂家去学，让他们知道什么东西是干啥的。比如炭墨是怎么出来的，什么样的骨有什么样的胶。要照我的意思，应该让他们先到车间干一个月，这样他们能更好地了解，但是领导没同意。我认为虽然技术部门是定工艺的，但你自己从来不到一线，三辊机都没摸过，吹胶也都没弄过，你怎么知道出来什么样好、什么不好，怎么给人家定工艺啊。我准备下一步看有没有机会，让他们去车间学习学习去。他们有基础，掌握得快，就得让他们更好地传承。要发展，要出产品，还得靠这些年轻人。

虽然化验一个人就够了，但是三个人都得懂。我给他们分工，有的让他开发新的墨汁产品，有的我就分配他颜料、印泥都接触一点。好多东西不是光学能明白的，得从实践里悟出来。我觉得化验这块，一般认真学两年，只要有心学，就没问题。但是要达到熟练精通，可能还需要在长期实操中摸索学习。我现在还没有让他们接触配方，还是先让他们做基础工作，他们都签了保密协议，如果泄密了，是有惩罚的。我想慢慢来吧，也不能一蹴而就。

每天通勤四小时，只为早日带出徒

我家住在市中心，离工厂比较远，每天自己坐公交车，来回路上得用四个多小时，还是比较辛苦的。我有一个徒弟是北京密云的，太远他也回不去，就在厂里吃住。还有两个都是外地的，在附近租房，不在单位住。大家为了传承这门技艺都很辛苦。生活中他们有迷茫、困惑的时候，我也给他们说说做人的道理，他们做得不对的，我就给他们讲讲，做得好的我也鼓励他们。我们师徒关系都处得不错，他们也挺尊重我的，他们比我孩子都小。

因为单位很重视这些大学生，所以我的这些徒弟待遇也挺好，这边效益好了还给他们涨工资，他们觉得单位挺不错的，而且领导对他们也重视。他们也都能吃苦，不像城里的孩子那么娇惯，让他们干什么就干什么，脏活累活也抢着干，不计较得失，他们也能安下心来在这干。

年轻人有思想、有干劲，他们来了以后，一看有的东西还是手工的，像包装、罐装还有点落后，他们会提自己的想法，他们的意见我也会向上反映。试验室设备比较落后，需要更新设备，领导很支持我们，需要购买设备、实验经费等，都给拨款。因为你要是没有新技术，没有新产品，怎么能发展呢？所以我也跟徒弟们说，你们有什么新想法，我去跟领导说说，你们也找找材料，经常做做小样，出点新东西。

我们目前还准备看有没有"走出去"的机会，找一个大学进行合

1959 年出版的文化教育用品科技丛书

作培训，比如在大学搞研发的有没有合适的项目，我们想开发点新产品。

一得阁产品变革——由全到精

1959 年一得阁墨汁厂出过两本书，一本是关于做糨糊的，还有一本是关于做墨汁的。[①]最早一得阁做过糨糊、墨膏、墨水、胶水，当时的品种不少，就是不精，是些比较低端的产品。我们以前的产量是墨汁一半，印泥、水彩颜料一半。后来慢慢地墨汁的需求量越来越大，而以前广告、刷墙、画画都用颜料，现在好多都不用了，我们也就减少生产了。后来又挪到顺义加工厂去生产，但是加工厂不给好好做，又不能天天看着他们生产，慢慢质量就不保了，干

① 1959 年，由轻工业出版社出版了『文化教育用品科技丛书』，一共五册，其中第二册《墨汁制造》和第四册《糨糊胶水制造》由北京一得阁墨汁厂编著。

脆就停产了。印泥也因为市场需求量小而减少生产了,现在主要攻墨汁。我们以前墨汁品种比较单一,北京、中华、一得阁就三种。后来出了书画墨汁,现在又新出了云头艳墨汁、练习墨、学生墨汁,通过研发多了一些不同的品种,适合不同的用途。

我查了查一得阁"文革"时候的档案,当时就有"红黄千"墨汁、北京墨汁、金刚墨汁和松烟墨汁。中华墨汁是挺晚才有的,真正的一得阁墨汁是在 1980 年、1981 年才有的。我们的中华墨汁还获得过国家奖,但是好多人都不知道是一得阁出的,所以还是一得阁这个品牌比较有名。全国制墨的有那么几家,像安徽、上海,他们以做墨块,也就是墨锭为主,后来才慢慢发展出墨汁。所以在全国做墨汁的厂家,一得阁可能是做得最早的,也慢慢获得了行业专家的认可。在我们的产品里,云头艳比一得阁要好,去年(2016)年底我们推出了一款新墨汁,算是高档里的精品,叫上品云头艳。我们还准备推出更高档的产品,里头含有中药的,现在正在做这方面的研发。以前我们的墨汁都是动物胶,我们现在想做树脂胶墨汁。因为在国外,尤其日本,用树脂的墨汁比较多一些,如果有人有这方面需求,我们还要往最高档的墨汁发展,现在正在做这项工作。

现在还是有画家喜欢用墨锭自己研,因为画画用的墨量也不大,可以研一点浓淡相宜的。又因为墨锭沉淀几年以后再磨出来,画工笔画时能反映出画家想追求的个性化的感觉,可能有些人觉得适合用这个作画。有的人说墨汁不容易出那种效果,但是我觉得一得阁墨汁还是可以的,毕竟墨分五色,颜色是有层次的,而且不同墨汁能够满足的需求不同,所以还是得看画家自己的喜好。

风风雨雨三十年，期待一得阁越来越好

因为历史条件所限，那个年代我们一进厂就是干活，单位也很少给我们讲一得阁的历史，所以我们知道的微乎其微。以前我们就知道 1865 年谢崧岱进京赶考这些故事，但是也没听人说过他具体有什么经历，当年真正学徒的那些老人，健在的很少了，我们老厂长十六岁就到一得阁学徒，他现在都已经九十岁了。

参加制墨工作三十多年，我思想上也有过波动。20 世纪 90 年代有个国家机关想调我过去，但我对一得阁还是挺有感情的，觉得"文房四宝"这行业也不错，就给推了。好多大厂都倒闭了，我们这个小单位反倒没倒，虽然中途也遇到过挫折，经营出现过困难，但渡过难关以后，这两年发展得还真是不错。我前年（2015）年底退休的时候，领导没让我走，说你不能走，新人才刚来，你还得给带徒弟。我也是不愿意看到一得阁制墨的技艺失传，希望后继有人，就答应了。家人也挺支持的，说干到什么时候随你，我说等什么时候他们都会了，我就可以不干了。但是到那个时候，心里可能会更舍不得了。

我从 1982 年来到一得阁，转眼已经过去三十五年了。我见证了一得阁这几十年的历程，风风雨雨、坎坎坷坷，这三十多年走得不容易，尤其是在近十年的变化非常大。新的领导把一得阁带上了一个新台阶，使一得阁越来越好。我希望一得阁越来越壮大，几代人创建的"一得阁"老字号更加辉煌。我身为一得阁人，也感到很自豪。

龙亭蔡伦造纸传说

龙亭蔡伦造纸的传说,脱胎于中国"四大发明"之一的造纸术。蔡伦发明的造纸术由其养子、后裔及乡民在龙亭及周边地区实践、推广,世代相传,随之伴生了蔡伦在龙亭造纸的故事和传说。如今,龙亭及县域内仍保存着以蔡伦造纸法进行生产的作坊遗址,几乎每一个造纸遗址都对应着生动的传说故事。

龙亭蔡伦造纸传说,起源于东汉,至今已有一千九百年的历史。其传说有六大类、数十个之多,其内容包含起意造纸、寻找造纸原料、攻克技术难关、推广造纸、经营造纸、造纸贸易、造纸习俗等。较为典型的传说有龙亭猪拱鸡鹐(qiān)的传说、龙亭母猪滩的传说、"开子"的传说、蔡伦舂纸浆的传说、观音老母说药方的传说、龙亭还魂纸的传说等。

龙亭蔡伦造纸传说以龙亭镇为中心,呈放射状向周围传播,通过在蔡伦墓祠进行文物讲解、举行校园故事会、茶馆艺人说书、蔡伦祭祖仪式、出版相关书籍等形式,逐渐被更多人知晓,成为脍炙人口的民间文学作品。

2009年3月在洋县实验学校举办的"龙亭蔡伦造纸传说故事会"(图片由段纪刚、西安市非遗保护中心提供)

2011年,龙亭蔡伦造纸传说入选第三批国家级非物质文化遗产代表性项目名录。

段纪刚

陕西省汉中市蔡伦文化研究会会长

段纪刚（1949— ），男，陕西省汉中市洋县人，副研究员职称。毕业于陕西师范大学中文系本科，曾在洋县中学任语文教师，在洋县文物博物馆从事文物管理与研究，后至洋县文化馆从事非物质文化遗产的研究保护。现任陕西省汉中市蔡伦文化研究会会长、汉中市民间文艺家协会副秘书长、汉中市非物质文化遗产保护专家委员会委员。

段纪刚从1979年开始研究蔡伦、蔡伦造纸和有关龙亭蔡伦造纸的民间文学，1985年任汉中市学术刊物《蔡伦研究》副主编，1987年任中国造纸学会主办刊物《纸史研究》编辑。段纪刚收集、整理了蔡伦在龙亭的造纸传说三十余篇，蔡伦家族传说十余篇，出版了专著《龙亭蔡伦造纸传说》，另发表《龙亭蔡伦造纸传说与汉中》《东汉蔡伦造纸的时代背景》《从中国的考古发现看造纸的起源》《蔡伦后人考证》等二十余篇论文。

采 访手记

采访时间：2017 年 4 月 28 日
受 访 人：段纪刚
采 访 人：张弼衍

　　这是一次电话采访，采访对象是研究龙亭蔡伦造纸传说的专家段纪刚。三年前，我的同事曾赴陕西洋县，在这个龙亭蔡伦造纸传说的发源地进行调研和口述采访。当时计划采访段老师，却遗憾错过。如今重启采访计划，段老师一如既往地支持，我们由衷感谢。

　　段老师的声音从千里之外的洋县传来，流利的普通话中陕南乡音依稀可辨，质朴的声音时而铿锵有力，时而低沉婉转。虽未谋面，我已感受到，他对述说的内容有着丰富的情感体会。

　　访谈中我了解到，段老师从 20 世纪 70 年代起就致力于蔡伦和蔡伦造纸的研究。四十多年来，为了调研和搜集蔡伦造纸传说，他跑遍了洋县周边的乡镇，一有线索就向村民打听请教；他潜心研究，出版多部研究性著作和论文，向外界推介和宣传蔡伦及其传说。这样的专注，使他的口述有种熟稔于心、如数家珍的自信，有种直抒胸臆、挥洒自如的从容。我想，只有专注，才能葆有热情、心无旁骛地挖掘民间文学的潜能。

　　段老师用描述性和分析性的语言，较为完整地介绍了龙亭蔡伦造纸传说。整个访谈条理清晰，交流顺畅，作为电话采访已属难得。

段纪刚口述史

张弼衍　整理

传说的历史渊源

　　蔡伦造纸传说起源于汉水流域上游的汉中市洋县龙亭镇。就是在这里，我国古代的发明家蔡伦找到了最合适的造纸原料，进行了造纸实验，最终创造出一套完整而有效的造纸术，创制出当时世界上第一批轻薄柔韧、取材容易、价格低廉的纸。

龙亭镇鸟瞰（图片由西安市非遗保护中心提供）

　　龙亭的老百姓非常怀念带给他们造纸之术的"纸圣"蔡伦,他们以龙亭为根据地,向世人传播蔡伦造纸的工艺,向大众宣扬蔡伦这位伟大的发明家。这样一来,龙亭就成了蔡伦造纸传说这一民间口头文学的源头。在之后的日子里,蔡伦造纸传说经老百姓口口相传,不断被演绎。老百姓在各种不同版本的蔡伦造纸传说中,加入了自己的理解、感情和智慧,使传说的内容更加充实,种类也更加丰富了。这是一种绵延不断的再创作。

　　同时,历朝历代的文人也为蔡伦造纸传说推波助澜。他们往往以文学的灵感和对文字的驾驭功力,对蔡伦造纸传说进行加工,使其更加活灵活现、富有感染力。蔡伦造纸传说的起点——龙亭,不断将蔡伦造纸传说的影响辐射到周边的乡镇、县、市,甚至辐射到全国乃至海外。于是,蔡伦造纸传说就从最初发源于龙亭的涓涓溪流,逐渐成为一条气势磅礴的江河。

　　当时,蔡伦经常利用假日及外出公干的机会,去寻找合适的造纸原料。他潜心钻研、冥思苦想,实验有效的造纸方法,经过十多年的努力,功夫不负有心人,终于在东汉和帝刘肇元兴①元年(105),成功改进了造纸术②。

　　世界上任何发明创造,都有其历史及社会背景。蔡伦改进造纸术所处的时代为东汉中期。早在东汉初期,光武帝刘秀就统一了天下,取得了政权。东汉社会从刘秀开始,经过几十年的休养生息,社会生产力向前大大迈进了一步,农业、手工业都很兴旺,经济也比较发达,出现了历史上的"光武中兴"③。

①汉和帝刘肇(79—105),东汉第四位皇帝、章帝之子。汉和帝有永元、元兴两个年号,永元(89—105)是他的第一个年号,他亲政后使东汉国力达到极盛,时人称为『永元之隆』。永元十七年(105)四月,大赦天下,改元元兴,元兴元年(105)十二月,和帝死,少子刘隆即位,一岁即夭折,是中国历史上最短命的皇帝。

②考古发现,西汉时期、麻类植物纤维纸已在中国问世。由于造纸术尚处于初期阶段,工艺简陋,所造出的纸张质地粗糙,夹带着较多纤维束,表面不平滑,尚不适宜书写。

③由于光武帝刘秀采取一系列措施,恢复、发展社会生产,缓和西汉末年以来的社会危机,使东汉初年出现了社会安定、经济恢复、人口增长的局面,史称『光武中兴』,其时间为公元25年至公元57年。

这个时期社会经济发展,文化也在复兴。许慎的《说文解字》《五经异义》,班固的《汉书》,王充的《论衡》等都是东汉时期的产物。文化的繁荣有一个关键要素,就是书籍的普及,然而,当时用来记录和书写的材料仍然很不方便,人们对新型书写材料的渴望尤为迫切。从统治者的角度来说,他们也渴望保存、编辑和整理历史上遗留下来的图书典籍和公文档案,也迫切需要一种全新的书写材料。

东汉社会对书写材料迫切需求的大背景,终于催生了造纸术的改进,而与蔡伦及其造纸事件息息相关的造纸传说,也应运而生。

传说的传播及传播圈

在千百年的口口相传中,龙亭蔡伦造纸传说逐渐形成了一个较大的传说圈。这个传说圈的范围是以龙亭为中心地带,呈放射状向周围辐射。庞大的传播和研究人群、广袤的流传地域构建了龙亭蔡伦造纸传说的文化空间,其主要的传播区域可分为三个等级:中心传播带、次中心传播带和边缘传播地带。

蔡伦造纸传说的这三类传播地带,都位于长江与汉江的上游流域。中心传播带为洋县县域内的龙亭镇;次中心传播带为洋县县域内的洋州镇、槐树关镇、贯溪镇、东柳乡、纸坊乡、黄家营镇、黄金峡镇、金水镇、沙溪乡、安岭乡等二十六个乡镇;边缘传播地带是指坪堵乡、铁河乡、关帝乡、花园乡、溢水乡等十二个乡,东临佛坪县、石泉县,南邻西乡县,西邻城固县,北邻留坝县、太白县等地。

蔡伦造纸传说的传播人群,上至耄耋老人,下至幼稚学童。我把他们分为五类,即:青少年学生类、传统造纸工匠类、蔡伦家庭成员类、茶馆茶客类、景点游客类。

茶馆的茶客主要是老年人,由于陕西洋县茶馆兴盛,上了年纪的人喜欢早早起床,吃了早点就拿上旱烟袋,进茶馆喝茶、打牌、聊天,往往一去就是一整天。他们早晨来,到晚上五六点钟天快黑的时候才走,中午这顿饭,就往饮食摊子上打个招呼,叫人给送过来。这在县城或大一点的乡镇里都比较普遍。这些茶客聊天的主要内容就是一些民间传闻故事,尤其是涉及蔡伦其人、蔡伦的家族及蔡伦在龙亭造纸的故事。在民间传说的传播上,口口相传的能量是相当大的。这些长者回家以后,向他们的亲戚朋友、同辈晚辈讲述和演绎这些传说故事,一传十、十传百,就迅速带动了传说的传播。这是茶客的情形。

洋县县城茶馆老艺人(白发者)摆龙门阵,讲蔡伦造纸传说(图片由西安市非遗保护中心提供)

相比较而言,目前龙亭蔡伦造纸传说推广力度最大的平台是校园。非物质文化遗产要进校园,龙亭蔡伦造纸传说作为国家级非物质文化遗产项目,要深入到校园里去,通过组织学校的学生,评选学生故事员、老师故事员,开展故事会,来讲述和普及蔡伦造纸的传说,从而保护这一优秀的民间口头文学形式。目前,洋县龙亭镇中心小学和洋县实验学校都开展了丰富的文化教育活动,来传播龙亭蔡伦造纸传说,成为龙亭蔡伦造纸传说的校园基地和非遗传习所①。

蔡伦及其在龙亭的传承谱系

虽然记载蔡伦事迹的历史典籍非常少,但关于蔡伦的生平,基本上有定论,而且其人生轨迹基本上是明晰的。蔡伦是东汉时期的宦官,我国古代伟大的发明家。蔡伦的伟大贡献在于,他改进了造纸术,成为造纸的鼻祖,被人们尊奉为"纸圣"。

蔡伦字敬仲,生于永平六年(63)②,卒于建光元年(121),籍贯湖南耒阳,东汉时称作桂阳郡。蔡伦出生在一个小手工业者家庭,全家五口人,父母及蔡伦兄弟三人,蔡伦排行老二。刘秀一统天下,建立了东汉政权。据传当时一部分王莽③的残余势力,逃到湖南南部山区,占山为王,以抢掳为生。蔡伦的父亲被山中土匪掳去,下落不明,母亲和兄弟三人生存

蔡伦塑像(图片由西安市非遗保护中心提供)

① 传习所,指的是文化和旅游部设立的对非物质文化遗产进行传承学习的场所。

② 关于蔡伦的出生年份尚存争议。另一说为永平五年(62)。

③ 王莽(公元前45—公元23),字巨君,魏郡元城人(今河北邯郸大名县),西汉孝元皇后王政君之侄。西汉末年,王莽篡汉,建立新朝,称帝十余年。

艰难,不幸失散。蔡伦运气还算好,跟母亲在一起,但他的哥哥、弟弟都找不到了,于是他跟着母亲漂泊流浪、沿街乞讨。后来母亲找到了舅父家,舅父让他们住在家里。大概过了一年多的时间,舅父就去世了。舅父去世前,曾托人把蔡伦送到私塾读书。当时恰逢朝廷在民间选拔长相端正、聪明伶俐的儿童,到皇宫里当宦官,私塾的老师便把蔡伦推荐上去了。由于蔡伦一表人才、机敏过人,他被顺利选中进入皇宫。这一年是东汉明帝永平十八年(75),蔡伦十三岁左右,进入东汉都城洛阳成为宦官。蔡伦十八岁的时候,即汉章帝刘炟建初五年(80),在皇宫担任了小黄门①,成为宦官中的小头目,二十五岁的时候,章和元年②(87),蔡伦担任尚方令,成为宫廷手工艺作坊的负责人。当时的"尚方"③,集中了天下的能工巧匠,代表了那个时代制造业的最高水准,为蔡伦提供了创造发明的绝好平台。

汉和帝刘肇继位后,公元89年,蔡伦二十七岁,被提升为中常侍,担任宦官当中较大的头目。中常侍随侍皇帝左右,参与国家机密大事,为皇帝起草文件、宣读诏书,地位与九卿等同。蔡伦担任中常侍时,继续兼任尚方令。在此期间,他潜心研究,反复实验,终于在他四十三岁的时候,发明了以树皮、渔网、麻头、破布为原料的植物纤维纸。

元兴元年(105),蔡伦把研制出的植物纤维纸呈送朝廷,当时的皇帝汉和帝对这种新的书写材料大加赞赏。历史上,蔡伦历侍五代皇帝④,因发明造纸术有功,在汉安

① 黄门,为「太监」一词的前身,隋唐后才改为「太监」。由于太监站在黄门下等候皇帝宣召,所以称为「黄门」。汉有黄门令、小黄门、中黄门等,侍奉皇帝及其家族,皆以宦官充任。故后世亦称宦官为黄门。小黄门职在打杂,给文武百官提鞋等。小黄门在东汉时排在侍中下面,和黄门令、黄门侍郎并列第二,是中级太监;中黄门才是低级太监。

② 章和(87—88),汉章帝刘炟的第三个年号,也是他最后一个年号。章和帝的前两个年号是建初、元和。《资治通鉴》卷四十七载「诏以瑞物仍集,改元章和」。

③ 尚方,指古代置办和掌管帝王所用器物的官署。秦代设置。汉末分中、左、右三尚方。唐称「尚署」。元只设中尚监。明废。

④ 蔡伦于公元75年被选入洛阳宫内,公元121年卒。一生历经五朝皇帝:东汉汉明帝(58—75年在位)、汉章帝(75—88年在位)、汉和帝(88—105年在位)、汉殇帝(106年在位)、汉安帝(107—125年在位)。

帝刘祜元初元年(114)，被邓太后①封为龙亭侯②，食邑三百户，不久蔡伦又担任了长乐太仆③，成为东汉统治集团的核心成员之一。

然而，蔡伦的命运随后发生了反转，最终导致其自戕的结局。蔡伦之死，缘自汉安帝④对窦皇后的不满。蔡伦担任小黄门期间，曾经倚靠汉章帝皇后窦氏⑤。窦皇后曾经命他审讯过一位宋贵人。宋贵人的孙子刘祜多年后即位称帝（即汉安帝），追究窦皇后当年迫害其祖母致死、剥夺其父刘庆的皇位继承权之事，而此时，窦皇后已经故去，于是，蔡伦成了"出气筒"，成为政治清理的对象。公元121年，汉安帝刘祜下诏让蔡伦到洛阳投案自首，接受审查。蔡伦耻于受辱，于是沐浴穿戴整齐，服毒自杀而亡。

蔡伦生前去过龙亭三次。第一次是汉和帝刘肇在位的永元中期，公元97年前后，他从洛阳出发，去四川成都出差，途经龙亭。在龙亭，他停下来休息，发现这个地方的构树特别茂盛，水系发达，河流纵横，适合造纸。在这里，他找到了最适合造纸的原料——构树皮，他就地实验，反复琢磨，初步形成了造纸的基本方法。蔡伦第二次到龙亭是在元兴元年（105），这一时期，蔡伦在实验的基础上开始尝试生产实践，终于在龙亭成功改进了造纸术。蔡伦第三次到龙

①邓太后(81—121)，名绥，南阳新野人，东汉王朝著名的女政治家。东汉第四代皇帝汉和帝刘肇的皇后。东汉元兴元年(105)，年仅二十七岁的汉和帝突然驾崩，面对"主幼国危"的局面，二十五岁的邓绥临朝称制，摄政十六年。东汉永宁二年(121)，邓绥驾崩，谥号「和熹」，与汉和帝合葬于慎陵。

②龙亭侯，爵名。因地封侯，当时蔡伦受封龙亭（今陕西汉中洋县境内），故名。

③长乐太仆，相当于太后的首席近侍官，与长乐卫尉、长乐少府一起，称为太后三卿。

④汉安帝，刘祜(94—125)，汉章帝刘炟之孙，清河孝王刘庆之子，东汉第六位皇帝，在位十九年。刘祜即位时面临内忧外患，边疆战事频仍，国内灾害连年，由于刘祜年幼，所以实际政务大权握在邓太后手中。

⑤窦氏，建初三年(78)被汉章帝立为皇后。起先，宋贵人生皇太子刘庆，梁贵人生刘肇。窦氏无子，刘肇过继给窦氏为继子。建初六年六月，窦氏诬陷宋贵人搞歪门邪道，宋贵人自杀，汉章帝即位，尊窦氏为皇太后，汉章帝废皇太子刘庆为清河王，立刘肇为皇太子。章和二年(88)，汉章帝去世，汉和帝刘肇即位，尊窦氏为皇太后，并由窦氏临朝摄政。汉和帝永元四年(92)，窦太后之兄窦宪阴谋叛逆，走漏了消息。汉和帝决定诛杀窦宪，并将窦宪软禁，不得参与政事。永元九年(97)，窦太后忧郁而死，葬于敬陵。

亭,是在龙亭推广造纸术。此时蔡伦已经五十七八岁,到了晚年,他请求朝廷批准他退休,回到封地龙亭,在此颐养天年。

蔡伦死后,他的封地被废除,然而龙亭的老百姓依旧爱戴他,把他埋葬在龙亭故地。全国其他地方也有蔡伦墓,比如山西运城、蔡伦老家湖南耒阳,但这些都是蔡伦的衣冠冢[1]。

陕西洋县龙亭蔡伦墓(图片由段纪刚提供)

因此,龙亭是蔡伦造纸的原料发现地、试验地、发明地和推广地,同时这里也是蔡伦的封地、居住地和安葬地。由此,龙亭也成为蔡伦造纸传说的发源地。

关于蔡伦有无后代的问题,我们从2010年就开始调查,直到2016年。这六年中,我们跑遍了全县的乡镇,以及周边的好几个县,也亲自去北京查找古籍资料。经过调查,我们了解到,虽然蔡伦是宦官,但当时他收养了龙亭县令王万科之子。这个县令据说有好几个儿子,就将一个唤作"兴儿"的儿子过继给了蔡伦,从此蔡伦

① 衣冠冢,指用死者衣冠等物品代替遗体下葬的墓葬。

198

的养子改名叫作"蔡兴"。蔡伦有了养子,可谓欣喜不已;县令能把自己的儿子过继给侯爷,也是无上的光荣。

蔡伦养子的后人世代繁衍,目前已有一百七十二户、六百二十四口人。龙亭有一块碑,碑上明确记录了龙亭附近的东蔡沟、西蔡沟、贾溪、杜村,汉江之南的黄家营镇、洋县的临县佛坪县等都是蔡伦后裔的聚居地。一百七十二户、六百二十四人,这两个数字作为一个繁衍数十代的家族来说,并不兴旺。其原因在于,历史上蔡伦后代受到朝廷的迫害,东躲西藏、四处逃难,繁衍不顺畅,往往一代只有一个独苗,单传和抱养的现象严重。如今,由于生活水平提高,蔡伦家族成员们也都安居乐业,目前已经繁衍到第六十九代了。

蔡伦后人生存环境(图片由西安市非遗保护中心提供)

龙亭蔡伦造纸传说辑录

近年来,通过走访调查、搜集素材,我整理了三十三则蔡伦造纸传说,并采集了十五则蔡伦家族传说。其中,比较典型的传说故事大概有二十个。我讲其中几个最有代表性的:龙亭猪拱鸡鹐(qiān)①的传说、龙亭母猪滩的传说、"开子"的传说、蔡伦春纸浆的传说、观音老母说药方的传说、龙亭还魂纸的传说。

龙亭猪拱鸡鹐的传说

陕西洋县龙亭有一座观纸山,当地老百姓称之为晾纸山。这里有个小山丘,相传蔡伦就是在这里造纸的。当时分离纸页的纸药②还没有发明出来,刚制好的纸成叠后,想要揭开,不那么容易,稍不小心就会扯破。

有一天,蔡伦把一摞纸叠在晾纸山的作坊晾晒,但是轻轻一揭就揭破了,蔡伦愁得直愣神。正当他束手无策之际,突然,一头老母猪领着猪仔来觅食,把作坊的篱笆门给撞开了,后面还跟着

①鹐,指鸟禽用尖嘴啄食。
②纸药,指造纸时往纸浆里添加的猕猴桃藤汁,能起到悬浮纸浆、分离纸张的作用。

龙亭造纸作坊中揭分纸页的工序（图片由西安市非遗保护中心提供）

许多只鸡。蔡伦赶紧让工匠们驱赶畜禽,但是来不及了。纸叠已经被猪拱倒了,紧接着觅食的鸡群也冲了上去,用坚硬的喙去鹐纸叠。大概是刚吃食不久,猪嘴、猪鼻上的麸皮糠渣都粘到了纸边上,这样一来,纸叠变得松散起来。

经过一番折腾,猪群和鸡群都扬长而去。纸工们都互相埋怨没看好门,让牲畜们进来捣乱。但是,他们清理一片狼藉的现场时,无意中发现,之前粘在一块的纸叠,轻易就能揭开了。工匠们和蔡伦都感到奇怪,不明白是什么原因。有人说,这可能是有灵性的动物们来助蔡伦一臂之力的。据说蔡伦从猪拱鸡鹐纸叠的情景当中受到了启发,终于发明了纸叠分离晾晒的方法。

龙亭母猪滩的传说

相传在后汉的时候,古龙亭县东门外有一条河,名叫大龙河,河上有一个滩,名叫母猪滩,滩边有几个造纸作坊,是蔡伦和工匠们造纸的地方。

这一年夏季发大水,江河满溢。秦岭山区很多山体滑坡,大雨冲毁了庄稼和农舍,裹挟着泥石流冲向平川,发源于秦岭山区的大龙河变得像一头怪兽横冲直撞。

一天夜里洪水淹没了母猪滩边的造纸作坊,大水退去之后作坊内一片狼藉,一些从山中吹下来的猕猴桃枝蔓塞满了一个抄纸槽。蔡伦指挥纸工将作坊进行了清理,并令抄纸的工匠将猕猴桃枝蔓捞出,恢复抄纸。这时,蔡伦发现,抄出的湿纸和帘框很容易分离,一点儿也不粘连,以前在揭取湿纸片的时候一不小心就扯破了,但这次揭得很完整,速度又很快。蔡伦再看那湿纸的表面,非常均匀。蔡伦心中一震,这是为什么呢?蔡伦又去看其他几个抄纸槽,并让纸工在槽子里抄纸,结果还是以前的老样子,帘框与湿纸很不好分离。蔡伦思忖,莫不是那些猕猴桃枝蔓起了作用?那枝蔓经过在泥石流中长时间的撞击,正在向外渗出一些滑腻的汁液。蔡伦明白了,噢,原来是这些滑滑的东西在起作用,怪不得那么好揭开呢。

后来，蔡伦就特意指派工匠采集来猕猴桃枝蔓，并将它们捣烂取汁，或者直接掺入抄纸槽，或者盛在盆里、碗里，只须抄纸时在帘框上抹一点儿，就能够收到便于揭取纸页的功效。

后来，人们将抄纸时使用的猕猴桃汁液叫作"纸药"。

龙亭造纸作坊中的抄纸工序(图片由西安市非遗保护中心提供)

"开子"的传说

传说蔡伦经过千辛万苦，终于在东汉龙亭县用构树皮和烂麻布造出了纸，可是，一摞摞的湿纸叠却怎么也揭分不开，一张张的纸片紧紧黏在一起，勉强分离，结果却将纸片都扯破了。

怎么办呢？蔡伦非常发愁，面对舀纸工抄出的湿纸叠左思右想，始终没有找到解决问题的方法。蔡伦想，可能是水分太多了吧。于是又在湿纸叠之上的木框上多放了两块石头，一直将纸叠水分榨得很干。之后再去揭那纸叠，依然不奏效。正在蔡伦无计可施时，一片吵闹之声骤起，原来邻居家婆媳不和，婆婆追打媳妇，媳妇慌不择路，跃上作坊的纸摞。此时媳妇被婆婆一把抓住，婆婆猛地一搽,媳妇便被搽得旋了两圈。蔡伦见此情景,赶紧劝住,并替婆媳说合。但是纸摞已经被踩踏得不成样子了。蔡伦非常心痛,便上前将纸叠整理抚平。此时蔡伦注意到纸叠边由原来的齐整整,变得参差不齐,又注意到纸叠上有那妇人踩过的脚印。蔡伦可是个聪明人,他马上想到是妇人灵巧的小脚在旋转时松动了粘得牢牢的纸叠,而纸叠一松动,纸片自然好揭了。蔡伦赶紧去揭那纸叠,一连揭了八九张,都没有扯破。于是,他急忙唤回正往家走的婆媳俩,连连对她们说:"今天我要奖赏你们哩,今天我要奖赏你们哩……"

打那儿以后,蔡伦就让工匠们仿照妇人小脚的形状,用木头做成揭纸用的"开子",揭纸之前只需要用开子将纸叠正面蹭上几蹭,纸叠便很容易地被揭开了。

"开子"工具从东汉一直沿用到今天,成为蔡伦造纸术中一件重要的工具,特别是在龙亭周边的黄金峡、黄家营一带,传统造纸的工匠们,一手执开子,一手执刷子,将湿纸从纸叠上分离开然后贴到焙墙上去。归根结底,那工具是祖师爷蔡伦留下来的。

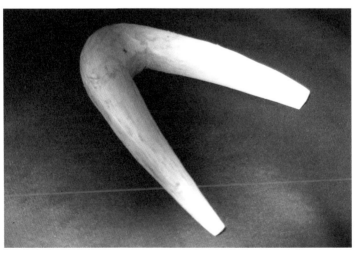

「开子的传说」中的造纸工具——开子
(图片由西安市非遗保护中心提供)

蔡伦舂纸浆的传说

蔡伦起初在龙亭造纸的时候，是先将构树皮沤泡变软，染上石灰，再上碾砸，接着抖落构皮上的黑壳，然后反复洗干净，接下来用铁刀垛碎，最后将切碎的构皮捣成浆糊状，将这些浆糊状的东西均匀地浇在帘框上。但是这样做出的纸片很粗糙，很不均匀，而且很难形成一张完整的纸片。

蔡伦细细察看，只见那纸片上一绺一绺树皮筋不能有效地结合在一起。蔡伦心想，如果将这些树皮筋状物弄得很碎很碎，效果会怎样呢？可是，应该用什么办法才奏效呢？蔡伦冥思苦想，仍想不出个好办法来。

一日，蔡伦正在龙亭的官邸中看书，不远处的人家传出咚咚咚的响声，吵得他无论如何也看不下去了。蔡伦心烦，索性踱出书房，循声而去。他发现，原来是一个丫头在用石臼舂

龙亭造纸作坊中的捣浆工序（图片由西安市非遗保护中心提供）

米。丫头告诉蔡伦,主人家让她今日必须舂好一斗米。稻谷要变米可不那么容易,怪不得,这舂石臼的咚咚声从早晨响过了晌午还停不住呢。

蔡伦蹲下身子,抓了一把米,似乎悟到了什么,便赶忙放下米又抓了一把米糠,用手指在掌心刨了刨,顿时喜形于色:我们为什么不能把构树皮也变成米糠一样的模样呢?

他想到这里,便三步并作两步来到龙亭大龙河边的抄纸作坊,让工匠到村子里找来石臼,当下做起实验来。蔡伦把经过除杂切碎的构树皮放到大石臼内,经过一段时间的猛捣,形成纸浆,然后加水和匀后浇成表面均匀的湿纸片。他想耐着性子等着纸片变干,但哪里等得及?便笼起木炭烘烤。待蔡伦从帘框上揭下纸片来,看到这张纸片轻薄、均匀、光滑,又用笔蘸了墨在上面写了几个大字,运笔很流畅。

蔡伦发明的用石臼捣纸浆的方法,使造纸术更加精细有效了。

观音老母说药方的传说

传说在东汉的时候,蔡伦受邓皇后的懿旨造纸。

几年过去了,造纸进展非常缓慢,收效甚微。构树皮、苎麻等许多原料都用过了,可还是不成功。主要原因是什么呢,就是原料里面的杂质漂洗不净,成浆后滑溜溜的,粘不到一块儿。这个事情令蔡伦非常发愁。

连日来的苦战,使蔡伦疲惫不堪,所以从作坊出来以后,他直奔官邸,疲乏之际就睡着了。突然之间,有人高叫,蔡伦吃了一惊,抬头一看,是广化众生的观音菩萨到了,蔡伦赶忙匍匐在地。观音菩萨说:"今日授你一道秘方,你务必虔心造纸,不可懈怠!"说着就飘然而去了。

蔡伦起身之间,一方绢悠悠落下,他连忙伸手去接,可怎么也够不着。眼瞅着这方绢被风吹远,蔡伦撒开腿就追,一直追过龙亭构树蓊郁的构树湾,追过澄明碧透的大龙河,又追过植被丰茂的烟斗山、白岩山,一直追到一个叫"王坎下"的地方,终于追上了。蔡伦伸手一抱,把那方绢搂了过来。哗啦一声,蔡伦醒了,原来是南柯一梦。蔡伦睁眼一看,怀里抱的哪是观音菩萨的秘方,明明是床头用竹简编制而成的《诗经》。

蔡伦想着梦中的事情,好生奇怪。然而,秘方又在哪儿呢?真是日有所思,夜有所梦。蔡伦忽然想起怀中的《诗经》,《诗经》的《国风·陈风·东门之池》里有一句诗叫"东门之池,可以沤麻"。他想,古人制作麻布,早就知道使麻变柔的道理了,现在也有当地人用草木灰和石灰来沤麻,我何不如法炮制?

于是,蔡伦就与工匠们一起,按照沤麻的办法,把构树皮上染上一些草木灰,放入大锅中蒸煮,效果非常好,后来又改用石灰,效果更好。染过石灰再蒸煮以后的原料,经过反复的漂洗,原料中的杂质全没有了。原料脱胶除杂的难关终于被攻破了。

龙亭造纸作坊中的蒸煮工序（图片由西安市非遗保护中心提供）

这件事儿非同小可，蔡伦马上令一位姓张的师傅在梦中逮住绢布的地方——王坎下，建了一座窑，烧制脱胶所需的石灰，又命一位姓李的工匠监督捞纸。后来蔡伦又攻克了纸张分离的难关，使造纸法渐趋完善，终于制出了洁白均匀、光滑轻薄的纸。公元105年，蔡伦将以构树皮、麻头、破布和废渔网制成的植物纤维纸上贡朝廷，受到了汉和帝刘肇与邓皇后的嘉奖。

这个故事，还有一个注脚。龙亭当地的一位叫杨兴夫的文化人写了一首打油诗来总结这个传说，至今流传于陕南群众之中。这首诗是：

> 蔡伦造纸不成张，
> 观音老母说药方。
> 张郎就把石灰烧，
> 李郎捞纸才成张。

龙亭还魂纸的传说

蔡伦在龙亭县造纸的时候，曾立下过一个规矩：凡是揭破了的纸或者造出来质量不过关的纸，一律要放回石臼重新捣浆，放回抄纸槽重新抄捞，不准纸工和群众乱拿私用。一旦发现乱拿私用，必从重处罚。情节严重的，如果是纸工，一年之内不能进造纸作坊；如果是一般百姓，官府便会出面干涉，拘押三个月。老百姓之间也立下了一个不成文的规矩，凡是用过了的废纸，譬如写过字的纸，也要如数将它交到龙亭造纸作坊，再由作坊纸工将其用石灰漂白，然后捣浆，入抄纸槽重新抄捞，老百姓把这种纸称作"还魂纸"。实际上这也就是我们现在讲的"再生纸"。

有一日，龙亭大龙河月牙儿池纸坊一名年轻的抄纸徒弟，悄悄地将几张揭破了的纸片带回家去包饭菜、调味品。结果他拉肚子非常厉害，后来竟害了一场大病，瘦得没了人形。病愈之后，眼睛什么都看不见了。还有两个村民用学堂学生写过毛笔字的本子，扯下纸页擦屁股，结果两人同时得了严重痔疮，血流不止。龙亭的老人告诉年轻学生,废纸是掉了魂的纸,一定要把它的魂儿还原,这就是要重新去抄造,造出新的纸来,不然,你不给它还魂儿,它就要你的魂儿。

"乱用废纸,就会瞎眼、流血。"这是龙亭百姓代代相传的"醒世恒言"。

在龙亭古街的街东端,有一处在历史上专门抄造"还魂纸"的作坊,平日里人们都主动地将使用过了的废纸送到这里,无偿地交给工匠,加工后再造出新的纸张。

传说的特点及意义

蔡伦造出的植物纤维纸洁白光滑、便于书写、价格低廉,它逐渐替代了笨重的竹简和昂贵的丝织物缣帛,掀起了一场书写材料的革命。蔡伦的造纸术后来沿丝绸之路经过中亚、西欧,向整个世界传播,为世界文明的传承和发展做出了不可磨灭的贡献。

与蔡伦造纸术相伴相生的龙亭蔡伦造纸传说,经后人代代传颂,保留至今,成为优秀的民间文学作品。龙亭蔡伦造纸传说有六个显著特征:第一,它是一个传说群,体量大,我们现在收集到的就有三十三个造纸传说,以及与之相关的十五则家族传说,能够形成较大的视觉、听觉冲击力。第二,它的整体性和连贯性强,能较好地反映事物的本来面目和本质规律。龙亭蔡伦造纸传说从产生造纸意图到寻找造纸原料、实验造纸方法,再到经营和贸易,贯穿于整个造纸行业的始终。第三,该传说中的人物和事迹清晰。造纸术改进者蔡伦在龙亭实验造纸的事迹有据可考,石碑和地方志均有记载。第四,该传说的可信度强,龙亭的造纸遗迹及与之相关的众多地方风物,是认定蔡伦造纸传说的重要证据。第五,该传说具有极强的原生状态。传说中的技术环节与实际操作很接近甚至完全吻合。例如龙亭周边的阳庄河纸坊在揭分纸页时,就是将纸叠翻身,从底部揭分的。这个细节与传说"龙亭猪拱鸡鸪的传说"一致。第六,该传说流传时间长,历史底蕴深厚。在长达一千九百年的光阴里,龙亭蔡伦造纸传说代代演绎,口口相传。它的文学艺术性也很强,有悬念,有趣味。

龙亭蔡伦造纸传说是优秀的非物质文化遗产,具有重要的历史价值、文化价值和科学价值。

其历史价值在于,龙亭蔡伦造纸传说虽然属于文学的范畴,但是它有历史沿革,从一个侧面反映了历史的真实,描绘了公元 2 世纪初伟大的蔡伦造纸术在中国诞生。将史书、石碑资料的记载与传说故事相对照,我们会发现,二者之间有许多吻合与相似之处,因此这些传说有一定的历史价值,它为我们研究世界造纸的渊源,植物纤维纸的发祥地,以及造纸的历史发展提供了宝贵的资料。

其文化价值在于,龙亭蔡伦造纸传说故事量大,内容十分丰富广泛,这对纸文化的传播,无疑起着举足轻重的作用。在一千九百多年的历史长河当中,龙亭蔡伦造纸传说口口相传、连绵不断,而且深入人心、妇孺皆知、百讲不烦、百听不厌、百传不倦,这既说明了其传说有着很强的艺术魅力,也说明社会对这种民间文化的认可度是很高的。在汉水文化之中,蔡伦在龙亭造纸的民间文学内容占有光辉的一页,它是我们研究这一地域文化的重要资料。透过这些传说故事,我们也看到了先哲们勇于创造、吃苦耐劳、坚忍不拔的精神。因此,这些传说又是我们的一笔巨大的精神财富。

其科学价值在于,在龙亭蔡伦造纸传说中,科学的成分较多。几乎每种传说都谈到了实验、发明造纸的技术问题,它们很好地体现了先贤的智慧,警示了后世科学研究应持的正确态度。蔡伦发明的植物纤维纸,加快了人类文化传播的步伐。不夸张地讲,此举改变了人类历史的进程,世界文明又阔步前进了。而汉水上游的龙亭及周边地区,作为蔡伦发明造纸的实验基地之一,当之无愧地被写进了中国和世界科技发展史,成为世界纸文化的一块圣地。龙亭蔡伦造纸的传说中所反映出来的挫、捣、抄、焙,当今依然是造纸的基本技术环节。从这个意义上讲,它是我们研究古代造纸科学史的有益资料。这也是龙亭蔡伦造纸传说区别于其他民间文学的价值所在。

蔡 润

蔡伦第六十五代后人

蔡润（1935— ），男，陕西省汉中市洋县人，小学文化，蔡伦第六十五代孙，现居汉中市洋县龙亭镇杜村。蔡润早年曾在汉中市佛坪县从事乡镇文书等工作，目前是健在的蔡伦后代中年龄最长者。

采访手记

采访时间:2014 年 4 月 24 日、26 日
采访地点:陕西省汉中市洋县
受 访 人:蔡　润、蔡正虎
采 访 人:满鹏辉

2014 年 4 月,我们中国记忆项目中心的成员赴陕西省汉中市洋县寻访蔡伦造纸的故事。我们走访了蔡伦的六十五代孙蔡润、六十六代孙蔡正虎两位老人。

据他们说,蔡伦曾被封为龙亭侯,封地在今洋县龙亭镇一带。其间,他组织人民开垦荒地,推广造纸。龙亭县令王万科与蔡伦交好,就将其次子兴儿过继给蔡伦做养子,以延续蔡氏谱系,传承其造纸术。当地老百姓也将这段故事改编为皮影戏, 闲暇时在村中演出。

作为蔡伦后人,他们讲到蔡伦墓碑,还有清明对蔡伦的祭祀,因为蔡伦的巨大影响,当地很多不是蔡姓的人,也会在清明节跟他们一起祭祀蔡伦。而他们口中有关蔡伦造纸过程中发生的小故事,也特别生动有趣。

蔡润口述史

张弼衍 整理

我叫蔡润,生于1935年,小学文化程度,家住洋县龙亭镇杜村六组。1949年解放战争还没结束的时候,当地的学校解散了,我就没有继续上学。

蔡氏家族及墓碑

我十多岁起就跟着父辈去祈子山①扫墓,因为扫墓,我才开始了解到我们蔡家人与"纸圣"蔡伦的关系。祈子山的庙宇里供奉的是蔡伦和蔡兴以下十代的先祖牌位。庙里有两通碑,一通是蔡氏家族的谱系碑,上面有一代代蔡伦后人的名字;另一通是庙产碑,上面标注了墓园的土地和山林面积。新中国成立后,这些碑都已经找不到了。

祈子山里有二十二座蔡氏家族的坟墓,坟前的墓碑记载了蔡伦自杀以后,其子蔡兴为避

① 祈子山,又名凤翼山、金鸡山,俗称鸡子山,位于汉江南面,洋县县城东南方向十二千米处,海拔六百九十一米。

株连之祸，携带家眷，越过汉江，隐居于祈子山下，以耕织为生。到了隋唐时期，汉江发洪水，摧毁了汉江沿岸的房屋和土地。所以蔡伦的后人没法儿在那里居住了，他们一部分迁入汉江以北的白庙村，一部分流落在水系纵横的真符县①一带。

墓碑碑文上还记录了蔡兴是蔡伦的养子。蔡兴原本是当时本地县令最小的儿子，县令与龙亭侯蔡伦交好，就让蔡伦将他的小儿子收为养子。我这一族，实际上是蔡伦抱养之子的后代。

我曾经找到一通碑，现在立在蔡伦墓祠②的院子里。这通碑是关于家族传承的，碑文是："蔡氏居洋邑东者三处，东西二沟与我白庙村一里，当着实同宗也，乃皆出自龙亭侯蔡公伦之苗裔者。"

陕西洋县龙亭蔡伦墓祠（图片由段纪刚提供）

蔡伦轶事

蔡伦最大的成就是改进了造纸术。由于蔡伦在龙亭封侯,所以每年清明节前,龙亭地区不少人都会烧纸祭祀蔡伦。可是,最初蔡伦把纸造出来的时候,人们都不知道纸应该怎么用。造出的纸越积越多,没有销路,蔡伦因此苦恼不已,于是他使了一个计。

传说那是个六月天,天气炎热。蔡伦装死,睡倒过去。他在袖子里头搁上一块生肉,过了好一会儿,肉开始发臭生蛆,苍蝇闻见了,层层叠叠地往袖子里钻。蛆在袖子里蠕动,慢慢爬到手上来了。人们看到蔡伦手上都生蛆了,都以为他死了。他们觉得蔡伦造纸功劳最高,于是都给他烧纸。人们烧了几天纸,看到蔡伦又活过来了,感到惊讶不已,就认为烧纸能召唤灵魂,让人起死回生。很快,纸张大受欢迎,再也不愁销量了。更重要的是,给已故之人烧纸成为一个传统习俗,流传至今。

蔡正虎

蔡伦第六十六代后人

蔡正虎（1952— ），男，陕西省汉中市洋县人，高中学历，蔡伦第六十六代孙。现居汉中市洋县槐树关镇蔡河村，2012年退休，退休前为小学教师，长期从事山区教育和珍禽保护工作，退休后与其子共同开展鸟类保护工作。

采 访手记

采访时间：2014 年 4 月 24 日、26 日
采访地点：陕西省汉中市洋县
受 访 人：蔡　润、蔡正虎
采 访 人：满鹏辉

2014 年 4 月，我们中国记忆项目中心的成员赴陕西省汉中市洋县寻访蔡伦造纸的故事。我们走访了蔡伦的六十五代孙蔡润、六十六代孙蔡正虎两位老人。

据他们说，蔡伦曾被封为龙亭侯，封地在今洋县龙亭镇一带。其间，他组织人民开垦荒地，推广造纸。龙亭县令王万科与蔡伦交好，就将其次子兴儿过继给蔡伦做养子，以延续蔡氏谱系，传承其造纸术。当地老百姓也将这段故事改编为皮影戏，闲暇时在村中演出。

作为蔡伦后人，他们讲到蔡伦墓碑，还有清明对蔡伦的祭祀，因为蔡伦的巨大影响，当地很多不是蔡姓的人，也会在清明节跟他们一起祭祀蔡伦。而他们口中有关蔡伦造纸过程中发生的小故事，也特别生动有趣。

蔡正虎口述史

张弼衍 整理

我出生在 1952 年农历三月初一（公历 3 月 26 日）。1972 年高中毕业以后，就在我们村的小学做民办教师，之后转成公办教师，2012 年退休。

蔡伦后人及其墓碑

东汉时期，龙亭是蔡伦的封地，蔡伦被封为龙亭侯。当时的县令叫王万科，他有三个儿子，最小的叫王兴，县令把小儿子王兴过继给了蔡伦，更名为蔡兴。这样，蔡伦才有一代代的后人。

我所居住的蔡河村，又叫东蔡沟，周边有个西蔡沟，这两个地方的人全都姓蔡，都是蔡伦的后人。东蔡沟十七户人，西蔡沟三十户人，一共四十七户。东蔡沟的蔡家先人有弟兄五个，分了五门，发展到现在，已经有七十九口人了。

蔡伦墓祠设在洋县的龙亭镇。整个院子分为南北两部分，墓区居北,其南为蔡侯祠。蔡侯墓祠的中轴线由南而北依次为山门、拜殿、献殿、垂花门、蔡伦墓、明月池。蔡伦墓祠里有多通石碑,其中最有考究价值的一通是我的叔叔蔡润发现的。

"文化大革命"时期,我叔叔蔡润听说洋县的贯溪镇白鹤村有一个石碑,于是闻讯前往。那是一个涵洞,洞穴将近二十米,走到里面已经很黑很暗了。当时没有手电筒和打火机,他就一根一根地点燃火柴来照明。途中有一条很宽很深的水渠,他就踮着脚,手脚并用地从水渠边缘的缝隙里挪过去。等找到那块石碑时,他身上的衣服都被磨破了。他每前进一小步,就划一根火柴看看周围有啥,再用手摸一摸看是不是石碑。没有,进度就快一点,就这样摸呀摸,找呀找,找了大半天。终于,他摸到了一块光光的石头,于是停在那里,点燃火柴照过去,发现石碑上有个"蔡"字。这激发了他的兴趣,于是他就在那里,看了好一会儿,意识到这块石碑跟蔡家大有关系。

看完之后,他又慢慢挪出来,把大致的方位、石碑距涵洞洞口的距离估计了一下,然后在洞口插了一根树枝,兴致勃勃地赶回家找人帮忙。从那个地方到他龙亭的家里大概是五千米。回到家里,他找了几个人,大家伙儿一块儿扛着镢头、铁铲,回到那里开挖。挖开以后,翻出来一看,果然是一通石碑。他们把石碑正面朝上,又从附近的水渠里取来水,用草擦,用水浇,清楚地看到石碑上的文字是关于蔡家和蔡伦的。接着,这几个人便把这通碑抬回村里,之后就放在蔡润叔家里保存了。

大约在 1981 年,洋县翻修蔡伦墓祠,洋县文物博物馆的人向蔡润征了那通碑,就将此碑收藏在蔡伦墓祠里。由于年代久远,这通碑上的字已经有些模糊了。因担心石碑表面受雨水、日晒的侵蚀,人们给这通石碑罩上了玻璃罩。

在蔡伦墓祠一块大约十几平方米的墙壁上,有蔡伦制作造纸原料的全部流程。流程的第一步是:蔡伦发动人员到山上砍构树、剥树皮,把树皮捆好,再用扁担担回去或用肩扛回去。回去以后,像切菜一样用铡刀把构树皮切得很碎很碎,然后放入池子里用水浸泡。之后,再把构树皮拿出来放进石臼里捶打、冲洗,用碾子碾,用磨推,形成糨糊状的构穰,再放在水缸里闷上一段时间。最后,把构穰取出来,用切穰刀将它切成一筷子厚的碎穰,最后将这些切碎的构穰放到石臼里反复捣,从而形成造纸的纸浆。

陕西洋县龙亭蔡伦墓石碑(图片由西安市非遗保护中心提供)

蔡伦墓祠壁画(图片由西安市非遗保护中心提供)

祭拜蔡伦

　　我们这里祭拜近代祖先，一般是清明节的前三天。而祭拜蔡伦的日子，我们定在了清明节这一天。由于蔡家的后人住得很分散，有些甚至离龙亭很远，他们赶回来很不容易，所以，定在清明这一天集中上坟祭拜。大家根据路程远近，提早做准备，能赶上上坟时间就行。

　　那时候祭拜祖先，没有现代的这种仪式，就是人们聚在一起，你出点钱，他出点钱，买些香和纸烧一烧，买点炮放一放。"文化大革命"以后的很多年，蔡伦墓集体上坟祭拜的活动没有组织起来。到了 1993 年，洋县整修完蔡伦墓祠，曾在那里举行过一次比较大的庙会，自此我们又开始每年定期上坟了。

　　普通老百姓中也有不少人祭拜蔡伦。小时候，大人领着我去蔡伦墓的时候，我就发现，祭奠蔡伦的很多人不是我们姓蔡的。很多老婆婆、老爷爷领着孙子，拿着祭奠用的香、纸在蔡伦墓前烧香。近两年每逢蔡伦墓祠举行庙会，都有不少外姓人给蔡伦烧纸。游客参观蔡伦墓祠，也会情不自禁地买上祭祀的香和纸。2010 年，蔡伦墓祠举行了一次隆重的集体祭祀活动，凤凰卫视还进行了相关报道。

　　在祭拜先人方面，洋县有一个与其他县不同的习俗——烧钱挂纸，就是除了烧纸，还要在树上挂纸。挂纸的意思是，让别人都看见这家还有后人在为先人烧纸。这个习俗在洋县山南地区非常盛行。由于蔡伦造的纸韧性和强度比较好，即使它挂在树上遭风吹雨淋，也不会破损得很厉害，不像现在的纸脆弱得很。那时的纸能在树上挂很长时间，雨淋湿了，风一吹干，纸虽然变得皱了点儿，但破损很少。

蔡伦造纸的传说故事

龙亭蔡伦造纸的传说,我很小的时候就知道。我的父亲、村里的老人、学校的老师都给我讲过。听了他们的讲述,我才知道,蔡伦是在龙亭用构树皮和破麻布等原料造出了纸。

蔡伦造出的纸最早也是在龙亭周边传播和应用的。龙亭的婚丧嫁娶都要用到纸做的"礼簿"。市场上有商铺经销盐,当时没有塑料袋和纸箱,商铺老板就用纸包上盐出售给老百姓。纸张有一定的强度和韧性,用来包装盐既结实又便于携带,因此受到人们的欢迎。我小时候随父亲到街上买盐,买的其实是青海的青盐疙瘩,我记得当时盐店伙计就是用纸托住盐,放入斗里称重,再随手一包,我们付完钱就拿着回家了。之后,市场上开始卖散称白糖,也是用纸来称重和包装的。

龙亭造纸作坊中处理构树皮的工序(图片由段纪刚提供)

蔡伦造纸的传说故事，一代代流传，也不知道最初是哪一辈人讲的了。我印象比较深刻的一个传说讲的是：蔡伦曾经在龙亭的大龙河沿岸造纸。造纸用的构树皮剥下来之后要捆成一撮，泡在河边的一个大水坑里，用石头压住固定。有一年，大龙河河水暴涨，轰隆的水声风声不绝于耳，仿佛龙在咆哮。附近的水田旱地都被毁了，河边的柳树也被吹走了，而蔡伦那个泡树皮的大水坑却完好无损。人们纷纷议论这是真龙显灵，来庆祝蔡伦造纸成功的。

还有一个故事是说，蔡伦造纸的时候，要派人到山上砍构树皮，山坡上荆棘丛生，杂草肆虐，而且有蛇出没。那时候的人都穿草鞋，皮肤裸露，很容易遭蛇攻击。这里最毒的蛇是蝮蛇，一旦被它咬伤，就会有致命的危险。然而，当地的人似乎并不十分害怕，他们说只要用蔡伦造纸时浸泡构树皮的水，把蛇咬过的伤口冲洗几遍，然后敷上一点草药，就不会有大问题了。有一次，一个工人上山砍构树皮时，被蛇咬伤了，伤势很重，动弹不得，靠同伴背着下山。下山以后，同伴帮他用泡构树皮的水冲洗伤口，又叫来当地的草药大夫，抹上一种叫"一根箭"的草药，伤口不久就痊愈了。在医学不发达的时代，能用这种方法应对蛇咬伤，真是古人的智慧。

为了推广龙亭蔡伦造纸传说，我们洋县文工团先后编排了以蔡伦和蔡伦造纸为题材的快板、对口词①、眉户剧②、小合唱等艺术表演形式。前几年，洋县文化馆和洋县剧团还组织编排了蔡伦的皮影戏，并在洋县公演。

① 对口词，一种曲艺形式，由两人表演，一说一对。具有朗诵诗的一些特点：语速较快，衔接紧密，情绪激昂，配以大幅度的动作表演。

② 眉户剧，又称眉鄠，其方言发音为『迷糊』（又称『曲子戏』『弦子戏』）是陕西省主要的传统戏曲剧种之一。眉户起源于民间歌谣，曲调委婉动听，伴奏乐器以三弦为主，板胡海笛相辅。眉户盛行于关中，也流行于山西、河南、湖北、四川、甘肃和宁夏等部分地区。

宣纸制作技艺

"宣纸"一词最早见于唐代画家张彦远的《历代名画记》:"好事者宜置宣纸百幅,用法蜡之,以备摹写……"宣纸以青檀皮和沙田稻草为原料,按不同比例混合,添加纸药(猕猴桃藤汁)抄制成不同品种的纸,整个生产过程有一百多道工序。

宣纸生产历史悠久,有史料依据的传承关系可追溯到宋末元初。据《小岭曹氏族谱》载,宋末曹大三因避战乱,迁至泾县小岭,以制宣纸为业,世代相传。清末宣统年间,纸坊老板曹恒如赴日本考察,引入国外机械生产方法,这个时期是宣纸发展的高峰。其间,宣纸产地开始由小岭逐步向外发展,也开始向旁支和外姓传播。抗日战争爆发后,大部分国土沦陷,民不聊生,宣纸生产几乎全部停产。1951年,泾县人民政府派员到小岭筹措并恢复宣纸生产,1954年改名为公私合营泾县宣纸厂。以后,厂长负责制及至20世纪80年代的经理负责制成为主要经营模式。

2006年,宣纸制作技艺入选第一批国家级非物质文化遗产代表性项目名录。

邢春荣

国家级代表性传承人

邢春荣（1954—　），男，安徽省宣城市泾县人，国家级非物质文化遗产代表性项目宣纸制作技艺代表性传承人，全国造纸工业标准化技术委员会文化、办公用纸和纸板分技术委员会委员。

邢春荣十九岁通过社会招工进入宣纸厂，师从宣纸主要传承人曹氏族人曹一本、曹礼仁。从1973年10月开始，一直从事晒纸工作。1987年9月开始担任三二厂副厂长，从事技术管理工作，其间，深入一线学习，是少有的全面了解宣纸所有制作环节的人。他是宣纸古法生产的主要倡导者与实施者。他晒制的红星牌净皮四尺单于1979年、1984年、1989年三次获国家质量金奖；研制的千禧宣，在2000年作为最大的手工纸创造了吉尼斯世界纪录。作为主要撰稿人之一，他参与起草了宣纸国家标准。

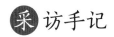采访手记

采访时间:2014 年 5 月 31 日
采访地点:安徽省宣城市泾县红星美术馆
受 访 人:邢春荣
采 访 人:范瑞婷

　　初见邢老师觉得他威严又朴实。威严应该来自他多年的管理工作经历,而朴实则是他在一线工作岗位近二十年,至今没有脱离具体工艺,是少有的对宣纸制造整个工艺流程熟悉的人。

　　邢老师在宣纸行业工作四十多年,从年少时一直坚持到现在,同整个工厂一起发展、成长。很多人是走上了领导岗位疏远了业务,他则相反,走上了管理岗位之后,由于职责所在,反而不断学习、了解宣纸制造整个的工艺流程及各自特点,在管理岗位上反而是他在工艺方面成长进步飞快的一段时间。

　　他说传统手工技艺都是相通的,师傅教是一部分,关键还得自己去观察、去思考,这样才能真正掌握好一门技艺。

邢春荣口述史

范瑞婷 整理

我是 1954 年出生的,1973 年 11 月进入安徽泾县宣纸厂。那时候是社会招工,作为一个社会青年,能够被招到这么一个国有企业来,是非常幸运的一个事情。因为那时候招工是有指标的,不是所有人都能进厂,所以你能招得上,作为当时来说,属于比较幸运的,当时我非常高兴能够到这里。虽然我是出生在泾县,也成长在泾县,但是那时候根本就不知道什么叫宣纸。那是 20 世纪 70 年代初期,生活条件还比较苦,整个国家的生活水平都不是很高,也谈不上什么文化艺术这一类的东西,所以当时对宣纸这两个字,非常陌生。进到厂里以后才渐渐知道,噢,这就叫宣纸,感到很好奇。

进入宣纸厂,初识造纸之苦

那时候我们整个泾县招工是分两批。因为泾县有两个大镇,一个是榔桥镇,一个是茂林镇,县委、县政府当时决定,宣纸厂招工到这两个镇招。我们是榔桥镇,属于东乡,茂林镇属于西乡,我们一道来的有很多人,每个镇大概一次性来的有二十多人。一次招的人,有男的,也有女的,我们当时到厂大都是十几岁,我当时是十九岁,不算是最大,但是也不算小。

我们进来以后就从事原料生产,就是燎草①的加工。我们来的时候有一个五七原料厂,是家属工组织起来的,专门为宣纸生产加工原料的。所以我们一来以后,就安排到这里面做原料。当时分配给我的一个师傅,叫曹一本,是小岭曹家人,我就跟着他学。说心里话当时刚到这个厂里面,有一种比较新鲜的感觉,也不知道什么叫宣纸,怎么就把宣纸做出来了,又为什么稻草会变成宣纸。

① 宣纸的原料之一是沙田稻草,稻草需进行草坯加工,然后经过抖草坯、端料、蒸煮、摊晒等十几道工序后形成燎草,才能做纸浆用。

但是当我从事原料生产,跟师傅一道工作一段时间以后,感觉到非常非常辛苦。因为这个工作,确实非常枯燥,每天都是跟石灰打交道,跟稻草打交道。我们来的时候还不像现在,现在由于规模大了,产量高了,很多东西在企业里面不做了,就把这一部分摆到农民那去做,像青草制作这一块,直接让农民加工,然后把加工以后的东西拿到厂里面来。原来我们刚到厂里面来的时候,草坯还是在厂里加工,所以我们一进厂就做草坯,每天把草拿来以后把枯叶去掉,然后扎成小把;还有一个工序就是用碓,那时候是人工踩,用碓把草的结破开。因为稻草在加工过程中要用水泡,水泡过以后要石灰腌制,那个草不是有结嘛,这个结如果不打开的话,在浸泡过程中,一个是水浸不进去,第二个在石灰腌制过程中,石灰也进不去,这样就达不到石灰腌制的效果。所以这个工作,先是要把稻草扎成小把,然后人工踩碓要破结,每天就是重复着这个工作。

而且在制作小把的过程中,你要扎多少把,做成多少捆草,它是有规定的。你每天上班就要做这么多事情,如果你做不完,等于今天的工作量没完成;而且扎那个小把,它还是有要求的,一个是要多大的把子,另外一个在扎把子的过程中,要求把子打成小捆的时候,不能打死结,必须是活结。为什么要活结?就是在浆草过程中,不是用

扎草把

石灰腌制嘛,过去腌制是用一个很长的耙钩,把草钩上来,钩到这个桶里面,桶里面装着石灰,然后用水浸泡以后,就化成了石灰水。每一把草都要拿到这里面来,叫浆草;如果你那个结打死,你在浆的过程中那个草就打不开,你不能每一把草,都用人去解开,那是不符合规程的。所以正好钩子从水里把它钩上来,摆在桶里面,然后用钩子一挑,它这个结就自然开了。

这个活结怎么打呢?我们当时在做活结的时候,两个腿一夹,然后手拿着草顺过来以后,用大拇指头往里面一挤,每天就这么挤。那时候我们十几岁,刚从学校出来,(手)基本上都很嫩的,大家都来自集镇,不是农村来的,没有干过什么重的苦力,像那个草天天就用大拇指这么做,结果做得大拇指全部流血。到了晚上,都要用白的胶布缠起来,第二天解开又来干,就这么重复地做。

这其实是师傅给你过的第一关。每天必须要重复这么做,做熟练了就好了。一个是后面做熟练了,一个是做长了以后,你这个手已经起老茧了,那就无所谓了。当时一起来的人,都是分到这个车间来,先做这个工作。因为这在整个原料加工过程中,是比较简单的一个工作,也是起步的工作,是做原料开头的一个工序,你做学徒首先要从头做起。

这个工作很多人就受不了,因为这个很苦,没有一定的毅力不行。像我们家里比较苦,那时候我父母都是当老师的,工资水平也不是很高,孩子又太多,在家里生活也是比较辛苦的。有的属于能够吃苦的,再一个家庭环境稍微苦一点的,他回去怎么办呢?很多家庭条件好一点的,干了以后感觉太累了受不了,也就慢慢地被淘汰了。但还有一部分坚持下来了,像我们都属于坚持下来的,一直跟着师傅做。

所以我开始说,能够被招进这个国有企业,应该说还是比较幸运的,不是所有人都能被招工,那时候找工作非常难的,特别是到一个国有企业来更难。所以那时候,虽然淘汰了一部分人,但是我们坚持下来了。

传统工艺,就是要你自己去学去悟

你把这个工作学到一定程度了,做熟练了,要换一个其他岗位,比如说这个做好了就让你去学浆草。像浆草这一类的工作,刚开始要师傅做,徒弟做不来的。因为那个草浆好了以后码起来,它都有一定的规矩,非常漂亮的。过去做草非常讲究,几十捆甚至几百捆草做起来,码在那个地方很高很齐,都不是用手去码,就是用弯钩一钩,钩过来放上去,最后排成那样。老师傅操作有一定的技

装锅蒸煮

艺,像我们学徒一来根本挨不上你做。浆草以后就是装锅蒸煮。

　　装锅的时候,必须按照顺序来,要一层一层地装,而且路子还不能摆乱。顺序如果摆乱的话,最后出锅的时候就没办法出。按照规则摆起来以后,它有两个非常重要的作用:一个是按顺序摆,把汽路①摆出来,如果汽路不摆出来,汽上不来。汽上不来会出现什么问题,有的地方上汽了,有的地方没上汽,那么上汽的地方熟了,不上汽的地方就生锅,这样就造成原料的品质不一样。第二个,你不找出最后一棵草摆的那个位置的话,就找不到它的路子,如果在其他地方用钩子,硬去找一块出来的话,那所有的草出来都是乱的。因为出锅的时候,不是人站在里面,那里面温度很高,人站在里面受不了,他就是用一个叉子在上面,按照顺序那么叉下去、挑上来。如果搞乱了的话,你怎么把它挑出来? 所以这个是要求。你在做的过程中,师傅会教你怎么做。

　　当然师傅教你是一个方面,还有一个非常重要的因素,就是要靠自己去悟。你在做事的过程中,你要去想师傅教你这么做,为什么要这么做, 这么做有什么利有什么弊, 如果不这么做又会怎么样,你做好了会是什么结果? 你自己要去想。所以为什么有些人学工艺学得快一点,有些人学得就慢一点,也不是说你的智商高低。传统工艺它讲究的就是口传心授,它没有什么规定得很死的模式,反正师傅教你这么做,你就按照师傅教你的,自己去做去想。我参加非遗工作很多年了,我看也不光是宣纸,传统工艺都是这样,因为传统工艺都是完全凭手工,就是要你自己去想去悟。

　　出锅后是挑草,就是把煮好的草往山上挑。那时候我们十几岁,很瘦,不像现在这么胖。那是很大的一个锅,一锅草出锅,大概三千五百斤左右,每天出锅以后,我们四个工人挑上山,摊开,就这个工作。几千斤,我们就四个人,用那个篓子把它挑上去。那时候像我们都属于那一种人家不愿意带你挑的,因为体力强的挑得就快,身体弱的、能力弱的,人家一家伙挑一百多

①汽路,蒸汽往上走的路径。

斤,你挑个五六十斤、七八十斤,谁愿意带你挑!那怎么办?你既然从事这个工作,你为了要坚持下来,怎么办?还是有些人带你挑的,那人家挑上去,下来休息了,你怎么办?继续挑,不休息,多跑两趟,因为你挑得比别人少。我们在这个过程当中,不像别人做得那样好,但是应该说属于能吃苦的那一种,师傅对你感觉不错,同事们对你印象也还比较好。因为什么?别人休息了,你继续挑着,人家心里也知道,师傅也看得出来。你体力怎么样不说,但你能吃苦,就是这样慢慢坚持下来的。

挑草摊晒

进了焙笼,选择了火热的生活,一干十五年

我们做了大概八九个月,然后工厂里面捞纸、晒纸工缺人,就到原料车间来选,选比较优秀一点的到里面去,结果一选就给我们选上了。到了厂里面,因为是招捞纸、晒纸工,在这两个工种里面征求你意见,你是愿意捞纸,还是愿意晒纸。当时为什么选择晒纸呢?我们刚到厂里时,条件很差,白天我们在外面做原料,晚上大家住到厂里一个集体的大会堂里面。晚上没地方去,那时候不像现在,娱乐条件方方面面都比较丰富,还有什么打牌之类的,20 世纪 70

年代那时候哪有这些。那晚上干吗呢？因为那时候刚到厂里面来，我也不知道怎么造纸，也很好奇，晚上就到焙笼里面，正好冬天在焙笼里面也能取取暖，顺便看看怎么晒纸，所以晚上经常就在焙笼里面跟师傅们在一起。一个是看，一个是在里面取取暖，再一个没事就给他们帮帮忙，我们行话叫点角。点角是晒纸的一个步骤，就是用指头点一张纸。牵纸不是把一张张纸牵起来嘛，那么一大堆你怎么牵呢，就是先把纸的角点起来。你看现在有些师傅，指头往那个拐上一搭，一张纸就起来了，他们的技术到了这种程度，很省时间，你扒到上面去吹去搞，那不耽误时间嘛，真正熟练的师傅，手一搭上去就出来一张纸。我们在焙笼里天天也没事，师傅让帮着点角，等于就是玩嘛，充其量也就是点得起来和点不起来而已，天天去就跟他们晒纸的人搞熟了。

这样一部分人分到捞纸车间，一部分人分到晒纸车间。我们就到了晒纸那边，晒纸一干就是十五年。我大概是 1974 年 10 月份左右到厂里面来晒纸的。我们晒纸车间的师傅，跟原料车间的师傅还不一样，原料车间的师傅，一个人要带几个徒弟，但晒纸车间，一个师傅就带一个徒弟。我们过去晒纸讲焙笼，一个焙笼就是一个师傅带一个徒弟，或者是一个大师傅、一个二师傅带一个徒弟，是这么一个形式。到了晒纸车间以后，就跟师傅学徒。我的师傅叫曹礼仁，也是小岭曹家的，当时他是晒纸工段的工段长，他很严格、很厉害的。那时候师傅对徒弟要求都比较严，现在也是，但是现在相对来讲，徒弟没我们那时候那么听话。

我们这个工作一般是，学徒要学一年，捞纸、晒纸都一样，学一年才能自己单独干。在师傅的严厉教育下，我记得我大概学了八个月，就能自己独立干了。原因也是我前面说的，那时候没事就在里面帮忙，也好奇地问问晒纸为什么要这么晒，牵纸怎么牵，有些师傅也给你说说，所以相对来讲，我们就比别人一次没见过的学得要快一点。

既然从事了这个行业，都想做得比别人好。那时候晒纸里面有一句话,就是评价你这个人手艺好不好,叫"四五六一把抓,棉连带扎花"。这是什么意思呢?"四五六"是纸的规格,就是四尺的、五尺的、六尺的,那时候常规品种大概就是四五六,最大的就是六尺,难度最大的也就是六尺,现在品种多多了。"棉连带扎花"是什么概念,宣纸品种里面,棉连扎花是最薄的一个品种,你想啊那个纸是湿的那么薄,你用手把它牵下来,而且再把它贴到焙笼上去,没有一定的手艺是有难度的。所以在这个车间里面,评价你这个人手艺是好是坏,就是说"四五六一把抓,棉连带扎花",是不是这些品种你都会弄,都会晒,晒得好不好。

光晒得好还不行,那时候还讲究成品率。就是晒纸,晒一百张,至少成品率要达到百分之九十五以上,你要有九十五张成品,它有规定的。因为毕竟是手工嘛,允许你比如有百分之五或者是百分之八的废品率存在。捞纸也是一样,你就不能超过这个数,超过就说明你的手艺比别人差嘛。所以不管是"四五六一把抓,棉连带扎花",废品率还不能高,在这种范围之内,还有一个时间的限制。因为那时候每天两班,你早上起来如果时间太慢了,下一班要接班,人家不能再等你,到时候你要把这个地方交给别人,老占着不行,所以时间上还有要求。就是这么一个晒纸工,把这么几点完完全全做到,是要相当的水平的,那你基本上算一个

晒纸

比较成熟的晒纸工了。

我们前面一般的大纸是叫丈六宣。丈六宣也叫露皇宣，这是传统的一个名称，是一丈六的。2000年我们开发了一个传统手工造纸当中最大的宣纸，叫千禧宣，创造了吉尼斯世界纪录。它的具体尺寸大概是两米二乘六米三[①]。这个千禧宣是十几个人捞一张纸，六个人晒纸，跟传统的完全不一样。传统的做法是两个人捞纸，一个人就可以晒纸，一个人的话，一般最大的差不多也就是六尺。晒纸长一点没关系，再长一个人都能晒，但是那个千禧纸很高，一个人没那么高，底下必须有人接。

① 具体尺寸为 216.2cm × 629.1cm。
② 因为是沙土、石灰等材料，所以叫土培。

为了晒好纸，做一个讲究的焙笼

焙笼是我们晒纸当中非常重要的一个大的工具，就是晒纸用的火墙，现在叫土培[②]，这个是非常讲究的。一般地来说，那个墙的长度是九张四尺的纸。你在墙的这头，从第一张纸开始，把九张纸晒完，最开始晒的纸就干了，你就可以揭了，基本上是按照这种循环。收纸的时候，正常一般收七张，收完以后打个半折放到那个地方，然后再接着晒，因为后面晒的纸没有干；等把七张晒完，后面两张就干了，把这两张揭掉，揭掉以后再把这两张晒起来，开始的七张又干了，就是这么循环。

当然这个得根据温度，温度必须要符合这个循环的要求。用最传统的方式的时候，说句心里话，工人非常辛苦。当时是烧那个毛柴，一烧整个焙笼里面全是灰尘烟雾，人在里面简直没法待，生产环境非常差。然后慢慢开始烧煤，煤含有硫黄，灰尘也很重，而且它对人的体力有消耗，包括对人的健康都是有危害的。那个温度，一

237

旦烧起来以后，控制不了，所以有时候在里面人热得受不了，一旦温度烧不起来，接下去又没法晒干。所以现在我们把里面全部做了改造，改成蒸汽这一类的，这个就好了。一个是对环境的污染没有了，还有一个就是温度人工可以调节，可以根据生产的品种、厚薄的不同调节它的温度。如果纸厚一点，就把温度调高一点，如果纸薄了，就调低一点，这样也能节约能源，保护环境。环境一好，对工人的身心健康也有好处。所以现在基本大规模的生产，我们都改成这样了。

过去做土焙的材料，一个是砖，是专门制成的那种，比我们普通盖房子那种砖要大。它跟盖房子的砖还有个不同的地方，它里面的含沙量非常重，是用沙土做的，因为要求它传热，用黄泥做的那种砖传热慢；还有一个是石灰，这个石灰还不是说拿来就能用。我们一般是今年把石灰买回来，明年才能用，为什么呢？石灰买回来以后，用水把石灰渣洗掉；我们做成很多很多的石灰池，每隔一个月翻一下，把这个池子里面的，翻到另一个池子里面，再隔一个月再翻一下，就是这么循环地翻。最后那个石灰拿起来以后，就跟过去做糯米饼的那种粉一样很黏。另外我们在做土焙的过程中，会加一些草筋，就是在粉墙的过程中，加一种粗的纤维在里面，让纤维与纤维相互之间增加拉力，否则它粉上去干了以后，容易开那种小裂纹。加一点草筋在里面，然后不断地再翻，不断地再和，不断地把它再调匀，调到一定程度以后，感觉这个石灰确实很黏，这个时候再拿来粉焙。粉上去以后，把农村里面种的那个麻泡水，泡软了以后，在粉这个焙笼的过程中，先粉一层然后铺一层麻，重点一定要用麻把它焙一层，然后再粉，就是让麻在里面，相互之间起一种拉力。

然后在做的过程中，还要用那种铜铙磨。铜铙是我们过去专门磨焙用的，一个圆圆的纯铜的铜饼，一面有一个把手，另一面是平的，就是磨焙用的。需要人工不断地在上面磨，一个是把它磨平，增加焙面的平整度，还有一个就是进一步增加石灰相互之间的黏度，使它们更紧地黏在一起。铙焙是非常讲究的一道工序。我听我们师傅说,过去在铙培之前,会把你的铜铙用秤称一下,之后你再拿去用。然后你就每天那么磨,等师傅认为你这个培做好了,拿回来再称,就是看你这个铜铙折了没有,如果折了,说明你这个培面已经磨得不错,如果说这个铜铙称着什么样,拿回来还是这样,那说明你没有用劲去磨。

一条土培做成功以后,你去验收的时候,把耳朵贴在上面,用两个指头弹一下,你能感觉到一种铜的声音,那说明你这个培磨得已经到位了,磨到这种程度这个培的寿命就长,而且晒纸的时候,就能晒得时间长。过去的作坊很讲究的,你花这么多本钱做一套培,人家的晒一年,你的晒半年就没用了,不就增加了成本嘛,他算账算得很精细的。

所以这道工序非常非常讲究,过去做一条培,从开始做起到做培成功,大概要一个月。因为它是湿的,还要用微火慢慢烘,这里在烧,那里在用小火烘。因为你烘快了它会开裂,所以火候要掌握好;在磨的过程中什么时候该用劲,什么时候不该用劲,到了什么程度用力要大,都是非常讲究的。传统工艺有很多奇妙的东西,是别人看不懂的,不是从事这个行业,你根本不懂它是什么意思,我们做了这个行当,才知道这个确实是有很多奥妙。

接管三一二厂,开始搞管理

三年以后,我也当工段长了,也带徒弟了。因为我师傅退休,他们老的退休了,我们就接着上了,就这么一代一代往下传。晒纸这一块我带了八个徒弟,现在徒弟带的徒弟,徒弟的徒弟带的徒弟都很多了,我们这也好几代了。到1987年,我就从晒纸车间调出来了,那时候我在晒纸车间已经是车间主任。说句老实话,我们在车间,干得还是比较优秀的,领导也比较器重,所以班组长、工段长,就慢慢这么上来了。

我们总厂隔壁有一个三一二厂,三一二厂原来是三线厂①,那个时代备战备荒嘛,是专门备战用的发电厂。为什么叫三一二呢?三一二是三台十二万千瓦发电机组。它本身也不叫发电厂,就叫三一二厂。后来,1987年以后,慢慢地很多三线厂都撤了,他们也撤了,那这么大一个厂交给谁,地方上没有哪个厂能接收,正好我们这个厂就在附近。那时候宣纸也处于需要发展的时候,周围全是山也没有地方可以发展,反正就在附近大概六华里②,然后就交给我们了,我们接收了以后把它改造成了宣纸厂。

这个改造非常难,因为发电厂跟造纸厂,特别是传统造纸厂,没有一点共同的地方,所以所有的地方都要改造。要改造就要调人,我是其中之一,因为刚开始调人,首先要选择懂生产懂技术的一班人去做,开办一个新厂,没有技术力量怎么办。我是1987年9月份调到三一二厂的,当副厂长,专门负责生产技术这一块,所以等于那个地方是一张白纸,慢慢把它变成一个传统的宣纸厂。当时是两个槽三个槽,后来到五个槽六个槽,这样慢慢起步。

造纸一般用槽来形容,我们过去传统的作坊,就是以槽为单位,一个槽两个人,一个大师傅、一个二师傅,后来一直延续到现在。你这个厂多大规模,就是以多少个槽来衡量。槽就是一个池子,纸浆就摆在里面,宣纸每天生产出来的数量是多少,都是靠这个槽,所以一直延续到现在,都是以槽为单位,当然到财务还是以多少吨或者多少刀③来计算。我们泾县这一块,也有很多私人小作坊,有的也就一两个槽、四五个槽。

① 1964年至1980年,国家在属于三线地区的十三个省、自治区的中西部民『好人好马上三线』的时代号召下,来到这些地区,用血汗和生命建起了一千一百多个大中型工矿企业、科研单位等。投入巨资,几百万工人、干部、知识分子、解放军官兵和民工,在『备战备荒为人民』。

② 华里,长度单位,现在的一华里等于五百米。

③ 我国传统纸张计量单位,通常一百张纸为一刀。

应该说我整个技艺的提升,也就是从大厂到小厂(三一二厂),因为那边什么都没有,很多东西包括一个小小的工具,都要去制作,所以我对宣纸的全面了解,还是通过这个平台。我在那边待了十年,就是从一张白纸开始,把这个厂建起来,最后发展到年产量大概一二百吨,有三十几个槽,这么大的规模。

每个槽从捞纸的纸槽、剪纸的纸台,所有的很小的工具,都要安排、制作。从事管理工作,很多东西不熟肯定不行,因为你不是搞行政的,而是管生产技术的,你必须要了解生产技术的每个环节。像我们刚刚进去,确实也感到压力大,因为你就搞过原料,你就从事了晒纸,当然你在厂里面,也许旁通了一些其他工种,但毕竟自己没做过。所以作为我们生产一线的管理干部,每天要深入到一线自己去学去做,通过这个平台,我对宣纸技艺的掌握有了一个很大的提升。宣纸由于工艺流程众多且复杂,真正能够全面了解宣纸生产制作技艺的人不是很多。比如宣纸厂很多老工人,就是一个岗位就退休了,晒纸的晒一辈子纸,捞纸的捞一辈子纸,甚至做原料的就做一辈子,你把他喊出来做原料可以,你问他其他的,他不一定说得了。我们就是通过这个平台,全面地了解了宣纸的所有环节,不懂就要去问去学,因为不学不行。

特别是像宣纸这种产品,它的品质有很多无形的东西,凭肉眼看不到,而且在每个生产环节上,都可能出现问题。比如说一个捞纸工,他站在这里捞废品,你不懂看不出来;一个晒纸工在那晒纸他晒坏了,到底怎么晒坏的,哪个地方没到位,或者哪个刷路没套上,必须是内行去才看得出来。比如说晒纸,一张宣纸晒上去,刷路你就能看得出来,这个刷路是八字形的,刷子的刷路必须要套上,一旦套不上,那个纸就出毛病。套上就是有重叠,每一个地方都要刷到。还有牵纸,规定有三条线,如果那三条线不按照规则做的话,那个纸就要出毛病了。

在保证产品本质的基础上，
为改善工人环境积极创新

自我从事这个行业以来，已经四十多年了，厂里在创新方面做了不少工作。比如制浆这一块，原来我们的制浆是很古老、很传统的，还是用水冲击那个碓，用那种传统的机碓打，人一天到晚在那种繁杂的噪声当中操作，而且产量也很低，生产出来的纸浆，均匀度等都有局限性，完全依赖于工人的技术水平。像碓皮、切皮、洗料、踏料等，都受到一定的环境、工人的技术、设备好坏的局限。大概 20 世纪 80 年代，咱们国家科技部的专家到厂里面来看，我们专门做了一个制浆车间，把很多工种都集合在一起，比如洗漂机、打浆机，原来人工把纤维切断的传统做法，现在用打浆机，既能增加产量，又能提高质量，因为它打得均匀，这个就是技术改造对传统制作技艺所带来的好的一面。还有前面我们说的，焙笼的改造，也是非常好的，既节约能源，降低了工人的劳动强度，又美化了环境，提高了产品的品质。我们是传统工艺，在技术改造过程中首先有一个原则，就是一定要保证传统制作技艺的本质，保证这种品质的前提下，其他东西才可以改。因为我们的宣纸，主要是书法、绘画、装裱、高级档案等这些高级艺术用纸，本质一改就把它的用途也给改变了。

比如说焙笼的改造，或者机械设备的改造都有好处，没有对原来的工艺有损害的地方。所以无论怎么改，我们有个原则，就是要保证它最基本的传统的品质不能变，这是我们创新的前提。咱们创新的地儿，是减轻人们的负担，改善环境这一块，保证品质更多体现在保证原料，保证手工捞纸、晒纸这些方面。因为按道理说，我们燎皮燎草这一块，从劳动强度这个角度来说，应该把它改掉，但是到现在还没有改，也就是考虑到在整个工艺流程中，原料是至关重要的。如果原料做得好，产品品质就会相对好，当然其他的这些环节，也会出现问题，但毕竟对本质没有多少影响。产品的本质好坏

传统碓皮

传统切皮

传统洗料

传统踏料

还是取决于原料,比如说捞纸、晒纸、剪纸环节上出现问题,无非是出现一些瑕疵,或者出现一些纸病等,但是如果原料不好它本质就坏了。

所以如果把原料这一块一改的话,就把产品的品质变了,就不符合我们"非遗"的要求了,这种传统的东西就不存在了。因为千年寿纸不虫、不腐、不蛀,这些你要保证的,还有书法、绘画用纸的要求,你也要保证。

现在我们的消费主体,应该说是最顶尖的书法家、画家,还有一部分艺术印刷、高级档案这一类的,是高级艺术用纸。从过去到现在,其实这个定位一直没变,因为它整个成本也比较高。

我们的产量不是非常大。作为造纸厂一年年产量也就在七百吨纸左右,我们全县的宣纸,也就在一千吨纸左右。实际上从我们国家目前的市场需求来看,远远不止这个水平。我们还专门生产有一种书画纸,一个为初学者,就是刚刚起步学习书法、绘画这一类的人制作的纸,还有一部分人,就是对艺术要求不是很高的,他们可以借助书画纸,把宣纸替代掉。书画纸不能算宣纸。

宣纸，最终是青檀皮和沙田稻草

宣纸，现在国家标准把它定义得很清楚，它就是青檀皮和沙田稻草，不能掺杂任何其他的原料，如果掺杂了其他的原料，那都不能叫宣纸。还有一个必须是手工工艺，利用传统的制作方法和我们当地的山泉水，这是国家标准上面的定义。书画纸它的原料就不是这个，它是以河南、河北那边产的龙须草为原料，做法很简单，把龙须草浆板拿来以后用水一浸泡，用疏解机疏解就可以做纸了。

过去我们泾县属于宣州府，宣纸属于贡品，好的东西出来以后，首先要进贡给皇上，有笔墨纸砚等很多东西进贡。过去都是贡上去以后，叫皇帝给你赐个名嘛，皇帝在用的过程中，就问这个纸是哪里产的，说这是宣州府的，他就说一句，那就叫宣纸吧。历史上是这么传下来的，实际上也不是很清楚，就是这么传说。宣纸当时进贡到宫廷里面，也不是画画，它一开始就是糊窗子，因为北方是

青檀树

用纸糊窗子。宣纸的松紧度非常好,用水把它糊上去以后晾干,由于它的伸缩性很好,它变得非常平整。然后宫廷里面很多知情人说,这个白纸贴上面都是白的,画一点花呀草呀的在上面,是不是好看一点,后来就慢慢在上面画一点鸟、画一点花。在画的过程中就感觉,用宣纸画效果非常好,最后慢慢演变成了字画用纸。说我们国家的写意字画、花鸟画就是这么来的,当然这都是传说。

关于造纸还有一个有意思的传说。据说蔡伦带了一个徒弟,名字叫孔丹。蔡伦当时是朝廷一个做官的,孔丹从小没有父母,是一个叫花子。有一天在街上,蔡伦路过的时候,发现了这个要饭的孩子,因为过去做官的一般很看重面相,他一看就知道这个小孩子命很好,用我们现在的话说,这个小孩子智商应该很不错。或者还有其他说法,说这小孩跟他要饭,蔡伦跟他一交流,感觉这个小孩子不错,就把他带回去收养。

因为蔡伦是造纸(术)的发明人,所以孔丹就一直跟在蔡伦后面学造纸,蔡伦去世以后,孔丹为了纪念他的师傅,就想把师傅的像画下来,永久地保存。当时他们生产的所有纸,效果都不是很好,然后他就想自己研究一种纸出来,画他师傅的像。想造好纸首选的就是原料,所以他就到山区来寻找。据说他有一次渴了在河边找水喝,偶然地发现河沟里面倒了一棵青檀树,现在知道是青檀树,当时他也不一定晓得。这树倒在溪水里面,长年风吹雨打,加上水的冲刷,时间长了树都烂了。树皮什么的都没有了,只剩下像纤维一样的东西,在清水里面漂着。他感觉这个纤维非常不错,因为造纸的人,肯定对这个非常敏感,他就把这个纤维拿回来做成纸。实际上宣纸刚刚诞生的时候,最原始的做法,它没有草,就是纯皮。这就做成了宣纸,宣纸是千年寿纸,这个纸的寿命很长,就达到了把师傅的画像永久保存的效果。

宣纸最初就是纯皮,后来为什么又加草了?这是我的一种感悟:画我们国家这种大写意画,要求润墨性,过去用纯皮画画,那个墨跑得非常快,画家没有相当的功底,驾驭不了它。你不能说画家一诞生,就有那么好的功底。那怎么办?大家首先考虑的,要对这个载体进行研究,宣纸是书法绘画的重要载体,我们要从载体上来研究它,要使它跑墨不要快,但又不能没有润墨,没有润墨的话效果出不来。所以慢慢了解到,墨跑得非常快主要是纤维与纤维里面的空隙太多太大,墨上去了以后就乱跑,纤维组合里面的间隙,慢慢探索利用一些短纤维,把它补充进去,使之密度加大,这样跑墨不就慢了嘛,后来逐步地就变成檀皮、稻草这种组合。

与其他纸比较,宣纸的特点一个是纸寿千年,不蛀、不虫、不腐;再有一个,你把它揉成一个团,一打开仍然能平整,不是说看不出痕迹,但这种痕迹是软的。比如说如果是书画纸,你把它一揉,马上就是死折,但是宣纸一打开以后,你只要稍微摆一段时间,它就能还原,这就是它有优势的地方;还有很重要的一点是它的润墨性、抗老化等方面,都比别的纸要好。

宣纸现在分三大类:一个是特种净皮类,一个是净皮类,还有个棉料类。生宣这一块,就是这三大类。熟宣是把生宣拿去加工,加不同的原料在里面,这个应该就不能含在宣纸这个层面了,这是按照原料的比重来分的。还有按规格分的,这就更多了,大的小的,四尺的、五尺的、六尺的,丈二、丈六、丈八现在都有,根据市场的需求,可以制作很多不同的规格。还有一个就是按照帘纹来分,帘子的纹路,比如说单丝路、双丝路、罗纹、龟纹,等等;还有一个按照厚薄来分,有棉连、重单,有四尺单,还有扎花,扎花就是前面说的特别薄的那一种。

计划经济时期纸的品种单调得很,也就几十个品种,市场化以后品种就多了,现在我们已经有几百个品种了,特别是不同的规格。我们作为企业,必须要适应市场,不同客户有不同的需求,要什么你就要生产什么;再说现在人们的创新意识又很强,画画也是一样,今天画这样的画,明天要画那样的画,对纸的各种要求都不是一样的。因此这几年,品种增长的速度也非常快。

我们对日本出口的这块量也很大。计划经济时期我们不知道，当时都是由我们省外贸来做，企业没有权利自己做主。市场经济以后，企业有了出口权，所以我们自己出口到日本、东南亚。实际上我们出口的量，应该是日本比重要大一点，20 世纪 90 年代初期，我们的总产量大概百分之六十要到日本，那时候他们的需求量比国内要大。后来随着国内文化产业的发展，应该说近几年国内的需求量在不断增大，日本这块需求反而在减少。

我们这边有人去日本考察过，他们也有这种传统的手工造纸，但是大部分都是年纪很大的，六七十岁的人在做，而且量也不是很大，也都是小作坊。再一个日本用的原料，跟我们这边也不一样。我们的宣纸在日本基本上属于高端艺术用纸，他们自己做的纸，品质只能说跟我们的书画纸差不多。

剪纸的先生捞纸的匠，晒纸的叫花子不像样

在捞纸车间，过去传统的做法是放一个桶，里面装一桶热水，冬天捞纸的时候，手长时间在冷水里面，一般捞一下要在这里蘸一下，焐一下手，叫焐水盆，专门有人不停地换这个桶里面的水。现在也这样。实际上这个也在改造，我们有设想要装一些中央空调，但有些环境不允许，比如晒纸。

晒纸不能吹电风扇，因为晒纸不能有风，很薄的一张纸，风一吹纸就飘起来了，刷子一刷就把它刷破了，所以不允许这个东西；再一个它本身需要有温度，不能装空调，降到一定温度怎么晒纸，烘不干了，所以有的东西改不了。另外，像捞纸车间，冬天可以装空调、装暖气，但是捞纸还有一个环节不行，我们需要用猕猴桃藤汁做药汁，那个槽里面的温度高了，药就自然散发了，所以捞纸的大环境温度还不能太高，只能保证工人在里面不冷。捞纸有一个好

处,它是群体性的,真的要到冬天,每一个槽有两个热水桶,人本身也有一个热量,真要大家全部做起来了,里面温度感觉还不是像外面那样太冷。所以现在他们也正在考虑,比如说,装一个小暖气片这一类的东西。但从我们技艺要求的角度来说,那里面的温度还不能太高。

过去我们这不叫什么厂,过去叫纸棚,纸棚里面很苦。师傅们传下来说,过去的纸棚里面没有女的,全是男的。过去男的都不穿衣服,纸棚里面那些破袋子,往腰上一系,就在纸棚里面做事,因为到处都是水,所以纸棚里面没有女的,全是男的。

过去确实条件很苦,他们还编了一个顺口溜:"剪纸的是先生捞纸的是匠,晒纸的是叫花子不像样。"因为晒纸的热嘛,打个赤膊穿个裤头子,待在哪里就往哪里一蹲,蹲在地上就吃饭,像个叫花子;捞纸的是匠人,过去讲匠人就是做手艺的,这个产品好坏,纸浆变成了纸,就是匠人做出来的。剪纸的为什么是先生呢?剪纸的要记账,你捞纸捞多少,到晒纸变成了多少成品,全部有一个记账簿要记。现在还是有一个记账簿叫成品簿,成品簿主要起什么作用呢?就是捞纸捞了多少成品,比如说捞纸捞了五百张,最后除了捞纸的废品、晒纸的废品,变成四百张,那这四百张就是你的成品数。过去是剪纸的先生帮着记,一算拿多少钱,东家就按照剪纸的登记数给钱了,所以叫剪纸的是先生。现在不是这样,现在专门有会计算账,最后到月底的时候,会计来把这个本子全部收走。现在我们基本上是一个槽一个组合,两个捞纸、两个晒纸、一个剪纸,这个槽的产量就是这五个人的,多了少了都是五个人做的。

我记得有一首诗,是形容当时造纸作坊的,它写的是:"山里人家底事忙,纷纷运石垒新墙。沿溪纸碓无停息,一片春声撼夕阳。"这一首诗就是形容当时这种作坊的繁忙景象。

捞纸

有两把刷子，一刀纸

造纸的独特工具，除了我前面讲的焙笼以外，还有一个重要的就是捞纸的纸帘。纸帘应该是 20 世纪 80 年代，我们厂开始自己生产的，原来有作坊，是专门制帘子的。做帘子的原料也很讲究，一个是苦竹①，苦竹需要先蒸煮，煮了以后抽丝，就是把它抽成一根根的丝，每根丝拉出来以后粗细要一样，还都是圆的。必须要所有的丝粗细一样，否则帘子编起来不平整，捞出纸来就会出现纸面不平整。帘子对捞纸来说，是非常重要的一个工具，应该说它就是一个纸模。打帘子过去也分得很细，它里面有抽丝的，有编帘的，有漆帘的。帘子上面黑的颜色，是一种漆叫土漆，就是天然的大漆，从树上割下来的那种，一般人接触到皮

①苦竹，为禾本科、大明竹属植物。竿高三至五米，粗三至四厘米不等，直立，竿散生或丛生，圆筒形。该植物的嫩叶、嫩苗、根茎等均可供药用，具有清热、解毒、清痰等功效。

肤会发痒。这应该也属于传统的制作工艺,我估计从造纸开始就有这种技术,无非是帘子规格大小不同而已。帘子算是我们自制的工具,一直以来都是这么传下来的。

宣纸这一块独特的工具很多,比如说晒纸的刷把,也是比较讲究的。看起来那个把子很简单,就是松毛做的,一般每年到秋季都要自己上山去选,选长得长一点的、比较好的,选了以后摆到家里面,不能烘干,要阴干,阴干了以后再做成刷把。那个刷把有一个刷筒,刷筒是用桐梓树的树干做的,因为桐梓树的中间是空的,就由木匠把它重新做一下,砌一个槽,把松毛理好以后,扎成一个小把、一个小把的,把它塞进去,最后变成刷把。

一般晒纸过程中,必须要具备两把刷把,过去人家说你这个人有本事,说你有两把刷子,就是从我们这延续下来的。晒纸必须要有两把刷子,一把刷子毛稍微短一点,一把刷子毛稍微长一点。因为在晒纸过程中,必须要用米汤,如果不用米汤,晒上去就掉下来了,所以每隔一段时间就要擦一遍米汤。米汤是有黏性的,特别是变了温度以后,所以米汤刷上去的过程中,头几排也就是开始晒的这几排,必须要轻,用那个长刷子刷,这样纸好揭下来;晒到一定程度以后,米汤越来越少,你要换成短刷子,短刷子用劲要大一点,纸晒上去就不会掉下来了。所以一般地说,晒纸必须具备两把刷子,一个短的,一个长的。

我们这还有一种叫猪鬃刷。猪鬃刷就是把猪鬃扎成一小把、一小把的,那个是洗帘子用的。捞纸不是有纸帘嘛,纸帘缝里面能看到纸浆,所以每天下班以后,必须要用猪鬃刷轻轻把帘子刷干净,把帘子上面黏的这些纤维洗掉,否则第二天再捞纸的话就有影响。因为猪鬃本身是动物毛,动物毛上面有一些油脂很光滑,这样对帘子没有伤害,如果用其他的毛把子,或者是塑料把子,这个帘子容易撑坏。

剪纸剪得好坏,关键是得有一把好剪刀,如果没有,你想把纸剪得那么齐、那么顺就很难。所以一般的剪纸工,他这把剪刀不轻易给你动的,每个剪纸工,对自己的剪刀都非常看重。这个剪刀也是特制的,是我们这个地方专有的,也算是非物质文化遗产,是传统手工做出来的。师傅剪了多少刀,从纸的边缘能很明显地看出来,这也是宣纸跟其他很多纸的区别,因此宣纸要用"刀"来做计量单位。

剪纸

宣纸的起源地,小岭十三坑

从我记事起就听说,包括到厂里后的了解,宣纸最初的起源应该是在小岭。过去都是每家每户的小作坊,小岭有十三坑,过去每个坑里面都造纸。实际上小岭这个地方,过去就是以造纸谋生的,因为那时候山区里面没什么田。山里面的坑就是山洼,我们当地人把它叫坑,整个造纸工艺在这里也是不断地起伏涨落。曾经我们这有一个新四军基地,震惊中外的皖南事变①就发生在泾县。周恩来他们都曾到这边来,也用过宣纸,但是那时

①皖南事变:1940年10月19日,蒋介石指使何应钦、白崇禧以国民党政府军事委员会正、副参谋总长名义致电八路军朱德、彭德怀和新四军叶挺、项英,强令在黄河以南的八路军、新四军于一个月内开赴黄河以北。1941年1月4日,皖南新四军军部直属部队九千余人,在叶挺、项英的率领下开始北移。当部队到达皖南泾县茂林地区时,遭到国民党七个师约八万人的突然袭击。新四军英勇抗击,终因众寡悬殊,大部分壮烈牺牲,军长叶挺被俘,副军长项英、参谋长周子昆遇难。

候打仗，纸的生产量在逐年缩小，再说那时候人们吃饭都很困难，还有多少人来用宣纸画画！所以新中国成立初期，很多小作坊都已经停掉了。

到 20 世纪 50 年代，据说是周恩来问到这个事，要买宣纸，要用宣纸，然后国务院办公厅就责成北京的荣宝斋去了解情况。他们的人到安徽通过省政府再到县政府了解情况，然后汇报，国务院确实有要求，要恢复宣纸生产。我们这个厂不是 1954 年建的嘛，实际上严格来讲，1951 年县政府下文，就把小岭原来的那些作坊、技艺人员分成了几块，叫联营处。小岭有，乌溪也有，甚至慈坑那也有。联营处就是把这些小作坊全部联合起来，由政府出面，把所有的工具、技术人员全部组织起来。因为不能再散着做，这里搞一块，那里搞一块，最后政府还是要把它集中到一起，最后选址，选到乌溪，就把小岭所有宣纸产业的技术人员全部集中到乌溪来。大家联合起来，就叫联营，然后慢慢变成了公私合营。那么，小岭怎么办？小岭当时叫小岭宣纸原料社，就是专门做原料供应乌溪。实际上一直到20 世纪 60 年代初期，才变为真正的安徽省泾县宣纸厂。

计划经济时期，政府叫你怎么做你就怎么做，计划经济以后，变成市场经济了，小岭自己也成立了一个厂，他们自己也造宣纸，原料也不给乌溪了，乌溪自己也做原料了。所以慢慢地小岭变成了红旗宣纸厂①，后来就是集体企业了。计划经济时期只生产，不卖纸，厂里面生产出来的纸，都给省外贸拿走了。计划经济时期所有的物资都调拨用，这样一直到市场经济时期，厂里面再恢复自主经营，自己再卖纸，一直延续到现在。其实现在泾县还是有不少造纸厂的，只不过大小不一，很多都是私人企业，真正的国有企业就是红星一家。

从市场发展需求的角度来看，因为宣纸属于一种地域性产品，只有这个地方才能生产，这个地方就这么一家，或者一两家，满足不了市场需求，所以

① 红旗宣纸，20 世纪 90 年代末，因企业改制破产，后成为红星宣纸厂的一部分。

从这个角度来讲,我认为厂家多一些还是有必要的。但是如果管理不善,大家无序竞争,比如说假冒伪劣啊,这些产品涌入市场,会导致市场混乱,对宣纸整个市场行业来说,又是不利的地方。无序竞争,不光是市场竞争,劳动力的竞争、原料的竞争都有。比如收原料的时候,互相打价格战,你说你五百元,我说我五百五十元,这样就出现问题了。还有产品出来了以后,弄虚作假、产品伪劣,甚至檀皮燎草外,掺杂其他原料在里面。有些东西,你不是内行不一定发现得了,纸里面的纤维,凭肉眼能看得出来吗?所以应该说厂多倒不怕,关键是要理顺,要管理有序。

在大环境的影响方面,大企业有大企业的优势。像红星,它现在是一个庞大的生产体系,比如原料它自己生产,就是品质我能控制。小厂不行,像我们的原料摊晒,那么大的石滩,一般的小作坊就一两个槽,能花这种代价做这个事?是做不了的,那只能花钱到人家厂里面买原料,买原料质量就控制不了。当然也不是说买的原料都是不好的,但是起码统一性和品质很难控制,这就是小厂的弱点。但小厂也有小厂的好处,船小好调头,比如说这个品种现在市场不行,我马上就可以不生产或停产,像国有企业调头很难,因为它太大了,人又多。所以大厂有大的优势,也有大的劣势,小的也一样,关键问题就是看怎么去把握,怎么去经营。

还有一个是水的问题。凡是属于造纸,应该说都有污染,无非是污染的程度高低。宣纸应该说污染程度相对造纸行业来说要小一点。因为它一个是量小,第二个也是更重要的一个,它以天然的东西为主,像漂白啊这些工序,都是依赖于日光,日晒雨淋,它不是依赖于化学物品,这样它相对来讲污染的程度比一般造纸厂要低得多,但是污染也还是有。我们工厂原来就有一个污水处理厂,最近改造了一个更大的。这个像大的企业可以做,小企业就做不到。做一个污水处理厂,不是一点资金就可以,想处理污水的话,肯定要做一套污水处理设施,把整个污水的处理设备都置齐,那投入的成本太大,不光是一次性投入,重要的是运行成本也大,你家里就一两个槽,你说你能做污水处理厂吗?

　　在工艺流程中，污水多的一个就是蒸煮这块，因为黑水重一点，还有纸浆洗涤，要把浆洗清。按照现在的环保要求，只要有污水都要处理，都不能往自然环境里面排，特别是现在国家对环保这一块要求很高，所以各级政府抓得都很紧。我个人始终是这么认为：污水处理应该说不是国家要求你的问题，是大家自觉自愿地要把这个事做好，因为环境不是哪一个人的，是大家的，所以我认为治理污染是大家的责任，每个人都应该尽心尽力去把它做好。

　　我们这边造纸所用的水质，一个是水的清洁度很高，还有一个是矿物质含量很低，如果矿物质含量太高的话，对纸的润墨度都会有影响。乌溪这一块有两股水，一股含微酸，一股含微碱。我们说碱性制浆、酸性造纸，这样两股水正好能够达到我们宣纸生产的这么一种效果。但是作为科学角度讲，我们没有正儿八经去检测过这个，到底是碱性重了好，或者是酸性重了好，反正没有通过科学检测，更多的是一种当地的说法。

成品宣纸

过去随便喊一声曹师傅，基本上都能答应

　　我20世纪70年代到厂里来，那时候随便喊一声曹师傅，基本

上都有人答应。当时厂里大概百分之八十以上都姓曹,所以随便喊一个人曹师傅,基本上错不了。现在随着国家用人招工体制的变化,曹师傅占的比重很小了。据说曹氏宣纸技术,是传男不传女,过去小岭那一块这种技艺比较神秘,外姓的人很少能够进去;再说那个小岭村,都是曹氏家族,这个产业就是那个村子里面发展起来的。当时政府设计工厂的时候,把这些姓曹的技艺人员,一下子全部调到乌溪来了。

传承这块,我们压力最大的就是年轻人不愿意做。特别是现在,一家就一个孩子,独生子女很多,传统制作技艺非常大的一个问题,就是苦、脏、累,每个工种都非常辛苦。我们做原料,捞纸、晒纸,包括剪纸,都非常辛苦,每天站在那个地方要八到十个小时,而且还要做事,不是光站到那个地方。现在生活水平越来越高,谁家都只有一个孩子,谁愿意把子女放到这里来做这个事?也不是说绝对没有,但大部分都不愿意。这是对传统制作技艺传承非常不利的一个地方。

我们泾县政府成立了一个技工学校,叫泾县职高,专门开了一个宣纸技艺班,第一批招了大概三十个人。结果第一批分到厂里面后,一年不到就剩下两个人了,从这个角度上说,这个技艺年轻人不大愿意做。后面基本上招不到人了,但是现在他们还在积极努力做这个事。我们还专门配合他们,写了宣纸教科书,现在国家教育部门正在审批,要把它列为专门教材。近几年,我们为了解决这个问题,一个是当地政府和企业,一直积极努力采取一些措施,首先从增加工资开始。像红星这一块,捞纸、晒纸,还有做原料,他们做得好的话,正常情况下一个月能拿到四千五百到五千元左右,当然高的还有,那是少数了,不能代表这个群体。这个工资水平,在我们整个泾县来说,算比较高了。泾县正常的工资水平,也不过在两千五百元左右。我们通过把工资水平提高,来吸引大家从事这个行业。另外一个就是制定一些倾斜的政策,像生产一线的,我们到夏季或者是到冬季,都给这些工种一些特殊的补贴,我们总共划了一线和二线,把这些辛苦一点的作为一线,很多补助政策或者营养品的发放,都倾向于一线工人。这样做的目的,一个是弥补他们辛苦付出的劳动,同时也是吸引外面的一些年轻人,能够到这来从事这个行业。

我们在创新改造过程中,为了他们的身体健康,很多工种也在不断地改,但是有些东西就很难,比如说燎草制作,改得不好就把它的本质改掉了,所以有些辛苦工作还是要做的。但是,企业一直在积极努力地做创新改造的工作。

比方说现在我们的划单槽①,原来是两个人手动划,现在我们厂里面规模化生产,基本上是用一个电机在做。这些做法都是在慢慢减轻工人的劳动强度,营造一个比较轻松的工作环境,希望有更多的年轻人来做这一行。

① 划单槽,用划槽耙杆将水槽中的纸浆搅拌均匀。

藏族造纸技艺

自唐代文成公主远嫁吐蕃,中原造纸术传入西藏,藏族人民就地取材,生产出了独具地方特色的藏纸。藏纸以瑞香狼毒草、沉香、山茱萸科的灯台树、杜鹃科的野茶花树为主要原料,制成各种不同用途和等级的藏纸。

据大量藏族历史资料记载,藏纸的制造工艺在西藏已有一千多年的历史,不仅在西藏地区全面推广,还传入印度、尼泊尔、不丹等国。藏纸具有耐腐、防蛀、防鼠、保存期长的特点。随着社会历史的发展,西藏造纸技艺形成了多种类共同发展的格局,有适用于馆藏文献使用的尼木县毒纸、印刷纸币和邮票的精品藏纸、加入金汁和银汁的《大藏经》用纸等。

2006年,藏族造纸技艺入选第一批国家级非物质文化遗产代表性项目名录。

藏纸

次仁多杰

国家级代表性传承人

次仁多杰（1951—　），男，西藏自治区拉萨市尼木县塔荣镇雪拉村人，国家级非物质文化遗产代表性项目藏族造纸技艺代表性传承人。

次仁多杰是家族造纸技艺的第三代继承人。1959年，八岁的次仁多杰开始跟随父亲学习藏纸制作。后期学过三年木匠，做了十三年的大队会计。1983年至今，一直在家一边务农，一边制作和传承造纸技艺。次仁多杰在长期跟随父亲学习造纸的过程中掌握了该项技艺，并在用途和花纹方面有自己的创新，可以制作五种不同用途的纸张，用于书写、绘画、包装、修补等，可以制作不同花纹的纸张五六种。

采 访手记

采访时间：2014 年 9 月 16 日
采访地点：西藏自治区拉萨市尼木县雪拉村
受 访 人：次仁多杰
采 访 人：满鹏辉

2014 年 9 月，我们中国记忆项目中心一行人，赴尼木县雪拉村拍摄藏族造纸技艺，路上限速，汽车缓慢地沿着 318 国道在山上爬行，雅鲁藏布江在旁边的山涧里奔腾，大家一路上被美景吸引，兴致很高，几次下车拍摄远处隐藏在云雾后面的雪山。

赶到雪拉村时已近中午，刷成白色土墙的传统藏式民居、阳光下金灿灿的白桦林与村外田地里忙碌的村民交织出一幅古老、宁静却又生机勃勃的藏族村庄的画面。进村不远就是次仁多杰老师家了，院子很大，角落里捞纸的池子很显眼。再往里走是一个晒粮食的小院子，正是丰收季节，刚刚收割回来的青稞铺了一地。采访地点选在次仁老师家二楼的小屋里，由自治区图书馆的老师做翻译，采访进行得很顺利，语言、文化和信仰的不同似乎并不成为沟通的障碍。

我们随后跟着次仁老师去山上挖藏纸的原材料——狼毒草，并且记录了造纸的整个过程。雪拉村的造纸在晒纸时采取的是"一帘一张"的方式，产量比较低，再加上制造藏纸的原材料近年来不断减少，以及社会环境变迁等因素，使得藏纸——这一我国造纸历史上的明珠，以及掌握这项技艺的传承人愈加珍贵。

次仁多杰口述史

我叫次仁多杰,是西藏拉萨塔荣镇雪拉村人。现在主要是做藏纸,也做一些家里的其他事情,比如给牲口喂饲料等农活。

藏纸发源于我们雪拉村

1959年民主改革[1]之前,我们雪拉村有三十六户人家做纸。因为没有土地,所以不得不通过造纸来养家糊口,过去就是为了填饱肚子去做这个事情。以前尼木县有个叫孟嘎宗[2]的,我们每年要给他供一卷纸纳税,纳税之后剩下的就可以自主经营。商人会从我们手里进纸,然后再卖掉,这些纸大部分是用于书写的,像一些学校啊,或者是公文写作,都会用到。

[1] 1959年3月,西藏地区发生叛乱以后,上层爱国人士和广大藏族群众不仅坚决反对叛乱活动,而且强烈要求中央人民政府平息叛乱并进行民主改革,实现彻底解放。西藏在民主改革中,制定的各项政策富有创造性和鲜明的地方特点。(参见许广智:《试论西藏地区的民主改革运动及其历史意义》,《西藏大学学报》(社会科学版)2011年第2期。)

[2] 孟嘎宗,原西藏噶厦地方政府设置,今西藏自治区尼木县孟嘎。1960年与麻江宗合并,改置尼木县。(参见戴均良等主编:《中国古今地名大词典(中册)》,上海辞书出版社2010年,第1012页。)原西藏地方政府下属一级地方行政机构名称,相当于县一级的区划单位。每一宗设宗本(县官)一至二人,僧俗并用,管理宗内的各项事务。(参见徐万邦、王齐国等主编:《民族知识辞典》,济南出版社1995年,第610页。)"宗"(rdzong),藏语音译,意为"寨落""城堡"等。

261

民主改革之后村里也有一些做纸的，大概还有十六户。之所以突然减少了，是因为民主改革的时候，个人都得到了土地，大家都分到了土地，就觉得造纸没多大意思了，所以就变少了。之后，20世纪70年代初建立了生产队，变成公有制了，那之后国家给的纸就变多了，藏纸逐渐变得没有多大用处了，所以就变得越来越少了。

藏纸大概有一千三百多年的历史，从松赞干布时期应该就有了，据说是从我们雪拉村发源的。在我们家，从祖上算下来，到我已经是第三代造纸的人了，是依靠父母的言传身教继承下来的。

有一段时间藏纸没有需求，我就当了木匠，做房梁、打茶桶、打油桶，然后卖到拉萨去。就这样，用这些收入，给家里买一些日用品，刚好收支平衡。然后我教儿子做木匠活，我也一起在做，有一段时间是这样度过的。

20世纪70年代初建生产队，到1983年实行家庭联产承包责任制，这十三年间，我一边干木匠活，一边还担任了生产队的会计。在这期间藏纸的需求也不是那么大，父母造一点点纸，用来做生产队的账簿，就是公家用的用来保存的大账簿。1983年联产承包责任制实行以后，我们就差不多专门造纸了。

以前的话，雪拉村有八十六户人家，现在差不多有一百四十户。以前的八十六户有三十六户在造纸，现在一百四十多户里面只剩下我们家还在造纸了。做纸，第一个条件是需要找一个纸张的销售渠道，第二还要找充足的原材料。以前造藏纸的时候，可以用纸屑来做，因为还有剩下的纸屑嘛，那时候西藏只有藏纸，可以循环用。可现在流通的全是其他的纸。

记得小的时候，有人来买父母造的纸，以前的钱都是那种银币，比如像雪阿钱①、章嘎钱②，到家里来了之后，都会把钱摆在桌子上。那时候

①雪阿钱，桑冈雪阿，币值为一两五钱的银质藏币。1936年西藏地方政府在扎什造币厂始铸，两年后停铸，1946年有少量的复铸。1959年8月10日，西藏自治区决定以人民币限期收兑「藏币」，「藏币」禁止使用。

②章嘎钱，曾经在藏区流通的一种银币。

我就想,我们挣了好多钱!一摞钱捧在手里沉甸甸的,他们会垒起很多摞银币来买纸。那时候我还是小孩,马上就会拿点钱买肉,这个记忆非常深刻,非常开心。

我们用狼毒草①根做纸

制作狼毒纸大概有这么些工序:采料、去茎叶、去芯、去表皮、撕条、煮料、捶打、打浆、浇造、日光晾干、揭纸。

首先是上山采原料。狼毒纸的原料是狼毒草的根茎。藏历二月是狼毒草的生长旺季,我们通常等到夏季、秋季,等到花已经谢了,我们把种子弄掉之后再挖草根。草根越粗壮越好,上面的叶子越茂密,根也就越粗,但现在很难挖到很粗壮的草根了,都被人挖走了。而这种草又很难找,所以现在原料越来越少,我们很担心这个。

① 狼毒草,在藏语中称为『阿交如交』,这是一种在藏区分布非常广泛的草本植物,它有着发达的根系,能够适应高原上干旱而寒冷的气候,每当草原因过度放牧而呈现衰败景象时,狼毒草就会如火如荼地生长。根系越发达的狼毒草,制作出来的纸张质量也越高,而根系越发达,其毒性也越大。

狼毒草

上山挖草

挖狼毒草

　　我们小时候跟大人一起上山,大人们采集原料的时候,没有特地让我们一起采,我们就去放牛,那时候就是牧童。去山上挖草根,天热的时候要忍受酷暑。如果使不上劲,或者拔的时候用力过猛的话还会摔倒,从山上往下搬的时候也特别费劲。一天大概能挖一百斤左右。

用狼毒草的根造纸

采集完了原料，从山上拿下来以后，先要把茎和叶去掉。然后去芯，去外皮。把狼毒草根放在石头上，用榔头砸软了，不仅要砸破表皮，还要砸破最里层的芯。狼毒草根有三层，最外层是黑褐色的粗皮，最里层是淡黄色的芯，中间才是造纸用的白色韧皮。芯如果不去掉的话，会影响纸的硬度和光滑度；表皮黑色部分如果不去掉的话，做出来的纸看上去不干净，而且粗糙，所以一定要剥干净，而且要很仔细。本来原料就少，能用的部分更少，不仔细的话，就剩不下什么了。

砸皮去芯

剥皮

撕
条

接下来,用手把剥出来的白色草根韧皮撕成均匀的条状,如果大小不一的话,煮的时候就会有的熟,有的不熟,有的很烂,有的很硬,就做不出好纸。

煮料

煮的时候要等水开了再把原料放进去,这样比较容易煮熟。至于煮多长时间,主要是根据经验,大概要煮两个来小时。中间可以拿出来捏一捏,不熟的话再放进去。

刷
水

然后把煮熟的草根条捞出来挤干水,根据纸张的数量捏成团,一张纸一个团,这个也是凭经验来捏的。纸张的成色可以根据煮出来水的颜色来判断。

把已经捏成团的煮熟的草根摊开,放在一块大石头上,石头表面先要刷上水,刷水的目的是避免材料黏到石头上。然后,一边蘸水一边用另外一块石头慢慢捶打这些煮熟了的草根。起初,会有一些黏在石头上,但是我们继续不断地加水,石头上黏的草根就会越来越少。开始要慢慢砸,然后力度可以不断增大。捶打成片之后卷起,再重复捶打,这样反复十次,材料会变得越来越细碎,最后变成纸糊。

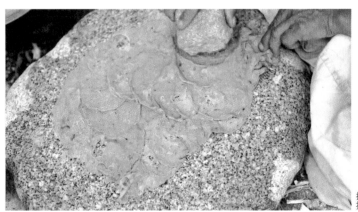

捶
打

将捶打成的纸糊放进桶里,加水,用一根搅拌棒不停地搅拌,最后就变成纸浆了,加多少水也要凭经验。搅拌得越多越均匀,做出来的纸就越细。

制浆

纸浆搅拌均匀之后就可以做纸了,这是决定纸张质量最关键的一步。①把纸帘模具平放在水池里,用水瓢从桶中取出适量的纸浆均匀浇到纸帘上,浇过纸浆之后还要洒一些清水在上面,让纸浆尽量均匀地分布在纸帘上。真正成纸的时候要屏住呼吸慢慢往上提纸帘,如果不这样的话,纸浆就会流动,纸张的厚度就会不均匀,成纸最关键的步骤就是这个。

最后就是晒纸和揭纸。在太阳底下把纸晒干后,用手在纸面上均匀地轻轻搓一搓,让纸和纸帘之间脱离开,然后从一角把整张纸慢慢揭下来。

整个过程中, 上山采集的这一步是很难的,其次就是剥皮与去芯这个环节,如果这一

① 中国的传统手工造纸有两种不同的造纸法:一是抄纸法造纸,二是浇纸法造纸。中东部地区一般用的是抄纸法;而藏地用的是浇纸法,这也是藏地造纸和中原地区造纸最大的不同之处。新疆维吾尔族的桑皮纸制作也是用浇纸法。两种制纸法都必须用一种叫「纸帘」的工具。

浇纸入模　　　　　　　　　　　　　　　　　抄纸

晾晒

步做不好的话,就造不出好纸。另外,困难的还有浇纸。从水里往上提的时候,如果不仔细的话,纸就会变得一边厚一边薄,就会不均匀,在手工制作过程中最困难的就这个了。

　　这一套工序之后,能生产出一张大纸。我们一张大纸的售价是九十元。像我们今天做的那么大的纸,一天只能做三四张。它有一定厚度,如果做得薄了的话,肯定就能做得多些了。

成纸

造纸的主要的工具是陶罐，如果没有陶罐，就不能很好地搅拌，因为其他器皿没有罐口，这是第一大要点。第二点就是，用来砸草根的石头，要又大又圆，一定要从玛江乡找来，那里的石头不用刻意去凿它，它自然地会形成小孔，这就是它的主要特点。然后是用来搅拌的木棒，还有成纸的纸帘。

为什么尼木的藏纸要用狼毒草作为原材料呢？详细的历史我说不上来。我们不用它弄的话，整个地区里面没有其他做纸的材料。如果看历史记载的话，有用荆棘做纸的，也有人说用荨麻草做纸的，这些都只是试验过的，不过没有成功。有些老一辈这么说过，但从我从事造纸以来，那些材料都造不出纸来，因为它们没有可以相互结合的纤维。要用荨麻造纸的话，它长不高，每次只能长一点点，所以它根本造不出纸来。我们也用布制作过纸，但是就会变得很粗糙。

一代一代地传承下去

雪拉村现在只有我们在做纸，主要原因就是我的爸爸跟叔叔。在他们两个还在世的时候，政府也开始逐渐关注西藏的传统物质文化，为了把做藏纸的手艺一代一代地传承下去，当时我就下了一个决心——是该做这个事情的时候了。那时候，父母也支持我干这个事。

其实，那个时候我没必要做藏纸，政府分给了我足够吃穿的土地，大概有二十二亩，直接务农也是可以的。但有时候还是需要这个藏纸，之前我也去国外卖过。后来越来越畅销，加上父母的教导，所以就开始做了。

其他人为什么不愿意做了，我说不准。也有人找过我，教他怎么做，比如山南吉东地区那边的人，我说可以教，但是需要向尼木县报告。虽然我教会他们做纸了，但后来有的人做纸了，有的人也没做下去。

在我的记忆中,父母也没有跟我说过谁在造纸。我的爷爷叫次久,他造纸,我爸爸和叔叔也在造,就这两代人了吧。然后到我就三代了呗。当时我一边跟父母干农活,一边学习造纸,父母在造纸的时候,我自己也好像学会了一样。跟那些亲戚一起造纸,好像耳濡目染了,所以并没有特地去学,我从二十三岁开始就专门做纸了。

在我学习这个技术之后,我的纸被拉萨档案馆采用,我很开心,很高兴,心中有了造纸的无限动力。当时,我跟档案馆签了合同,三个月,分三次送两千张纸,因为纸张薄,每张五块钱。这是1987年的事情,有了一点点收入,我感到很安心。因为有了一点收入,我就也想把这个事情教给其他的人。

要说不开心的事情呢,因为这个原材料是有毒的,所以没几个人敢去做,但是干了这个事情的人生活都变好了。我最着急的是什么呢,没有多少人愿意学。

让我最开心的是,国家给了我这个传承人的名号。因为我以前造纸的时候,没有受过这么大的重视,像中央还提名的这种是前所未有的,毕竟这也不是一个特别好的职业。像现在这样,受到重视,名气这么大,现在想起来还特别开心,感觉就像做梦一样。我时常

藏族造纸技艺代表性传承人次仁多杰

会反问自己,这究竟是为什么呢?我这么一个普通的农民子弟,有这么大的名气,又有这么好的名号,怎么会这样呢?

我儿子七岁上学,到二十五岁之前都没接触过这个技艺。儿子如今三十多岁了,现在他造的纸可以卖向各地,也做了许多创新。以前我们做的时候就是一种纸,现在差不多有八种纸了。他比我聪明,也有更多更好的人指导他,所以就进行了这些创新。我们现在做的厚度不同的纸就有四种,还有染色的纸,掺了牦牛毛的纸,没有去芯的纸,纹路交织的纸,还有专门做经书的纸,一共大概有五种颜色。这是以前没有做过的,历史上也从未做过。还有作为旅游纪念品的,中间夹着花的,实际上比八种还多。掺牦牛毛的纸特别受游客的喜爱,纸张的柔韧性很强,可以卷起来,因为有牦牛毛,所以显得特别结实。

也会有人来定做比较厚或者比较大的纸,这样的话,我们就得做新的模具。纸张的厚度是由他们定的,他们说是用来画画的。有些是为了给一些僧人做经书用,有些就是为了写字,或者做笔记本的封面,还有用于旅游销售的灯罩。

过去,一张纸卖五块钱的时候,从外面雇人做纸,每天要花十块钱,现在的话雇人差不多涨到七十块了,原材料价格也涨了,所以纸的售价也涨了。造纸之后的效益还不错,不仅够养家糊口,生活水平也提高了。我非常用心地教导我儿子,希望他一直做这一行,再加上我父母说他们以前就是这么生活的。但我儿子说这样做不好,对身体有害,儿子这么说了,我心里很不好受。我们老一辈虽然没什么问题,但是到我儿子这一代,因为大家吃的食物不一样,又因为没有纸屑,现在只能用毒草根来做纸,我担心毒性可能变大了。我让儿子去做了检查,幸好检查结果没有什么异常。

我们到尼木县城已经有四年了。我们之前造纸的地方住宿条件不好,尼木县政府就给我们租了一块地,一块将近四百平方米的地,虽然地不是给我们的,但是环境很好。我们得到了县政府很大的扶持,到尼木县之后住房条件改善了,生意也变好了。

楮皮纸制作技艺

楮皮纸历史悠久，是传统手工纸的重要品种。制造楮皮纸的原料是楮树的树皮，它含有非常适于造纸的木本韧皮纤维。陕西省西安市长安区兴隆乡北张村是楮皮纸的发源地，北张村人祖祖辈辈都是造纸户，这里至今仍保留着原始的楮皮纸制作技艺。

这项传统手工技艺据说是从汉朝流传下来的。唐代，陕西北张村造纸业兴盛发展；一直到清代，楮皮纸都是奏折和科举考试用纸。其中，白麻纸备受朝鲜和日本的喜爱。"文革"以前，北张村每家造纸作坊都供奉蔡伦像，村北门外以前有蔡伦庙，新中国成立初期拆掉了，每年清明节（也有说法是阴历十月一日）会举行盛大的蔡伦庙会。

2008年，楮皮纸制作技艺入选第二批国家级非物质文化遗产代表性项目名录。

张逢学

国家级代表性传承人

张逢学（1939——），男，陕西省西安市长安区兴隆乡北张村人，国家级非物质文化遗产代表性项目楮皮纸制作技艺代表性传承人。

北张村楮皮纸制作技艺有四个大步骤，分为七十二道小工序，其中最辛苦的要属供浆人。张逢学从九岁开始跟随家人学习楮皮纸制作技艺，从洗穰、制浆学起，熟练掌握了全套制作工艺，一生从事造纸事业不曾中断。2005年8月、2006年6月，先后参加在北京举行的华夏民族文化节。2006年应邀参加陕西省文化厅举办的『陕西省非物质文化遗产展示周』。2008年北京奥运会期间，在奥运会祥云小屋，为全世界的参观者现场演示楮皮纸制作过程。

采 访手记

采访时间:2014 年 4 月 29 日至 30 日
采访地点:陕西省西安市长安区张逢学楮皮纸制作技艺
　　　　　传习所
受 访 人:张逢学
采 访 人:顾亚平

　　北张村地处秦岭北麓,终南山脚下,沣河东岸,村外山中盛产楮树,为古法造纸提供了丰沛的原材料。"仓颉字,雷公碗。沣出纸,水漂帘。"这是流传在长安区北张村的一首歌谣,其中,"沣出纸"说的就是楮皮纸。我们中国记忆项目中心的工作人员,跟随西安市非遗中心王智老师来到张逢学老人的家庭造纸作坊拜访,家门口挂着"楮皮纸制作技艺传习所"的牌子。七十六岁的张逢学热情好客,精神矍铄,身穿对襟白布褂,脚踩圆口老头鞋,嗓门洪亮,思路清晰,嘴里"吧嗒"着烟袋锅,是典型的关中老汉形象。家中前院、后院随处可见造纸用的工具——踏碓、蒸锅、石捣子、纸槽,等等。

　　目前,张逢学老人已经将整套造纸技艺传给了儿子张建昌,老人的孙子张刚放学回家后,也会帮着一起造纸。一个普通的造纸之家,肩负着传承中国古老优秀传统技艺的重任,我们不禁肃然起敬。

张逢学口述史

满鹏辉 整理

冬天里抄纸，供浆人是很辛苦的

我哪年出生，这个说起来是个笑话，我有些记不住，只知道是属兔的①。从小咱家穷，我一天书都没有念过。祖上俺爷、太爷，还有俺爸弟兄五个都是造纸的。过去俺家有两豁②纸槽，俺爸、俺伯，还有俺五大③，包括我在内，我们家总共是四个人供浆。我跟着学，帮着打个下手。我从小就开始学造纸，九岁跟舵人④在河里学洗穰⑤、学荡槽⑥、学制浆⑦，十四岁才开始学捞纸，因为八九岁时，我还拿不起捞

① 儿子说他今年（2014）七十五岁。

② 豁，量词，陕西话「口」的意思。

③ 五大，指父亲的弟弟、五叔。

④ 舵人，陕西人常把父亲叫舵人，意思是家里掌舵的人。

⑤ 穰，又称化穰，是指在河水中反复漂洗，以去除穰上的石灰和其他杂质。一般用竹竿或布袋将穰串起，在水面上让河水不断冲刷。

⑥ 荡槽，指搅拌存放纸浆的池水，让池水激荡，以使穰绒浮出水面，将杂质淘出。

⑦ 制浆，指将切碎的穰放入水中，待纤维化开后，将其捣成浆糊状的纸浆。

纸的帘子、架子。

我十四岁在长安造纸厂参加工作，到十七岁，就当兵去了。1962 年，我从部队转业到陕北的一个农场工作，当时的说法是去"致富、操练、种庄稼"。由于那里生活太苦，每天吃麻油①，我就回来了，可在农业社里帮着造纸、制浆。农业社一塌火②，我就跟儿商量：咱一年种的粮食也不够吃，不如咱爷俩捞纸，你借爸的力气，爸也借你的力气，这样，我又把纸槽买回来，大概花了二十块钱。因为农业社时期集中造纸，把九十户人的纸槽都收到一起了，纸槽有四块石板，叫四叶瓦槽。就这样，我家才一直造纸到现在。

咱北张村③现在有三千八百多户人，分为四个大队。过去的时候，咱北张村大概百分之七十的家庭都会造纸，这个原因是啥呢？北张村土地少、人口多，土地养不活人，就靠造纸来养活人，家里如果造纸的话，就能搞得④养活住人。一家看一家样子呢，就是村里有些人家不会造纸，也可以跟隔壁家学嘛，这样造纸的人就越来越多。俺家完全依靠造纸，从我记事开始，俺家就一直在造纸，到现在从来都没有停过。

我认为长安北张村就是造纸术的发源地，这个话从哪来的呢？我以前看过云南那个造纸⑤，人家有一篇文字记载说造纸术的发源地是长安北张村。据传，北张村造纸术是西汉年间就有的。灞桥纸⑥是由中国纸张专家潘吉星⑦亲自

① 麻油，陕西当地一般吃菜籽油和棉花籽油，因麻籽油不好吃，只有生活艰苦时才会吃。

② 塌火，陕西话"解散、散伙"的意思。

③ 北张村，位于陕西省西安市长安区，汉代至唐代称为"御纸坊"，是我国传统造纸作坊集中地。

④ 搞得，陕西话"差不多"的意思。

⑤ 指傣族、纳西族手工造纸技艺，2006 年被列入第一批国家级非物质文化遗产代表性项目录。

⑥ 灞桥纸，是西汉时期的一种纸，因出土于西安东郊灞桥而得名。1957 年 5 月 8 日，被发现于一座不晚于西汉武帝时代的土墓中，当时附着在一面青铜镜上。灞桥纸的主要成分是大麻纤维，具有一定的强度。

⑦ 潘吉星（1931——），辽宁省北宁市人，我国著名科学技术史专家。代表作有《中国造纸史》《中国造纸技术史稿》《中国造纸印刷技术》等。

考证了的，证明造纸术在西汉年间就有了，而北张村的造纸术就是在西汉年间形成的。潘吉星老师给我说过，当那个空空①把纸的质量能搞到那种程度，很不简单。那个时候要比蔡伦的时期还早，蔡伦是东汉人。蔡伦改进了造纸工艺以后，北张村才开始采用一帘多张的造纸方法。

过去没有靴子，哪怕是在冬季三九天里头，就把裤子一抹②，直接精③着腿，都得照常下河。河里流下来那冰块，比斗还大，人腿被打得全都是青包子。现在咱有胶靴子了。我现在腰腿疼这毛病，就跟原来大冬天里下河有关系，那没办法，就得硬受。咱村人在三九天里头下河，外村人来搭眼一看：咦？天气这么冷，这么冷的河，河里还流着冰块，这北张村人咋还下水呢？有的人就猜测：你别看北张村人能在三九天下河，那人家有"法"呢，

下河洗穰

①指西汉。
②抹，陕西话"挽起"。
③精，陕西话"光"的意思。

把"法"一念，人家下水就不知道冷了。事实是没有"法"，给你说实话，真的没有"法"。天气慢慢由暖到凉，每天都在河里，习惯了以后，腿就能忍受了，虽说这样，但还是冷啊。那冰块顺着河下来把腿皮都碰青了，成了青疤，俺们能受得了，光知道这是

一个青疤，也不知道疼，但是搁外村人就受不了。也没有说到冬天就不造纸了，能不做吗？那还要做。所以说，冬天里抄纸，供浆人是很辛苦的。

在农业社时，北张村各队都行①着呢。北张村四个大队，二十八个生产队，有的生产队行的纸槽多，有的生产队行的纸槽少。改革开放以后，土地一下户②，造纸的人家就逐步地减少了，村里有些文化、有些知识的人就不干这个活了，嫌这个活太苦，人家挣钱的门路比较多，所以就丢下俺北一村③的六户人家还在造纸。把话说难听一点，咱这些人都是些笨人，也没有啥挣钱的门路，只会老先人丢的这个手艺，就坚持着没停，一直在造纸。

① 陕西话"行"的音说成"横"，意思是"生产"。
② 下户，指自改革开放以后我国开始实行的农业生产责任制。1982年1月1日，中共中央出台的关于农村工作的一号文件《全国农村工作会议纪要》中提出，要健全与完善农业生产责任制的工作。
③ 北一村，北张村下辖四个村，分别是北一村、北二村、北三村和北四村。
④ 聒，陕西话"吵"的意思。
⑤ 踏碓，是指用脚踏木碓，将制好的穰踏成条形薄片状，然后卷成卷备用。
⑥ 撺，陕西话"等到"的意思。

"北张村，狗踏碓，把人聒④得不得睡"

咱这个造纸有一些俗话，就拿踏碓⑤来说，鸡叫头一遍，撺⑥天

踏碓

明就要踏一个幡子,两拨穰才能踏一个幡子。不到天明,这家碓也响,那家碓也响,这家"叮梆叮梆",那家"叮梆叮梆",吵得外村人都睡不成觉了。人家就说:"北张村,狗踏碓,把人聒得不得睡"。

还有,妇女要赶早起来贴纸、晒纸①。人家外村就说"有女甭嫁北张村,一早起来站墙根",意思就是说妇女连头都顾不得梳,"大毛头"就要站在墙根贴纸呢。

贴纸

咱北张村这个造纸,也有雇人的,这有句俗话:"你对我厚了,我对你就薄了,你对我薄了,我对你就厚了。"为啥这样说呢?因为咱这个纸,自古以来是按照张数卖,不是按斤两来卖。过去利润又薄,那一百斤穰,如果出一万张纸咋个像?出八千张纸又是咋个像?捞纸是个出力活,要是捞纸的人困了,不愿意出力,等到晒完纸,从墙上往下揭的时候烂纸就多。浆要是上了竹帘,抬帘的不吃力不行,一吃力纸浆就凝固得特别紧,这样捞出来的纸就不容易烂。为啥说"你对我厚了,我对你就薄了"?如果你对雇来的人不好,他把那个纸就抄得厚了,这样利润就小;你雇一个人,给他吃好喝好,待遇好了,他就出一点力,把纸抄薄一点,也不容易烂,这样利润就

①贴纸、晒纸,是指将湿纸逐张分离,用棕刷将湿纸贴到烘墙上面,以将纸烘干。

制作步骤

北张村传统造纸技艺主要造纸工序：

一、采集原材料：连绵不绝的秦岭山脉和沣河两岸盛产桑树、构树和麻，而这几种植物的皮正好是上好的造纸原材料，分别在春季和冬季分两次采集。

二、扎把：把采集的构树皮捆成把。

三、浸泡：使扎成把的树皮充分软化。

四、蒸煮：用大蒸锅（俗称皮锅）蒸煮原料，使其软化，目的是把黑色、质地较硬、不含纤维的表皮去掉。

五、上生石灰水：使树皮充分发酵。

六、发酵：使树皮纤维软化，与黑色表皮纤维分离。

七、漂洗：在河中淘洗，去掉杂质。

八、泡穰、揉穰：将碎纸筋裹在布单里，在水中淘，去除非纤维的杂质。

九、踏碓：细化纤维，去除杂质，形成幡子。

十、切幡子：把踏碓好的纤维一层层叠在一起切碎。这是关键环节之一，也是核心技术，比较难于掌握。

十一、和捣子：把切好的幡子放入捣子中捣碎，形成纸筋。

十二、仗槽：把纸筋倒入纸槽，用飞棍等工具搅匀，形成纸浆。

十三、抄纸：用竹帘抄纸，是造纸的主要环节。

十四、取纸：把抄好的纸从帘上取下，叠成一沓。

十五、压杠：去除纸中的水分，便于揭裱、晾晒。

十六、上墙：裱在墙上晾晒。

十七、揭纸：把连在一起、晾干的纸一张一张撕开，叠成一沓，一百张为一刀。

十八、打包：把一刀一刀纸打包，准备上市。

①真扎实样，陕西话"真正"的意思。
②构树，是楮树的别名。

大。我给人也干过，人给我也干过，那真扎实样①就是这样的。

学造纸得先从学制浆开始。古法造纸有七十二道小工序，可以归纳为四个步骤：采构（采集构树②皮）、蒸煮、踏切、抄纸。咱造纸用的原料，来自陕西商洛、安康和汉中地区。构树在山区里的坡地多得很，是农民

采构

切幅子

抄纸

的一种土产。那里的人去下地干活,今天剥三把子构树皮,明天剥五把子构树皮,回来晒干搁在屋里头。咱就去买这个"生生货",所以咱不采构。第二步是蒸煮,这步很关键。下来就是踏切,踏切就是踏碓、切幅子。把原料做好以后,通过踏和切,才能形成浆。然后是在水槽里头捞纸,最后是晒纸。

咱陕南人把做好的构树皮成品叫穰。我十二岁的时候,就到陕南离俺家一百一十千米的地方去背穰,一次要背八九十斤呢。过去那路非常难走,俺这人说陕南人"吃的是猪食,走的是猴路"。陕南那窄窄的路,只有一尺来宽,去的时候要把干粮拿上,路上没有卖饭的。俺们一般是八九个人结伴去,自个要背够八天的口粮才进山。大人们饭量大,要多带一点干粮,还有背一二斤油的。咱那时候还是个娃嘛,就拿二十斤苞谷,自己早晚都要在路上搭锅煮饭。去的时候一天多一点儿,不到两天就到了,回来要背穰,走得慢,路程是"紧七慢八",走得快了是七天一个来回,走得慢了得八天。

咱这个纸浆是由纯构树皮制成的,采构是有季节性的,制成的纸分为白构纸和黑构纸两种。制作白构纸的构皮产于每年的十一月、腊月和正月。跟其他树一样，冬季这三个月产的构皮跟木杆是黏在一起的，要搁在窖里蒸，蒸熟以后，皮和杆就利①了，这才往下剥，俺把这叫窖皮。窖是啥呢？其实就是锅，大的叫窖，小的叫锅。

这两天的构树皮②跟木杆是利的，好剥得很，这叫牙皮，做出穰来是黑的，一百斤黑穰能做五十斤原料。冬天的窖皮，一百斤穰能做七十斤原料呢，牙皮的拉力③比窖皮好。

咱这个纸用途比较广泛

咱每天想抄多少刀纸都行，要是没啥事，就多抄点纸，要有啥事了，就从纸槽坑里上来，去做其他事情，不用等纸晒干了再接着抄。我见过云南那边的造纸技艺，晒纸时是一帘一张。这样一来，起码得准备二三十套晒纸的木框呢，抄一张纸，晒在木框上，等干了取下来才能接着抄。再一个，云南那边的纸浆做得粗，抄纸的技术差，纸干了以后，上头"云坨子"大得很。"云坨子"就是纸纤维粗得很，看起来一块一块的，不均匀。

在外国，有很多造草浆纸的人，咱们给灯泡上头套的那个罩罩，就是用草浆纸做的。在咱国家，造这种纸没有什么用途。咱们过去妇女做鞋底子和鞋帮子，拿剪子铰④样子用的那个纸叫凑合纸⑤，纸浆里掺杂了麦笕⑥、稻草，这比较粗，厚得很，没了⑦咋叫凑

①利，指皮和杆没有粘连在一起，容易分离。
②因采访于春季，此处指春天的构树皮。
③拉力，指韧性。
④铰，陕西话『剪』的意思。
⑤凑合纸，又称火纸。有两种说法，一说是引火做煤火头用，所以叫火纸，另一说是由于造纸原料差导致纸的质量不行，但是妇女打袼褙凑合能用，所以叫凑合纸。
⑥麦笕，陕西话『麦秸秆』的意思。
⑦没了，陕西话『不然』的意思。总之不是按照书画的规格大小造的纸。

合纸。

咱这个纸用途比较广泛。在过去,用黑穰当原料,抄的纸叫斗方①,斗方那就是方方尺五,高和宽都是一尺五,用于装裱字画。咱拣下来那渣渣叫摘头穰②,有些造纸厂都把这当成废品处理了,咱慢慢把摘头穰攒起来,攒个一年,然后一下抄几刀纸。咱们农村的郎中先生用这个粗纸来做膏药皮子,如果用布做膏药皮子,那代价太大了,咱这儿的膏药皮子,都不用布,就用咱抄的这种纸。咱当天做下,不一定有人来买,搁到那,过一阵就有人找上门来买了。

咱现在造纸主要用旧工具

造纸的竹帘,跟造纸的模型③,那是咱叫匠人做的,要掏钱呢。其余的像边棍、怀棍④,搭水梁子上的拨拉杆⑤,这不掏钱,都是咱自己搞。村里原来还有匠人做竹帘,现在失传了,没有人做了,咱现在用的还是以前的老帘子,用坏了,拾掇⑥一下继续用,实在坏得用不成了,还可以去安徽那边买。安徽那竹帘跟咱这的大小不一样,买回来还得裁铰。以前,咱北张村人在凤翔⑦做苦工,给人造纸,那边有人会造竹帘,跟咱现在用的几乎是一样的。

咱现在造纸主要用旧工具,光是现在拾掇完的工具,够俺儿这一代用是没有问题的。人家不用了的旧工具,有的白给咱,有的卖给咱,

① 斗方:指一尺二寸见方的纸,是书画用的常见纸张。
② 摘头穰:从好的穰里面挑拣出来的带有杂质的穰。
③ 模型:指纸帘的木头架子。
④ 怀棍:纸槽上有架子,两边架子的棍子叫『边棍』,靠近自己怀里的架子的棍叫『怀棍』,快速搅动水面用于打散纸浆的竹竿叫『飞竿』,慢慢搅动纸池深处的长柄木槌,因为搅动声音咕嘟咕嘟所以叫『咕嘟』。
⑤ 拨拉杆:纸槽中,有一个活动的杆子用手拨拉,以搅拌纸浆,因此叫『拨拉杆』。
⑥ 拾掇:陕西话『修理』的意思。
⑦ 凤翔:指陕西省宝鸡市凤翔县。

竹帘

咱都收了。头①到孙子那一代，说不准又有做竹帘，或者做木模型的人，这说不准，咱村现在就有做木模型的人，就是没有打竹帘的。

咱们请人做造纸工具，有一个讲究，做完以后，要下水试一下，用了没有毛病才行。架子，还有两边的木棱子不翘，这才付钱。要是下水后变形了，那得重做。这还有一个讲究，如果竹帘下了水太紧了，或者是起了包了，不平

旧布鞋

展,那也得重做。为啥做咱这个家具的匠人少呢?就是麻烦。做帘子的时候,挑选原材料很重要,如果木头挑选得不对,一见水就变形了,那肯定不行。再一个,最好用旧房上拆下来那旧木头做咱这工具,旧木头把力都已经出过了,就不容易变形了。再一个,谁家布鞋穿烂了,都把鞋底子给咱,磨刀用,这也是用的旧东西。

为啥纸槽要搁在地面下面?因为冬暖夏凉,冬天地底下是暖和的,纸槽甚①不结冰,到了夏天又凉快。咱这纸槽是石头做的,如果拿洋灰②做的话肯定窝水,到了夏天,用不了十来天,水就窝成臭的了。纸槽周围是四个大石头片子,四个角上的缝子是拿洋灰抹的,用石头做的纸槽甚不窝水。我给高碑店做过一豁纸槽,放在地面上头,是拿洋灰做的,那个水一个礼拜就要换一次,不换的话就窝臭了。再一个,纸槽搁在地底下,上沿跟地面齐平,也方便下浆,自古都是这样子。

我儿子就是我徒弟

国家启动非遗保护工作以后,要评选国家级非遗传承人,我们村报了十一个候选人,开始先评了四个,最后从四个候选人中就评了我一个人。

我家没有家谱,农民嘛,弄个家谱有啥用吗,对不对?但是咱祖上一直都住在北张村,没有迁移过。我只能说四辈,从我太爷开始,咱家就造纸。我记得很清楚,俺爷那时候还做纸呢。俺爷1949年以后才死的,死的时候八十四岁了。我现在还记得,俺爷拿笤帚把墙上贴那纸扫下来。

我儿子就是我徒弟③。俺儿今年四十一了,属牛的,从十七岁就开始捞纸,头到十八岁那就正式

① 甚,陕西话「几乎」的意思。
② 洋灰,指水泥,是从国外传进来的,所以叫洋灰。
③ 张逢学的儿子张建昌,从小跟随张逢学学习造纸。

287

证书

张建昌

①立长槽，指孩子可以顶一个大人的工，正式从事常造纸了。
②收槽，歇业的意思。一般每年正月初九开始造纸，到腊月二十六歇业。
③不领人的教，意为不求于人。

当一个人来用了，咱叫立长槽①。一年三百六十(五)天，腊月二十六就收槽②了，正月初九就开始生产。俺儿十七岁初中毕业以后，就没上高中。他上学时，教书先生说他数学好，要让他上高中，但是我不同意。俺这个大队地最少了，当时咱家里一个人只有三分地，粮食根本不够吃，要靠造纸补贴家用。当时，我跟我儿说，你别念书了，跟着爸造纸吧。咱也不领人的教③，爸也懂这个技术，你虽然只有十七岁，力气还小，但是有爸给你帮忙呢；爸也五十岁的人了，力气也弱了，你给爸也能帮个忙，咱把这个纸抄上，赚的钱能够家里一年吃的用的了。这样才叫俺儿抄纸，我供浆，一直到现在。

现在俺孙子一放假回来，就跟我学打碓，学制浆。制浆的工序复杂得很，就拿切幡子来说，没有一年的学习时间是根本不行的，不光要有技巧，还要有力气。学会制浆之后，学抄纸就比较容易，基本上一个礼拜就能学会了。我不敢保证俺孙子以后会不会继续造纸，以造纸为生,但是,我会把传统造纸这项技艺传给他。

我为啥不教别人?现在的徒弟不比以前了。以前叫娃们做个徒弟,掌柜的把饭管住就行了,现在还要掏工资,掏得少了都不行。可是有时徒弟做的纸质量达不到,不一定能销售出去,拿啥掏工资呢?没有钱给人家,所以只能把咱孙子教一教,他有时间了做一下,没有时间算了。徒弟学的时候如果有坏习惯,抄出来的纸质量就不行,容易烂,急忙①改变不过来。打个比方,俺儿抄纸,他已经做惯了,不比人家学手子②,他的手就惯③了,就那个样样,在他心目中定型了。

咱这是个"数目字"的活,是个天天干的活

在过去,村里几乎所有造纸户,家里纸槽周围的墙上都供奉着祖师爷蔡伦的神像,村外还有一座蔡伦庙。过去咱这哪家抄不好纸了呢,就把蔡伦祭拜一下子,民间是用铁模具把纸砸成纸钱冥币,烧纸祭奠,现在没有这现象了。

我一直抽旱烟,偶尔也抽纸烟。有时候,一出门害怕掉④烟袋,就给腰里装一盒纸烟,这个烟袋蛮肯⑤掉。那纸烟把人抽的蛮咳嗽,旱烟人抽着不咳嗽,喉咙不干。我在地头里面栽下些旱烟苗,一年就够抽了。咱屋还有地呢,还要种地。现在那二亩地,苞谷种不下一晌⑥,麦收不下一晌,一个来小时嘛,紧回来取口袋,就收割完了。现在种庄稼不比以前,以前种庄稼苦得很,现在基本上就可以把时间都放在造纸上了。咱夏秋两季不停抄,因为造纸是个数目字⑦的活,要是三天打鱼,两天晒网,今天抄,

① 急忙,陕西话"好长时间"的意思。
② 学手子,陕西话"学徒"的意思。
③ 惯,陕西话"习惯"的意思。
④ 掉,陕西话"丢"的意思。
⑤ 蛮肯,陕西话"容易"的意思。
⑥ 一晌,即一会儿,在此指机械化操作后,耕作时间短。
⑦ 数目字,指造纸是按张计算产量的活计。

明天停了,明天抄,后天停了,那肯定挣不到钱,咱这是个天天干的活。

咱这个纸的销路有时候快,有时候踥①,基本上一年造的纸,也都能销完,利润虽然不大,但是养活家庭没有问题。我实话实说,只要勤苦一点,单靠造纸,那一家人可以过红里红火的日子。现在青年人看不上这活,觉得造纸太辛苦。我说个不好听的话,现在这青年人,既想轻松,还想要把票子弄到手里。农村有个俗话:"有智者吃智,无智者吃力。"想活人,想吃饭,想穿衣,又没有其他本事,那你不下苦咋成呢?

到现在,我还在坚持造纸,咱做习惯了,就感觉不到特别苦。我是苦汉子出身,现在大毛病没有,小毛病也有一些,要是以后身体还像现在这个样子,那还就只管能做②。

① 踥,陕西话"慢"的意思。
② 只管能做,一直可以做。

端砚制作技艺

肇庆古称端州，因端溪流经这里而得名。

端砚的发源地在肇庆黄岗镇白石村、宾日村一带。清代吴兰修（1789—1839）的《端溪砚史》记述："羚羊峡西北岸有村曰黄冈，居民五百余家，以石为生，其琢紫石者半，白石、锦石者半，紫石以制砚，白石、锦石以作屏风几案、盘盂诸物。"白石村、宾日村两村相邻，距肇庆市城区六千米。宾日村以采石为主，也有部分人制砚，白石村以制砚为主。

端砚自唐初问世，已传承一千三百多年。在长期的发展过程中，端砚制作工艺形成了自己独特的文化。它包括与端砚制作有关的各个方面，是端砚的传统手工技艺、制作过程，及其所反映的文化观念、历史传承、价值认同等民间文化的整体呈现。

2006年，端砚制作技艺入选第一批国家级非物质文化遗产代表性项目名录。

程 文

国家级代表性传承人

程文（1950— ），男，广东省肇庆市黄岗镇白石村人，国家级非物质文化遗产代表性项目端砚制作技艺代表性传承人，高级工艺美术师。

程文自小受家庭的影响和父辈们的教育，师承程氏端砚一代宗师程泗，成为程氏端砚制作的第十三代传人。1962年进入白石村端砚厂当学徒，1970年肇庆市郊区端砚厂成立时担任雕刻师傅。

程文的制砚技艺在继承传统风格的基础上，大胆创新，多方发展，打破前人独守一面的局面，运用现代的思路及高、低浮雕与圆雕、线刻、镂空雕的手法，还吸取了灰塑、砖雕、木雕及版画的技巧，从而呈现全新的艺术效果。他的作品以岭南山水为主要题材，有花鸟鱼虫、龙凤龟蛇、亭台楼阁、山水人物、民间传说、宗教器物等，刀法流畅，基本功扎实。

程文的端砚作品先后荣获多个国家级金奖、特别金奖，数十个省级奖项，代表作品有《端州古郡图砚》《海天旭日砚》《晨曦砚》《百子千孙砚》《九龙驭天砚》等。

采访手记

采访时间:2017年3月14日—3月17日
采访地点:广东省肇庆市黄岗镇白石村
受 访 人:程 文
采 访 人:刘东亮

程文(左三)及其子程进刚(左二)和国家图书馆中国记忆项目中心工作人员合影

初见程文老师,他面容慈善、衣着朴素。程老师普通话讲得不算好,是那种带有肇庆方言的普通话,言谈中有着浓重的粤语腔调。尽管如此,他还是一字一句地跟我们用普通话交流,我偶有不懂之处,程老师就停下来详细地解释,这让整个采访工作进行得比较顺利。

程文老师待人真诚和善,为人不拘小节。他交友广泛,平时喜欢小酌几杯,怡情养性。对于端砚艺术,程文老师有着一种执着的态度,一定要雕刻出精品、名品。其作品端庄典雅、浑厚质朴,题材涉及岭南田园水乡及民俗风情等。

程文老师自己说道:"我这几十年都在从事端砚制作,回想起来感慨万千。从十二岁起,我就在端砚行业里摸爬滚打,到现在我的徒子徒孙已有几百人之多。对于端砚,只要还有力气我就会做下去,这也是我的愿望。"

程文口述史

刘东亮 整理

　　本人程文，今年(2017)六十七岁，是土生土长的肇庆市白石村人。我的父亲是程顺带，母亲叫梁头。我父母都是在农村种田，母亲还是生产队长。我们家里有五兄妹，除了我之外，还有一个大哥、两个弟弟和一个妹妹。我的妻子叫张翠兰，她的老家在肇庆西江河对面的村子。我和她是经过亲戚介绍认识的，1970年底我们就结婚了，农村人一般很早就结婚。我有两个儿子，大儿子是1972年出生的，叫程进刚，二儿子是1975年出生的，叫程振军，他们两个现在都在做端砚。

　　童年的时候，我在白石村黄岗小学读书，但是黄岗小学不是村办的，而是教育局办的。以前我们周边的几个山村就只有这么一个小学，附近所有的孩子都来这里上学。后来因为家里困难，读到四年级我就不去读书了。当时没办法，我大哥要到市里读中学了，家里负担不起，就把我拉出来学艺了，让他念完初中。那时候全村只有一两个人去读初中。读完书以后，我大哥也回来做砚台了。因为到外面找工作也不容易，特别是以前，我们农村人基本上很难在城里找份工作。在农村做砚台比种田好一点，在家里不用风吹雨打，所以当地人都尽可能地学会这门手艺，如果你学好了，经济收入也比种田好。

说句老实话,在那个年代,生活很苦,基本上都吃不饱饭,煮饭的时候经常掺芋头、地瓜,一年很难吃上一两顿有肉的菜。我读书的时候,家里还有一块田地,当时我父亲年纪比较大了,做不动农活了,全都靠我母亲一个人。所以放学以后或者是星期天,我都要同我母亲一起到田里干农活,帮她插插秧啊、收割水稻啊,这些我都要干的。

学艺的日子

我从十二岁(1962)就开始学艺,当时我做端砚呢,主要是因为家里生活困难,兄弟姐妹比较多。那时候我们这个行业刚刚恢复生产,做这一行的人还是比较少。当时肇庆做端砚的艺人主要集中在白石村,都是新中国成立以前留下来的老工人。那个年代老一辈的端砚艺人,基本上是没文化的,读了一两年私塾就很了不起了,不像现在的年轻人,一般都读到高中、大学。

这些老艺人祖祖辈辈都在做砚台,其他东西他们接受不了,也很少接触,所以他们年年月月就反复做那几样砚台,没有创新,只要能够赚够钱买米买面就可以。他们也没机会学到更多的东西,所以思想都比较保守,如果不是亲朋挚友,基本上是不可能去教你的。

后来我在生产队的石厂(白石端砚厂)里学艺,当时是没工分①的,只要你把端砚做得合格就可以了。学成之后,我就可以赚工分了,一天几个工分。那时候虽然没有工资,但是有一个百分之十五的提成。比如你赚了一百块,十五块钱给你个人,剩下八十五块就给

① 工,"劳动工分"的简称,指在农业生产合作社、人民公社中通行的计算社员工作量和劳动报酬的非货币单位:根据社员的劳动时间、数量和质量评工记分,年终分配时,将工分折算为货币或实物发给社员。

生产队。所以也有一点钱，算是给家里补贴家用。

刚开始学艺的时候很辛苦。因为我没钱，也没材料，所以我要自己到山上去找这个石料。当时采石的老师傅带我去白线岩，那是座很高的山，到那去起码要两个半小时。这些采石的老工人，就拿工具从半山腰打洞进去。刚去的时候，你怎么能采石啊，其实就是帮老师傅做一些杂工，到时候留些边角料给你。下山的时候你还得挑几十斤的石料，累得满身大汗。

我的美术老师叫肖天行，我跟他学了素描。大概是20世纪70年代的时候，我每天晚上到他家里学画画。他原来就在肇庆地区工艺公司教美术，很多学生都去他家里学素描。当时我们主要学画人像和动物，我就跟着老师一起画，也会找一些书照着画。

教我端砚雕刻的师傅，就是我的叔叔程泗①。在端砚这个行业里，他是一位比较有名气的艺人。起初，他是跟白石村的老艺人郭乔学的做端砚，后来他又去广州做了一段时间。所以同以前的老艺人不一样，他接触的面比较广，很多东西他都做过，他做过象牙，也做过红木雕刻。所以当时学艺的时候，我也借鉴了牙雕和木雕的技法。我看见人家的雕刻技巧，回来以后就是根据人家的原理去变通，好像做水浪，象牙、红木雕刻做水，都有水浪的动感。我后来自己做水浪，就是借鉴人家的这个技巧。

当时生产队的端砚厂不同于一般的工厂，它是按照农村的习惯，有集市的日子就放半天假，让农村人去赶集，三天或者五天一次集市，我就趁这段时间，去我叔叔家里。我拿着做好的粗坯，让我叔叔给我画图讲解，讲怎么去观察一件事物，怎么去雕刻，怎么利用这块材料做造型，主要还是讲雕刻的原理和刀具的使用。

① 程泗（1922—2007），又名北带。从事过象牙、红木、檀木扇等雕刻艺术。1958年，从广州回到白石村，与罗星培、罗均培、罗耀一道被聘请到肇庆市文教社当师傅，制作端砚、象牙、红木产品。1978年任端溪名砚厂副厂长，1980年获国家轻工部颁发的工艺美术师称号。

当然不是一次就可以学会，有时候一件作品我做得不好，就又拿回去让我师傅（叔叔）教我做，他就示范给我看。但是关键还是看你这个人的悟性，你自己要开动脑筋。那时候我骑个自行车，从我这里到肇庆市区去，大概要骑一个小时。后来好像是1965年吧，我叔叔回乡下住了一段时间，这个时候我学艺就方便了。经过一年多的时间，自己基本上掌握了这门手艺，那就好办了，可以和工厂里的老工人同工同酬了。

从这个时候起，我就不断学习，反思端砚题材、样式，力求创作出新产品。所以，我自己刻的砚，基本上很少留下，因为做得比较好，题材也比别人新颖，一到市场很快就卖掉了。后来我自己也去各地参观，一有时间我就跑出去看展览啊，找资料啊。特别是20世纪60年代，那时候找资料都很困难，当时提倡"破四旧，立四新"，书店里除了关于瓜果蔬菜的书，其他什么资料都没有了。所以那时候我跑到祠堂、庙宇，去看砖雕、木雕这些东西，借鉴它们的工艺，这样来丰富自己的知识，我的工艺水平也在不断提高。所以我在年轻的时候做出来的东西，就同以前的砚台不一样。

1970年我刚满二十岁，就到了郊区端砚厂，它是肇庆市端砚厂的前身。我就在那里打工，可以说我是工人里边年纪最小的了。在学徒工的时候，我就同他们老工人一样，一个月有六十块钱的工资。那时候在饭堂吃饭一个月大概也就九块钱，所以收入相当不错了。

我进郊区端砚厂的时候，刚开始负责设计，那个时候我是技术员，主要是负责产品质量把关，因为这些产品做完以后都要通过验收，哪个做得不好，要工人返工重做，按照要求做好。后来我又在工厂里带学徒，主要是从事这几方面的工作。1978年，郊区端砚厂改名为肇庆市端砚厂。那个年代一个星期里三天没有电，基本上经常要加班。我做设计大概做了十多年，1983年我就担任肇庆市端砚厂的厂长。当时我就主要做行政工作了。那时候有很多会开，而且我还要去买原材料，跑业务，我们的业务基本上是和广东的省出口公司打交道。后来端砚厂又成立了端砚工艺研究所，就是抽了十来个技术比较好的人，专门搞创作，制作精品。1987年，我就兼任这个研究所的所长了。

在2000年的时候，我和梁佩阳、梁焕明、罗海和王建华一起发起倡议，成立了肇庆端砚协会。在2002年，我还担任了广东省工艺美术协会的副会长。当时我是广东省工艺协会的会员，几年选举一次，就把我推举为副会长了。后来我获得了肇庆市制砚名师、高级工艺美术师等称号。在2007年，被评为国家级非物质文化遗产端砚制作技艺代表性传承人。

我经常去参加工艺美术的展览，主要在广州比较多，也会去北京、上海。我记得最早的一次是1975年在广州，当时是广州工艺公司专门组织的工艺评比，我就带了一两件作品去参加。那时候从事端砚行业的人很少，基本上没有个体做的，要做这行都是到工厂去。到了1985年，端砚才有几个工厂。现在情况就很不一样了，几乎是家家户户都在做端砚。

我也会跟外国客人聊一聊他们喜欢什么样的砚台。比如说研墨，中国人研墨是打圈的，而日本人研墨是上下推的，所以他们就喜欢长方形的砚台。在日本，砚台是真正拿来用的，他们的受教育程度也比较高，特别是妇女，她们结婚以后，基本上很少再出来工作，都在家里做全职太太，所以就有很多时间练书法。据我了解，日本很多村子一年起码有两届春秋书法比赛，而且都是在山村里面举办的。这些都是我同日本商人交流的时候得知的。

端砚的坑口

端砚是四大名砚①之首，这个评价主要是依据石料的质量得出来的。制砚第一个是选材，第二个是形状，第三个是雕刻。哪个砚好，

① 四大名砚，我国传统的优质砚台，指的是广东省肇庆市的端砚、安徽省歙县的歙砚、甘肃省洮州（今临潭县一带）的洮河砚和山西省绛州（今新绛县一带）的澄泥砚。

哪个砚不好，首先是看它的石料好不好，如果你这个材料不好，雕得再好，说句老实话，它也不是好砚。

现在就四大名砚来说，其实端砚最柔嫩。宁夏的贺兰砚①质地比较纯净。真正好的砚台，质地不是很硬，墨研好了以后，这个墨不到处流，就像吸在砚台上似的。所以总体来看，端砚的材质最好。

端砚一般指我们肇庆出产的砚的总称。端溪②砚就特指端溪坑出产的名砚，包括老坑、麻子坑、坑仔岩这三大名坑。

烂柯山的山脚就是端溪了。老坑在端溪河边几十米处，所以有一种传说老坑石头是在河底挖出来，这也有道理。因为老坑的洞是梯形的，而且有几百米深，估计比西江河的河底还要深。老坑大概是 1975 年才恢复开采的，当时是端溪名砚厂主持的。老坑只有一个

①贺兰砚，产于宁夏，因其石料出产在贺兰山而得名。清康熙年间就开始开采，并逐渐形成制砚行业。贺兰砚质地细密，古雅莹润，呈绿、紫二色，具有呵气出水，发墨快而细，存墨不干、不臭、不损笔等优点，有很高的收藏价值。

②端溪，在今广东高要市东北烂柯山西麓。产砚石，世称端砚。唐宋时采砚于此。宋苏易简《砚谱》云：「端溪有斧柯、茶园、将军、地同是一溪，惟斧柯出者大不过三四指，一两呵汗津滴沥，真难得之物。」

老坑洞口（图片来自王正光 欧忠荣：
《端砚》，岭南美术出版社，2013 年）

坑口,都给水淹着,里边有东洞、西洞。老坑本身的材料都是上品,用它做成的砚,以前都是作为朝廷的贡品。除了材料比较好之外,它开放开采的时间也比较短,所以老坑的材料挺贵的,一个巴掌大小的材料都要一两千块钱,比较好的上万块钱。

麻子坑离老坑比较远,从老坑到麻子坑爬山要一个小时,还要走很长的山路。麻子坑大概是 1962 年恢复开采的,目前这个岩洞已经停开了。麻子坑有水岩、旱岩,水岩是有水淹着的,要抽水才能采,旱岩是没被水淹的,但是有水淹的材料特别好。为什么叫麻子坑呢?我听前辈人说,因为以前有一个叫陈麻子的采石工,最先发现和开采了这个坑洞,所以就用他的名字命名。

麻子坑古洞口 1962 年重开(图片来自王正光、欧忠荣:《端砚》,岭南美术出版社,2013 年)

坑仔岩位于老坑以南的山腰上,距离老坑大约有两百米。坑仔岩大概是 1978 年开采的,现在这里也没有新石料出来了。因为近年肇庆市政府为保护砚石资源而停采所有砚石,所以老坑、麻子坑、坑仔岩这三大名坑的材料都特别缺,现在市场上的价格都比较贵。老坑这个岩洞还是保存完好,因为它有水淹着,抽水要抽几天才能抽干,所以偷也偷不了。原来的麻子坑洞没有石料出了,所以就在麻子坑的旁边挖洞,这样就不是原来有水淹着的洞,不过出来的石料质量也不差。

坑仔岩洞口（图片来自王正光、欧忠荣《端砚》，岭南美术出版社，2013年）

肇庆北岭山一带有宋坑、梅花坑、绿端①、陈坑、伍坑、蕉园坑等。整个北岭山的岩洞很多。它们的品种大致相同，但是有小的区别。宋坑开洞的不多，一般很少垮塌，因为宋坑的石脉生长好像一个千层糕一样，一层一层的。它石材的面积比较大，上下有一层弃的材料，中间有一层好的材料，一般要取中间那层。而麻子坑、老坑的石脉生长像莲藕一样，有一条很长的石脉，所以开采的时候要打洞。

北岭山脉是从小山到东岗这一个范围，小山、东岗都是村庄的名字。在北岭山一两个坑洞里有梅花坑，里面出的石头有很多石眼，都是一点一点的，像梅花一样，所以得名梅花坑。绿端的石材颜色比较绿，就好像绿豆青一样。在羚羊山一带有白线岩，所有岩洞中最大的就是白线岩，它第一层石皮是翠绿色的；第二层是二格青②，一般作为淌池砚③；第三层是青石。有洞岩和白线岩是同一个石脉，有洞岩出的石头有

①绿端，绿端采石始于北宋，据《高要县志》记载："绿端石出北岭及小湘江峡，鼎湖山，皆旱坑。"绿端石色青绿微带土黄色，石质细腻、润滑。
②二格青，白线岩砚石的一种，纹理有红色斑点和条纹。
③淌池砚，砚堂和砚池之间无分界，砚堂渐向砚头倾斜，渐深成池以蓄墨，这种砚式称作淌池砚。

蕉叶一样的石洞。

好的砚材不是特别大,都是中小型的。比如麻子坑石材真正好的地方就是八英寸,大的也就十二三英寸,你最多就能用这么多材料,其余的就不怎么好了。当然石料有些毛病,你可以利用它来做砚池,或者是雕上花纹,把这个砚装饰一下,但是不可能这个装饰的地方比砚堂还要大。石头的生长规律就是这样,虽然拿出来很大块的石头,但是真正有用的东西就只是这一层。现在做端砚的石材大多出自佛山东边的砚坑。它的材质跟这些名坑相比没有那么好,但是,也可以做砚,因为都处在同一座山脉上,质量不会太差。

端砚磨墨写出来的字闪闪发光

端砚独特的地方,就在于它的石料,它本身的质地嫩、润、滑,还有石品花纹比较多,每一个坑洞出产的石料都有好几个石品。老坑最有名的石品是天青①。它的颜色是天蓝色,用我们土语说就是天青。其他的石品还有冰纹②、金银线③、鱼脑冻、蕉叶白、青花、火捺等。

冰纹一般老坑的石料才会有,老坑的冰纹是很平坦的,摸起来不会硌手。它的线纹很粗,但是它很嫩很白,质地非常润滑。假如材料的硬度是相同的,麻子坑的石材要是有冰纹,它就会拱出来,研磨的时候卡墨,而且比较硌手。麻子坑基本上没有冰纹,但是麻子坑比较有特色的是它的石眼比较多。坑仔岩石头相对偏红一点,比不上老坑和麻子坑,但是它的石眼也特别好。

鱼脑冻就好像鱼脑或者鸡蛋白一样,在石头里边生长着一点点白色的斑块,这个地

① 天青,端石中质地细腻之处,色青而微带青紫色;石质细润纯净,下墨效果较好。

② 冰纹,白中有晕,向两边融化,如冰块中的裂纹,又如闪电。

③ 金银线,金线,指的是端石中浅黄色粗细不一的线条;银线指的是端石中浅白色粗细不一的线条。

方特别润、特别嫩，我们称为鱼脑冻。蕉叶白是一个成片的斑块，它跟鱼脑冻比较类似，鱼脑冻一般是圆形的或椭圆形的，而蕉叶白是长形的。青花有玫瑰青花，也有蚂蚁青花，青花的纹路非常的巧妙。火捺一般每个坑洞里都有，最好的还是胭脂火捺，它就好像用火烫过一样，颜色非常红，但是也不是很浓，一般都是蓝色中带一点红。

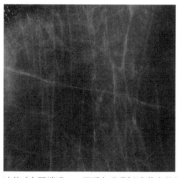

冰纹《中国端砚——石质与鉴赏》（凌井生著）

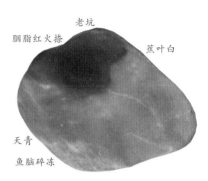

老坑
胭脂红火捺
蕉叶白
天青
鱼脑碎冻

老坑的石品《肇庆端砚》（王安平编著）

黄龙装饰的《蛟龙闹海砚》（图片由肇庆市端砚协会提供）

①五彩钉，又名五彩疗。白色中夹杂绿色、黄色、紫色等颜色的结晶斑块状。
②油涎光，端砚中呈现的一种铁灰色的反光现象，不利研墨。

端砚除了石品以外，也有石病。顾名思义，就是不好的材质。石病一般有黄龙、五彩钉①、虫蛀、裂纹和油涎光②等。

有黄龙的石头，就显得不那么名贵了。它一般是一条黄带，在靠近石皮边缘的地方，比较容易出现。五彩钉是很硬的，工具都碰不了，还要用砂纸打。虫蛀也是石病，听名字就知道这块石头好像被虫蛀过一样。裂纹就是石头的岩层里面，随着岁月的流逝一步一步地裂开，形成了裂缝。

油涎光从石材的正面看不着，一般从侧面可以看见，其实它就是这块石头磷聚集的地方。端砚的含磷量是很高的，所以端砚的好处在什么地方呢？我听前辈说，你用墨汁写的档案、材料、房契，以前没有什么防护措施，很容易有虫蛀。但是用端砚研磨的墨，文件基本上都能保下来，关键就在于磷起作用。因为研磨端砚，这个磷都溶解在墨里边。还有你用墨汁写的字挂在墙上，远远看去都是黑洞洞的，用端砚磨墨，写出来的字挂上去，你就可以看见有些闪闪发光，这个就是磷了。再有以前端砚用来划火柴都能划得着的，其他的砚台就划不着，神奇之处也在于磷。

采石是个技术活儿

端砚制作首先第一步是采石。水洞的开采比较困难，比如说麻子坑的水岩以前开采的时候，用水斗，人工从坑底一斗一斗传到上面。1962 年麻子坑恢复开采以后，那时候没有发电机，用农田里的小水车抽水。这个小水车是什么样的呢？这个小车是双臂的，高度刚好没过水田的一半。到了 20 世纪 70 年代，有发电机了，这就好办了，可以用发电机抽水了。

采石的时候，我们先要观察。不管什么样的石头，我们看这个石皮干净光滑，没有太多的杂质，打开里面没有裂纹就是好石头了。一般我们都是凭着经验，能够觉察到石头里面有没有石病。所以我们一般跟着石脉走，当然石脉不是全部都能用，废石料很多的，我们要找到"砚石层"，也就是所谓的"石肉"，它的上下两侧是"顶板石"和"底板石"，都是不能用来做砚的。宋坑是一层一层的，很容易看得清楚，中间这层最好。但是老坑、麻子坑石脉就不那么容易分清了。顺着石脉找就可以采到一块比较好的石头。

采石先用炮凿去打炮眼。打炮眼以后，一般我们用土炸药，就是用木炭加硫黄做成的，它是没有雷管的，我们叫"黑药"。放土炸

采石（图片由肇庆市端砚协会提供）

药有个好处，就是开采下来的石头没有什么裂纹。现在开采都用雷管和黄药，这个石头的裂纹就很大了。然后要在顶板石和底板石离石肉十五厘米处下凿，我们通俗叫"开柳"。最后用比较大的铁笔，把石材撬出来。采出来的石头有一个选料的问题。这是因为有时候开采出来的石料，还有一些废料，你要把这部分剔除出来。所以还要再筛选一次，有些太大的石料还要把它剖开。

一块天然的石料，采石的师傅一般会按照石头的纹路，用凿子把它一片一片叉开，这样就减轻了负担。说句老实话，这也是个技术活，你不懂得石头的生长规律，不懂它的结构，你就可能把整个石头打碎了，整不成一片一片的。有些石头一两百斤重，不可能从山上运下来的，在山上挑一百斤很了不起了。而且挑一百斤石头，起码要五六十块钱，现在基本上要一块钱一斤才给你挑。从山上运到村里大概要两个小时，整个山路都很陡。那特别好的石料就出高价，要两个人抬着下山，山上采石的情况大概是这样。

回到村里呢，就要进行维料了，维料也叫裁料。裁料以前都是一个人用单头锯把石料锯开，那时候还没有机器嘛，土办法，拿个锯片用人工锯。一两百斤重的石材，大概一天才锯不到一尺，没有一两天你锯不开。当然一小片石材，两个小时就可以锯开了。现在有机器了，几分钟就把石头锯开了。

维料（图片由肇庆市端砚协会提供）

锯开了之后就交到石工手里，再做一次选料。先用凿子把它打平。这时候它还是毛坯，就用锤子、凿子把毛坯砚凿平整。但是，即使你是很内行的石工，打得也不是很平，因为手工有误差，所以在打平之后呢，还要搞一块磨石，把这个石料磨平。之后就是锯毛坯砚的四边，还要用割线刀，拉一道很准确的石边，这样方便锯石料。

下一步就要确定雕刻图案了。设计的时候，如果遇到一个好的石料，我四十岁以前的习惯是画草稿，起码要在石头上定个位置，还会用凿子画线条。现在越来越熟练了，就没有起草稿了，直接雕刻就行。当然，我会提前想好雕什么图案。假如我要做几条鱼，一定是心目中有个数，我要怎么雕刻。现在这些都不是问题了，我主要考虑的是做什么题材好。说句老实话，有些时候不是一下子能够想到做什么，可能十天半个月也不行，因为下不了决心，不知道做什么好，有些时候灵感来了，一下子就做出来了。还是构思的时间长一点，想好下刀就容易了，如果没想好，下刀做了以后，不知道怎么做，收不了尾就麻烦了。所以每件作品我都是想好才动手雕刻，这样就不会有问题。当然这要考虑到市场，客人需要什么，你就做什么。

雕刻技法的话，我一般用高浮雕、镂空雕、线雕、平雕等。在整

雕刻（图片由肇庆市端砚协会提供）

个端砚行业中，大概我是第一个做立体雕的。因为新中国成立以前基本上都是平雕，很少有高浮雕，立体雕更是没有。镂空雕同高浮雕只是名称不一样，基本上一个道理。它们刀法一样，刻出来的效果也差不多。立体雕，顾名思义就是它的立体感比较强。低浮雕就是平雕，它属于阳雕，一般都是浅雕。线雕是阴刻，要有很好的素描基础，才能搞阴刻。一旦下刀，要稳、准，没有什么改动。但是线雕有一定的难度，简单来说就像是画画里面的工笔画，它主要看雕刻的刀路、刀法，怎样把一个物体表现出来。

雕刻之后，还要交给人打磨。以前用一种土石或者河沙来打磨，现在主要是用油石、水砂纸来打磨。水砂纸一般都用 800—1000[①] 的，油石也有很多型号。现在还有了打磨机，它在很大程度上减轻了人

①800—1000'都是水砂纸的型号。目数越高打磨出来的程度越光滑越平整。

打磨（图片由肇庆市端砚协会提供）

工的劳动强度。砚台做好了先用机器粗打磨,粗打磨完了再用水砂纸细打磨。

端砚打磨之后,还要打蜡、抛光。以前打蜡一般用蜜蜡,但是现在蜜蜡不容易买到了,养蜂的人才有蜜蜡。所以很多人都改用黄蜡、白蜡了。现在上蜡很简单了。以前我们上蜡就用木炭,放在上面把这个石头烤热了,这蜡一黏上去就熔化了,然后再拿块碎布,擦得均匀就行了。现在不用布条了,一般都用电风筒吹干。

打蜡以后还要配砚盒,好的砚台要配好的木盒,一般用花梨木、紫檀或者酸枝①。普通的配锦盒就可以了。端砚整个工艺流程就是这样。

保养端砚除了上蜡以外,一般放在房里,不要曝晒就可以了。可以用墨养,但是不用的话,你最好就放在水缸里水养。我们用完砚之后,用清水洗一洗就行了。

另外咱们端砚制作还会受到天气的影响。四月份这个时间段回南天②,天气还比较潮,我们都不能干活了。因为我们用手一搓,这个石头就湿了,上水珠了,不能做了,而且手一拿这个石料,上面都有手印了,所以一般清明前后都不做砚台。

工具都是我们自己做的

我们端砚这个行业的工具,从来都是自己做的。在 20 世纪六七十年代的时候,物资很缺乏,所以我们就自己动手做采石和雕刻的工具。以前采石工用的凿子,一般的铁还做不成,一定要用汽车发动机的手

① 酸枝,粤语,指的是红木。
② 回南天,是对我国南方地区一种天气现象的称呼。通常指每年春天时,冷空气减弱,南方的暖湿气流北上时,盛行偏南风,气温上升,湿度增大,俗称回南天。一些冰冷的物体表面遇到暖湿气流后,就开始在物体表面凝结、起水珠。

摇弯把。先用木炭烧火，像打铁一样，把这个大弯把烧红拉长，做成铲石头的凿子。这些凿子烧红了之后还得见水，就是我们说的"淬火"①，工具好用不好用很关键的就是这步，你不懂淬火，一碰就崩断了，不然的话就是卷起来了，所以自己做工具也不容易。

①淬火，金属和玻璃的一种热处理工艺，先把工件加热到一定温度，随即浸入冷却剂中急速冷却，以提高硬度。通称蘸火。

一般采石，主要用柳凿、炮凿、铁笔和铁锤。柳凿也叫尖凿，这是专门用铁锤敲打的。在岩洞里你要把石料选好，这个石料镶在岩层里，你没有把握挖出来，所以得先确定要挖多大，你就用尖凿在岩层上划出个大致的范围。

炮凿主要是用来打炮洞放炸药，把这个石料炸出来。假如你进入到坑洞五十米深，旁边有废料，你手不够长就不能采了，所以你要把废料去掉。炮凿就是在旁边的废料上打炮眼，这石肉一般不能打，不然就会把石头损伤了，石肉就会有裂纹。石料都选好了，你怎么样挖出来呢？就用到铁笔了。它主要是用来撬石的，把石头一块一块撬出来。一般比较大的铁笔有一米半到两米长。采石的工具基本是这些。

在家里做砚的工具，主要有锤子和凿子。锤子有两种，一种是

使用木方子

雕刻用的各种凿子

铁锤,一种是木锤。木锤一般是一条木方子。这个木方子是做什么用的呢?主要是雕刻的时候,用它来捶打凿子。一般做坯的时候用的力气大,而雕刻不用很大的力气,它要慢慢雕琢,所以最好用木锤。做木锤的材料比较硬,一般用我们做砚盒的花梨木,找些边角料就可以了。我的木锤都用了二十来年了。

凿子一般有勾线凿、圆口凿、方口凿和铲凿(鲤鱼肚),每种凿子都有大中小三个类型,基本上就是这几种凿子。

勾线凿是尖尖的刀口,用于拉线条、刮雕痕。以前起线就用这个凿子,按照设计好的纹路凿开。这种凿子我们以前用的多,现在不流行了,很多人都不用了。

方口凿一般比较小,专门用来刻划线条。我个人很少用大的方刀,一般用中小方刀。还有圆口凿,因为考虑到有些砚池里边要做弧形,如果全部用方刀做不好,一定要用圆口刀做。有些特殊的比较小的圆刀,可以用来钻,特别是做水浪,用手钻孔就能达到想要的效果。

铲凿我们也叫鲤鱼肚,它是一种弧形的刀口,一面是方的,一面是半圆的,一般用来铲平砚台的图案。铲凿钝了就用来做扁凿。基本上每个凿子都是这样用的,刚开始的时候都用来铲,因为太薄,一敲打就会断的。如果铲钝了就用来敲打,敲打不能用太利的刀,太利的刀容易断。

不管什么样的凿子,我们都可以用凿杆,也就是我们说的凿

凿卡和木方子

卡。它上面有很多大小不一的洞,大洞就是铲凿用的,小洞就是勾线凿用的。为什么用这个凿卡呢? 因为雕刻的时候利用凿洞,把凿子卡上之后,就可以借用我们自己的臂力了,这样能雕刻的时间比较长一点,如果你整天用手,坚持不了多久。

大概是 1980 年左右,就开始用合金刀了,现在雕刻的工具全部都是合金刀。当然合金刀有各种型号的,软硬不一。我们买合金刀的好处就是, 你可以在这个基础上自己打磨, 做出来合适的工具,起码比我们以前全部自己做省事很多。

工作台是 20 世纪 80 年代才有的,最早就是端溪名砚厂在用。以前我们学艺都是蹲在地上,用一个小凳子就可以了。我现在用的工作台是找人用松木做的。

打磨用到的工具就是滑石、油石和水砂纸。以前我们那个年代用河沙、土石磨完之后,再用滑石打磨。滑石现在也没有了,用水砂纸代替了。因为石头磨石头,当然慢了,水砂纸磨得快。

油石有很大块的,也有一小条的,各种大小、各种形状的都有。如果买过来的油石太长不好使,自己锯就可以,切成一块小豆腐那样的。油石打磨完,你一定要经过水砂纸细磨,才能把这个砚台磨得光滑。

我做什么都大刀阔斧,不拘泥一点一画

大概是 1972 年,我做了第一方砚台,就是《百鸟归巢》砚。在当时来说,整个行业只有我的师傅程泗做过几件百鸟归巢。我那时候做砚中规中矩,砚台都是方形的。《百鸟归巢》砚的特色就是雕刻了一百只鸟。

1974 年我做了一个《通雕南瓜》砚,这是很有特色的。当时传统的砚都是浅雕,在表面雕一些东西,很少有立体雕。那时候我就大

《百鸟归巢》砚

胆运用立体镂空的雕刻技法,创作出这一方砚台。别人都称赞这是一件独创性的作品,以前都没看到过。

很多人评价《貂蝉拜月》这个砚做得好。我雕了一棵松树,松树上面有一个月亮,貂蝉在旁边拜月。这个作品我印象很深刻,我用了高浮雕,因为浅雕表现不出人物的形态,而且树木用浅雕,表现力也不强。这个作品在当时还获得了广东省工艺美术公司的二等奖。在参评的时候,我还坐汽车去广州了。那时候好像还有坐轮船去的,轮船一般是晚上出发,第二天天亮到广州。我还记得那时候我住在广州的爱群大厦①,它的门全部都是铜的,其他酒店都是铝合金或者是铁的。

1985 年左右,我做了一个《百子千孙》砚。这个砚的特色是我做了五百只螃蟹。它用的料是出自北岭梅花坑的石皮,质量不怎么好,包括现在各种名坑的石皮都一样,像黄龙线、五彩钉、虫蛀这些石病一般都在石皮上,所以石

①爱群大厦:三星级酒店。位于广州市区沿江西路。1934 年初由香港爱群人寿保险公司投资兴建,故名。1937 年 7 月落成,楼形采用美国摩天式,楼高十五层六十四米,为当时广州最高的建筑物。

头一定是石心比较好。但是这块料结的石眼特别多,密密麻麻的。做这个《百子千孙》砚之前,我也做了很多螃蟹,但是没有这么多石眼,都是只有几十个,最多的只有一百多个。所以当我拿到这块石料以后,我就决定继续做螃蟹。我的主要构思就是一块荷叶包着一个田螺,然后每对眼睛都做一只螃蟹,一层一层做下去,所以这是一个立体的砚台,背后全部雕满了螃蟹。我为什么特别喜欢做螃蟹?因为我是农村人嘛,小时候经常到稻田里摸鱼摸虾的,那时候抓了螃蟹就是用来吃的,在路边点个柴火,就在那里烧了吃,所以对螃蟹我们特别熟悉。

1987 年到 1988 年,我做了一个砚,叫"端州古郡图"。这个砚是我师傅程泗设计的,这是一方很大的砚,大概有两米多长。当时我做端砚厂的厂长,一个日本商人到厂里来要求我们做一个大砚台,所以我就叫我师傅设计一个图案,这名字也是他起的。我师傅是根据肇庆的地理环境去构思的,他把羚羊峡、砚坑、古塔这些标志性的地方都做出来,这些都是古时候端州比较有名的地方。这个砚要好几个人一起做,一个人用桌子,其他人蹲着做。当时有电钻了,所以打洞什么的都比较容易。但是雕刻挺费时间的,这个作品做下来总共用了两个半月到三个月。

2002 年的时候,我做了一方砚叫"旭日东升",这个作品还获得了国家级的金奖,当时是在上海评的奖。《旭日东升》就是表现太阳刚出水面的样子,所以我就在水浪上边雕了一个太阳。新中国成立以前做的水浪都是平雕,就像老太婆的头发一样梳得很整齐。我做的这些水浪跟以前的不一样,我参照了牙雕和木雕,做出来的水浪有一种白浪滔天、不断翻滚的流动感。

《九龙驭天》,这个砚的图案是山东的刘克唐[1]设计,然后提供给我的。这个石料里边有蕉叶白,旁边有火捺。这方砚我做了大概有七八个

① 刘克唐(1952—),山东省临沂市人,鲁砚雕刻艺术家,中国工艺美术大师。其代表作有《凌云砚》《听竹砚》等,著有《鲁砚的鉴别和欣赏》《刘克唐砚谱》等。

《旭日东升》砚

月吧。我近年来年纪大了,做高浮雕有点力不从心,所以现在一般都是做浅雕。

《晨曦》表现的是水浪翻滚,太阳刚出水面的样子。我原来定名是《夕阳红》,因为这块砚有火捺,所以我的构思是太阳刚下山,天边有火烧云,看着像是夕阳红。但是刘克唐后来看了,说这个名字不好,夕阳说明这个太阳已经是傍晚的了。早上太阳刚升起的时候,天边不也是红的嘛。所以后来就定名为《晨曦》。

《灵龟》的材料是用古塔岩做的。我用了很多龟背的化石镶在砚上,虽然龟背不是很完整,但是也是很有特色的。既然是龟背,你必然要做头、脚、尾巴,还要再配一个底面。这种砚我做了好几个。

《山水》的石料出自坑仔岩,可以说做山水的题材我自己掌握得比较好。当时我拿到这块石头就想做山水砚,因为它的形状比较适合。以前做山水要考虑的地方比较多,所以一般都是局部雕刻山水。我当时决定做一方比较全面的山水砚。这块山水砚做得还算比较成功。

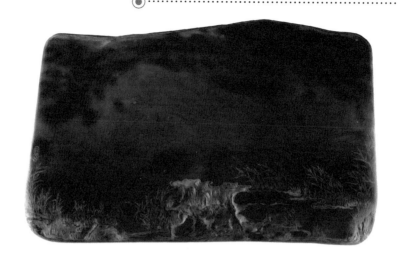

《晨曦》砚

《禾蟹(和谐)》这个砚的石料是从佛山东面的砚坑出来的,纹路很特殊。这个砚主要是表现农家的生活, 有一片森林, 旁边就是稻草,还有螃蟹、田螺、蚌等。我做端砚从来都是别人不做或不太做的题材。这些题材基本上很少人做,加上布局比较好,所以做出来的效果也相当好。

我的作品特点就是做什么都有大刀阔斧的感觉,不拘泥一点一画。做静物一定要做出它的脉络和气派, 做动物就要表现出它的灵性,云彩做出来有风动的感觉,水做出来有流动感觉,那才叫有生命力,那才是成功了。如果把这些地方都体现出来了, 它就是一个好作品。

题材上从以前到现在,我都力求创新,同一个题材不要用同一个风格,我永远不会跟着别人的风潮走的,我的创作有这个信念。我自

《禾蟹(和谐)》砚

己对各种题材、各种技巧都比较了解,再加上我自己有创新的想法,所以当时我自己做砚,就从题材和款式这两方面下功夫,社会上没有的,我就自己去探索、去创作,所以收到的效果也都比较好。基本上我没有什么货源积压,因为别人一看见你的砚台,感觉确实跟其他人的不一样。

端砚题材我是根据各个时期社会的要求去做。1975年以前,我主要做人物和传统图案。1975年到1990年,做山水、花鸟、鱼虫比较多。现在什么题材我都可以做,做蝙蝠我最拿手了。最近我主要做鱼、虾、螃蟹,水族的动物比较多。

以前采石工拜"五丁"为师傅

新中国成立以前,我们这里有拜师的仪式,一般在农历四月初八,就会举行拜师节。你要杀个牲口,烧个香拜拜神。以前的时候,采石工都会拜五丁为师傅。五丁其实不是一个人,而是五个壮士。相传他们是在四川修路的,他们齐心协力把石头炸掉,开了一条蜀道出来。五丁开路也就是采石。木工一般会拜鲁班,练武的会拜关云长,我们采石头的就拜五丁。这拜师节活动已有几百年历史,20世纪50年代停办,2005年恢复。

1978年左右,宾日村端砚厂想要找一些雕刻的师傅,因为原来他们村很多人只是采石,没有人做砚台。宾日厂的厂长呢,同我父亲是好朋友,他在宾日村组织了十来个年轻人,然后邀请我去做他们的师傅。所以我就带着我弟弟和一个徒弟,我们三个人去讲课。当时我也是利用晚上,趁农村人赶集的日子过去,基本上一次是三五天。那时候农村人不知道什么是礼拜天,就只知道赶集的日子。我在那里教了一年,基本上他们自己都能够独立工作了,我就不过去了。

原来的肇庆地区工艺公司,他们有一个艺术班,大概三十个人,专门从事绘画的,后来端砚名气越来越大,他们又想要做端砚。所以他们把我拉过去,给他们讲雕刻,做他们的指导,我在那里干了半年。

原来在端砚厂,我还举办了几期学习班,每一次都是八九个人一起来听课。那时候我都是白天工作,晚上给他们讲课。这个学习班,学生都是本厂的职工。因为当时端砚厂扩大了规模,工人一下子增长到一百几十人,但是缺少专业的人才,如果你都从别的村叫过来,他也不一定懂这门技艺。加上那个年代虽然是做订单,但是生产要求都很高,所以,要教工人学艺。工厂就把这个任务交给我。我办这个学习班,主要是给他们画画草图,讲讲原理,矫正他们雕刻的手法。

我主要是举办了这几个端砚培训班,还有附近村子其他的人,晚上到我家里来学雕刻。所以我的徒弟呢,一下子说不清楚,基本上我们村这些后辈都跟我学过。

程振良是我的侄子。我教他很自然的,我是跟我叔叔程泗学的,我侄子要我教他也是一样的。他要学画画、雕刻,我都会无条件地

程文授徒工作照（摄影者：岑清辉）

教。他大概是 1985 年跟我学的，当时他只有十三岁左右。那时候我的孩子程进刚和他都读完初中了，我的孩子毕业了就进端砚厂了，他到财贸学校又读了三年，所以他比我孩子晚三年学艺。

当时我在端砚厂任厂长，加上程振良学得差不多了，所以他一进厂，我就让他干雕刻工作了。其他人都要先做几个月砚坯的，掌握一下雕刻工具。如果你什么都不会就去做雕刻，那就显得比较笨拙，特别是没有基础的话，凿子都使不好。如果聪明的人做砚坯，三个月到六个月就可以了，然后就可以开始进行雕刻了。先是做粗的雕刻，因为刚做的时候，如果没人帮你修改，你的作品基本上是卖不出去的。

学艺就是这样，你以前会做坯就好一点。有些人刚在学校里读完书，完全没有基础，你可以慢慢地教他，比较聪明的人，一般一年就可以出师。我主要教他们雕刻，怎么使用工具。另外还要启发他们的思维，原来他们都不知道怎么去构思，你就教他们怎样画图，怎么样去表现一个物体。你审视一个物体，就得看这个物体的形状是什么样的，是方形的还是椭圆形的，得按照它本来的样子去做，关键这个概念得教他们去理解。比如说刚开始雕刻一只鸡,你做的这只鸡,鸡嘴不能做成扁的,扁的就是鸭了。假如他脑袋比较灵通,很快就能领悟。构思的话也没有什么诀窍,主要是口传心授,学生要是听不明白,你就画个图,一边画,一边给他们说。

我的学生还有一个叫杨焯忠,他是宾日村的。他的父亲原来跟我是工友,在工厂里的时候,他父亲是采石的师傅,后来到办公室里做会计,所以跟我是搭档。他父亲叫我带带他,让他学门手艺。

现在咱们端砚的传承,基本上是个人行为,因为这个行业都是个体在经营。今天你跟着这个师傅学,明天就又跟另外的师傅了,都是这样的,水平也参差不齐。你要学得

唐 箕形端砚(广州市文物管理委员会藏)

熬个一年半载才行,我也不收你的钱,但是我也没钱给你。

我这里还是广州大学的一个艺术硕士研究基地,这是 2013 年的事了。那时候我们到广州大学开会,各行各业的人都有,有做陶瓷的,有做雕漆的,有做木雕的,有做象牙的。开完会之后我们才知道,他们是要我们帮广州大学培养艺术人才,每一期一两个学生要到我这学一年雕刻。

我从来不计较个人的得失。坦率来说,我教人就是和以前做砚台的老师傅对着干。原来的老师傅,他们从来不教人的,到了我们这代人,特别我开了先例,谁学我都教。我学了艺就要教人,让更多人学做端砚。

砚台的生命在于创新

以前的砚台一般都是实用砚为主,图案都很单调,所以旧砚里都没有什么雕刻的,素砚比较多。唐代的时候,正形砚和箕形砚居多。箕形砚就像一个簸箕一样,上边还有两个角,我们也说是凤箕砚。这种砚现在很少见了。到宋代的话,苏东坡用的那种随形砚比较多。随形砚比较小,但是随形砚的材料,特别是新中国成立前的随形砚,质量都很好。仿古砚一般是按图案来做,先把旧砚的图案拓出来,再拿着这个拓片对着做,基本上是这样完成的。

古砚的题材都很简单,一般都是做云、龙、蝙蝠等吉祥的事物。蝠谐音福,寓意福满堂。像花鸟、山水、人物这些,都是到了民国之后才逐渐有的。我什么题材都可以做,既可以做传统的,也可以做现代的,像龙凤、鱼虫、花卉、人物,等等。我 20 世纪 70 年代就开始做人物了,比如说做观音啊、仙女啊。这些题材我都是从书上找到的,我的师傅程泗那里就有很多这方面的资料。

古砚一般没什么雕刻。民国至新中国成立前的这段时间,才有了一些雕刻,而且大多以平雕为主。原来上海博物馆邀请我去帮他们鉴定旧砚,基本上都是平雕。大概在新中国成立前十几年,端砚就已经停产了,那时候时局不好,加上没人买端砚,所以端砚就衰落了。新中国成立以前做端砚的人很少,不像现在这么多人。1962年我学艺的时候,端砚刚复产一两年,这个断档期大概有二三十年吧。

以前生产队的时候呢,卖砚台基本上不通过工厂,都是通过五矿进出口公司卖的。20世纪70年代以后呢,我们就拿砚台到广交会①去卖,商人看过以后下订单。那时候台湾人买这个砚台,集装箱装回去的。他们通过公司下订单,需求的货量比较大,从那之后就掀起一个生产端砚的高潮。

现在做砚的人比较多,很多人有这个干劲,题材、款式都打破以前的框框了。反正端砚怎么说还是一个产品,一个产品做出来要有人买,所以现在的人呢,都比较注重创新。传统的题材社会需求不大,别人都是买新潮的款式,你做了一个传统的款式卖不出去,第二个也没卖出去,你不可能再做第三个了。所以,你就找原因,为什么没人买,人家买的都是什么样的,然后就反思创新嘛。

现在机器可以做砚台了,其实有机器可以减轻劳动强度,对于提高制砚的产量有一定帮助,但机器做出来的东西,雕出来的样式,都比较生硬和古板,这种机器砚充斥着市场,对手工砚带来一定的影响。但是机器只能做一般的普通砚,都是一两百块钱的东西。高档的端砚产品,不受这个机器的影响。

① 广交会,「中国进出口商品交易会」的简称。主办单位是中华人民共和国商务部、广东省人民政府。创办于1957年春季,每年春秋两季在广州举办。自2007年4月第101届起,广交会由中国出口商品交易会更名为中国进出口商品交易会,由单一出口平台变为进出口双向交易平台。

程文工作照（摄影者：岑清辉）

现在能做得动我就做，尽可能不那么快丢了手艺

会写毛笔字的人肯定买砚台，但是关键是现在写毛笔字的人比较少，普通人一般都用钢笔，现在基本上都用电脑了。所以我感觉，砚的需求其实不是很大。真正高档的砚台，现在都是收藏家买，买回去不是用的，而且收藏的基本上都是中小型的砚台。收藏端砚的有两类人：有部分人专门就找好石料，可能他看中的是老坑或者麻子坑的材料；也有一部分人专门收藏一些名人的砚台，主要是看中他的工艺，名人的雕工一般不会很差。

咱们端砚在外事活动中，有时候会作为国礼赠送给外国领导人，而且领导人出国访问也会带端砚出去。我做过一个《西湖风景》砚，这件作品就是作为国礼的。当时大概是 20 世纪 70 年代，我还在工厂，领导要我给国家领导人做些端砚礼品，我就做了这一方砚台。

　　说句老实话,我们只有一种期盼,就是期盼国学重新热起来,更多人学习书法,那就有更多人使用砚台。现在的情况是这样,中国很多有钱人,他们都注意收藏端砚了,这些作品都是好的石料,好的手艺。但是真正要扩大生产呢,还是要提倡国学,人人都学写毛笔字,我们就期望将来能够出现这种情况。

　　现在我还能做端砚,天暖和了有空就做一下,能够做得动我就做,尽可能不那么快丢失这个手艺。一般五一节以后我才做砚,天冷我就不做了,而且五一之前还潮,也不容易干,没有效率。所以这一年正常的话,我大概能做七八件作品,平均算下来大概多半个月做一个砚。

　　除了做砚,我现在就是打打麻将,同人去喝点酒,其他活动我也不大喜欢,生活就是这样。说句老实话,我这一辈子都是从事端砚制作这个工作,现在成名了,做的产品也不愁卖,所以现在生活过得比较好。

歙砚制作技艺

歙砚是中国四大名砚之一。主要制作地和成名地在古徽州歙县，故称歙砚。江西省婺源县原属徽州，所产亦称歙砚。

早在汉晋时期已有文献和现存石砚记载歙砚问世。唐代书法家柳公权在《论砚》中已把歙砚、端砚、洮砚、澄泥砚列为全国四大名砚。到了五代时期，朝廷第一次在歙州设置了"砚务"，擢砚工李少微为"砚务官"。宋代，歙砚发展很快，其名色之多、质地之细、雕镂之工，为诸砚之冠。歙砚名坑"水蕨坑""水舷坑""碧里坑""驴坑"皆宋时所发。宋代名家欧阳修、苏轼、米芾、蔡襄等都有评赞歙砚的文字传世。元代时名坑石料近乎绝迹，生产一蹶不振。新中国成立以后，歙砚生产再度复苏。

2006年，歙砚制作技艺入选第一批国家级非物质文化遗产代表性项目名录。

曹阶铭（中）和国家图书馆中国记忆项目中心的工作人员合影

曹阶铭

国家级代表性传承人

曹阶铭（1954—　），男，安徽省黄山市歙县人，安徽省高级工艺美术大师，国家级非物质文化遗产代表性项目歙砚制作技艺代表性传承人。现任安徽歙砚厂（安徽省歙县工艺厂）副厂长。师承砚雕大家汪律森，深得歙砚雕刻技艺真谛，经潜心研究和实践，完整掌握砚雕技能，技艺精湛。1983 年任歙县工艺厂、歙砚设计组副组长，专门从事就形（不规则形状）砚设计。在继承传统雕刻的基础上不断创新，开发新品种，取得卓有成效的成果。为传承砚雕技艺培养了数十名新一代传承人。2008 年被安徽省行知中学聘为歙砚雕刻高级指导师。他的作品被国内外藏者收藏，在砚雕行业享有较高的知名度和影响力。作品《歙州竹》砚获轻工业部中国工艺美术品百花奖优秀创作设计一等奖；《歙州牌》砚获第二届北京国际博览会银奖；《千斤龙》砚在首届中国（黄山）非物质文化遗产传统技艺大展中获金奖。

采 访手记

采访时间：2014 年 5 月 15 日

采访地点：安徽省黄山市歙县城东路 93 号老胡开文墨业
　　　　　有限公司

受 访 人：曹阶铭

采 访 人：范瑞婷

　　因为看过相关资料，所以在歙砚工作室一眼就认出曹阶铭老师，他正在专心做作品。看我们过来，他起身跟我们交谈。他看起来特别精神，显得很年轻，完全不像六十岁的样子。曹老师给人的感觉很沉稳，可能正是这样的安静和沉稳让他有足够的耐心和细心，在初学手艺时就比别人做得好，其作品终成为免检产品，也在以后大家纷纷"下海"自谋生路的时候，一直坚持留在工厂做歙砚。

　　曹老师的作品讲究线条的美感，注重工艺的细致，可惜因为一直在工厂上班，以前做的不少好作品，都被统一收走，大部分出口外销，不在身边了。曹老师不仅注重自己的发展，还十分重视团队的力量，他给我们讲解他与其他工作人员一起设计制作的砚台，与他们一起拍照留念，强调功劳是属于大家的，这个行业也需要大家一起来做、来努力。他说，他就是想把这个手艺传承下去，言语间对自己的徒弟很自豪，足见他对传承的重视。

曹阶铭口述史

郭比多 整理

街道上把我介绍到歙县工艺厂，当时我十九岁

我叫曹阶铭，出生于1954年12月，今年正好一个甲子了，差几个月就六十周岁了。我是本土人士，祖辈都在本乡一个叫腾子山的小山村，离县城大概二十五里路。我的祖辈其实不是我这个行业的，我的爷爷是一个徽州商人，他年轻的时候在浙江那边经商，回来以后就改行做印刷。我们县里印刷厂的前身就是我爷爷他们创建起来的，现在印刷厂也改制了。我出生在县城，从记事时候起就在县城长大，乡下我没待过。父亲、母亲都是在我爷爷的工厂里面搞印刷出身的。

我有两个妹妹，她们也都不是干我这个工作的。一个是插队招工的，招工以后在供销社里工作；一个是学校毕业分配的，在铜陵供电部门，不在本地了，现在都退休了。

我上学只上到七年级。由于家庭背景很复杂，爷爷是商人，家

里又有地，经过公私合营，印刷厂又是在我爷爷手上，所以当时成分很高，在"文化大革命"中是受冲击的对象。当时我的学习成绩在学校里是非常好的，就是受到社会影响，所以七年级学完以后就没学上了。在班上同学们当中，我都是作为"黑五类"的子女被他们取笑，造成我现在的性格非常内向，社交方面是很少的。我父母非常着急，到外地给我联系了一个学校，外地的学校同意了，把入学通知书寄到了印刷厂。我爷爷当时还在印刷厂上班，当时他受批斗，就把我的通知书给卡下来了，没给我。半个学期以后，那边学校来人，问我为什么不去上学，我讲我没接到通知书，是这么个情况，就失学了。失学以后，我就跟着我的父母在印刷厂学习印刷、排字、排版，但是我不是那么感兴趣，认为这个行业对个人的发展没有多大的潜力。后来又在家待了一段时间，就改去社会上打工。

我非常喜欢一些工艺的东西，比如说做做木匠，或者是画画、雕刻这些，在这个前提下，我就到街道居委会里面干了一段时间。由于我自己喜欢画画，当时搞宣传的黑板报都是我画的，组织上看到我有这方面的兴趣，就把我介绍到歙县工艺厂，当时我十九岁。

我进歙县工艺厂（安徽歙砚厂的前身）工作是 1973 年。我们进砚厂的时候，还是属于一种外加工的形式，把加工好的砚坯领出来，领到一个特定的工作地点，根据它的图纸或者是样品进行加工。当时砚厂派了两个师傅，到我们的工作地点进行帮扶指教。过程当中，师傅可能顾及不到那么多，只会跟你说这方砚该怎么做，给你一个大体的制作方式。在制作过程当中，你根据自己的体会去做，做完以后给他看，他再说哪些地方没有做到，要进行返工，就是这么一种形式。学艺开始的时候，一般师傅都是教一些基础的东西，给你一个长方的砚坯，跟你说从哪一步开始，先要把线条画出来，以后用敲刀、敲铲把线敲掉，把砚堂、砚池外形敲出来，然后再进行细加工。细加工也是很费体力的。以前的制作流程，没有现在这么机械化，现在粗加工方面能减少很多劳力，咱们可以用角磨机，把粗坯刮出来。

我在学艺过程当中,因为对这个行业比较感兴趣,在老师傅制作砚的时候,我就比较注意观察。他们的刀怎么用,平刀怎么用,圆刀怎么用,学艺过程我感觉没遇到什么大的困难。大概也就学了三四个月左右,基本上就能独立操作了。

砚是拿来研墨的,要有砚堂来研磨墨,也要有储水的地方叫砚池。再分砚额、砚侧、砚底,整个砚的形状就大概这样。

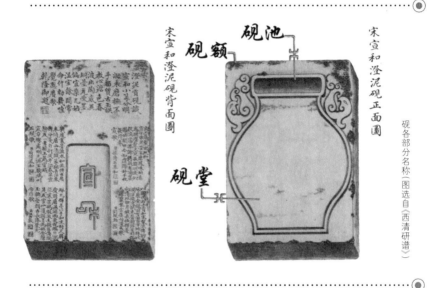

砚各部分名称(图选自《西清研谱》)

我完成的第一个作品,就是刚进厂跟师傅学的素砚,不雕刻,没有图案,就是线条的组合。砚肚①的宽度窄度,它都有一定标准,是根据砚的大小来定的。师傅都要跟你说清楚,比如一方七寸长方的素砚,砚肚的比例应该是整个砚坯的三分之一左右。砚堂占砚坯的三分之二。素砚上面不进行雕刻,砚额不会很宽,就是很窄的一条边。

在外面做了大概有一年多,后来随着砚厂的扩大,我们工作很多流程跟不上厂里的

①砚肚,也称砚舌,素砚设计中砚池和砚堂过渡的位置。

需求,所以就把我们全部收拢到砚厂里。当时厂里很多师傅都是很有名的,是厂里的生产骨干,技艺都是很高的。我通过和他们接触的机会,向好多前辈讨教学习。在这个时候就拜了我的师傅,我的师傅叫汪律森①。

你怎么考验我? 反正我就这样干,我跟着你学嘛

汪律森老师出身于砚雕世家,从他的祖爷辈开始就是制砚的。我专门跟他学了一段时间,他的技艺特点是擅长仿古砚,比如仿制前代像陈端友②这些制砚名家的作品。仿古砚都是以实用为主的,像仿宋代高台砚,就是高脚砚,那种砚很厚很高。从工艺上来说它的特点是以实用为主、线条为主,这个区别于现代砚。现代砚主要是有创意在里面,与仿古砚不同,现代的砚带一点艺术性在里面。它实用,又偏向于收藏欣赏,集几大功用于一体。仿古砚也是非常讲究材质的,但是它没有现代砚繁杂的工艺。

因为当时"文化大革命",汪律森老师在来厂之前可能受到一些历史遗留问题的影响。后来砚厂知道他家是生产砚的世家,所以把他请到厂里来,他一进厂基本上就做一些仿古的东西,设计由他来把关。

跟着他学也是非常偶然的。我当时也就二十一二岁。他大概已经六十岁出头了,有一次我到他那里去请教,他说你把你做的东西给我看一看。我就拿了大概有两三方砚台,他一看说线条非常好,你自己努力学,应该是很有前途的。他跟我说了这句话以后,我就说那我现在拜你为师,行不行

① 汪律森,砚雕名师。祖籍安徽婺源(今属江西),出生于砚雕世家。曾祖父汪桂亮、祖父汪培玉都是砚雕名工。善制仿古砚,代表作有《历代砚式》《仿古鼎式砚》等。
② 陈端友(1892—1959),江苏常熟王市人,海派砚雕开山之祖,享有近代琢砚艺术第一大师的称誉。

啊？他说你拜我为师，首先我要考验考验你。我说你怎么考验我？反正我就这样干，我跟着你学嘛。他说看看吧。当时他还没答应，后来我经常到他那里去向他请教，软磨硬泡，他也就默认了。这样我就跟着他学了一段时间，到1975年、1976年的时候，我跟一道进厂的职工就有区别了，我生产的东西可以免检了，在这个情况下，我就算步入歙砚制作这个领域了。汪律森老师的东西线条非常扎实，咱们做砚这个行业，实际上就是以线条为主，雕刻上就是看自己的发挥。

水波纹回纹玉堂仿古砚　曹阶铭制

再有印象深的老师傅，一位是方见尘，还有一位叫胡和春，这两位师傅对我的帮助都很大。跟方见尘老师学的时候，有一件事情我的印象特别深。我跟他学的是画画。画画也是我自学的，不是工厂安排的。工厂就是提供你生产的工作场地，必须自己请教师傅。我经常跟他在一块儿从晚上到天亮，有一次到下半夜的时候，我感觉有点疲劳了，就睡在桌子上，刚好把他的一张画压到了，他就很不高兴，"把我的画都压到了"。这一点我印象深刻，这也是我学艺过程中的一个小插曲。我感觉到方见尘老师非常严谨，压到他心血画成的东西，也是对他的不尊重。这给我一种感想，我们对艺术应该有一定追求，这让我思考应该怎么去理解，怎么去保护它。

我跟胡和春老师的关系像兄弟一样。他的年龄也就比我大几岁,不过现在他人已经不在了。像我们这一辈的人,都是在企业干了一辈子,已经把企业当成自己的家了。所以当时企业改制这个情况他可能受不了,有一定影响吧,后来他就过世了。我跟他的关系非常好,当时我们出去写生、在外面画画,我跟他都是一道出去。他的父亲胡经琛也是一位大师,参加过人民大会堂的修缮。人民大会堂的设计当时需要砖雕,他们这一家子正是以砖雕为主的。胡和春的风格也是以砖雕为主,线条都是高浮雕的东西,在学艺过程当中,我采用了他的一些雕刻方式,所以他对我的影响也很大。

现代的砚需要有一种意境

到 1983 年左右,由于我工作突出,工厂领导培养我,把我调去搞设计了。在设计组里面,主要工作就是设计和为车间里的生产制作样品。我制作的样品完成以后下发到车间,由车间工人照着样子进行生产。在设计组干了大概三年多,后来随着砚厂的扩大、人员的增多,就把我调到生产车间当车间主任了。从那个时间开始,我就走上了歙砚制作的管理岗位。

《万世师表》砚拓片

在 1985 年到 1988 年,我一边管理,一边少量地进行生产,这期间我制作了很多比较好的作品,比如说《唐模小西湖》《东坡赤壁》,还有《万世师表》。《万世师表》曾经拿去参加青年作品展出,这方砚当时就留在了展演的地方。《万世师表》是一方长方的砚台,背面刻了孔子的造像,砚额上面刻了"万世师表"四个字,孔子不是咱们的"万世师表"嘛。还有《东坡赤壁》砚,登在了《文房四宝》的杂志上。当时没有现在这个意识,把作品整个制作过程用照片保存,当时在工厂里工作,很多作品卖出去也就没有了。

《东坡赤壁》砚 曹阶铭制

我比较得意的应该说是《东坡赤壁》砚。当时我拿到这块石头的时候,整个造型是属于一种自然的形状,而且这方砚石有金星,有云雾状的金晕。我是受到东坡赤壁游《前赤壁赋》的启发创作的,砚的左下角刻了东坡携友夜游,在小船上一边喝酒一边写诗的情景。我在金晕上根据意境刻了半个月亮,砚的右上角按照石头纹理的造型刻了一座小山,山上长了松树,山势是悬崖峭壁。刚好石壁生长的地方,有两个小小的石阶可以利用。我是从这方砚开始在行业里起步的,有了一点名气,得到了大家的认可。

砚的制作题材很广泛,包括人物、山水、花鸟,自然砚就是利用石材的形状进行设计。刻山水是很典型的一种雕刻题材,它的意境从哪来?就是要通过一些古代的诗词,比如"床前明月光""明月松间照,清泉石上流",通过与古代诗词结合起来进行创作。我制作的《易安晨读图》,当时也是看到石材进行构思的。我拿到石材以后,感觉到它整个形状非常古朴,而且纹理非常的细腻,中间有一块自然形成的晕,当时我就想怎么利用这块儿晕体现出一种意境呢?我就想到了词人李清照,光刻一个李清照很单调,用什么东西来衬托她?就利用了芭蕉。这块晕造出了她早晨起来读书的一种意境。我就取了这么一个名字——《易安晨读图》。这是 20 世纪 80 年代初期创作的。

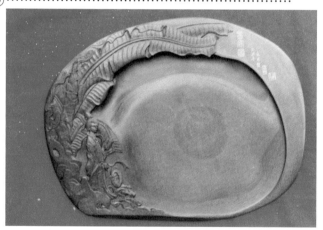

《易安晨读图》砚　曹阶铭制

20 世纪 80 年代以前工厂生产的砚,都是以出口为主,当时生产的砚都是以实用为主的,自然形状雕刻的砚很少。主要是椭圆形、长方形,这一类正规形的砚,而且国内市场也比较小,大部分都是出口东南亚、日本这一块,而且有些产品都是由客户方提供的图纸。

歙砚的传统技法,一般都是以浅浮雕为主,比如刻一些花边类型。所谓的花边类型就是正规的产品,长方形的、椭圆形的,在它边上刻上花边。现在都是要刻一些立体、半立体的,深浮雕、镂空雕的,向艺术品发展的话,它就需要各式各样题材和类型的作品。我自己现在主要做比较喜欢的类型,也就是以山水作品为主。

现代砚比较容易表达自己的心意和情感。砚石可以自己进行构思,雕刻的技巧也比较宽泛,所以我比较喜欢现代的一些作品。至于传统的作品,是作为一种基础,也是不可丢的,必须要学的。因为基础的东西才能够更好地体现现代作品,创作更加扎实,能够表现出基本功。

咱们砚雕这个行业,应该说跟美术是非常有渊源的。现在砚的定义已经有所改变。过去的砚有砚堂、有砚池就行了,现代的砚已经变为一种艺术品了,所以说在制作过程当中,就需要和美术方面结合起来。现代的砚刻山水的话,需要有一种意境,它的构思要与绘画结合起来,它的深浅、它的远近要从雕刻当中体现出来。中国画在这方面,是非常讲究的。比如说画的背景,它的空间感,咱们在砚上怎么才能把它体现出来,需要你有一定的绘画基础,没有绘画基础的话,你也设计不出一方好的砚台来。

现代作品当中,我们借鉴了很多玉雕的雕刻技巧来体现。在砚的制作当中,必须要有一些高浮雕的东西,比如说创作牛、青蛙这一些动物类的东西,在浅浮雕当中不能体现,玉雕对我们就很有帮助了。还有一些立体雕的东西,有一些原材料生长的就非常像立体的山水,怎么样把它制作成一方砚?就要采用玉雕这个立体雕的形式。有些石材像倒挂的山崖,上面长一个梅花、梅树、梅桩,都是通过立体雕来体现的。在下方可以制作一个砚堂。

像木雕,也是属于深浮雕的东西。包括砖雕、石雕、绘画,对我们制砚行业都是有一定的借鉴作用。说到这里我有一个小故事。当时我进砚厂工作了大概有三年多的时间，在我们厂老师傅的带领下，我制作了一方老鹰的砚，拿去给我们厂的老师傅验收。他是一个画家，姓叶，是我们县里的一个大家。他说你这个鹰飞翔的时候，翅膀的形态不对，你没有观察鹰的形态，所以你刻不好。当时我们工厂后面有一条河，河里有一个石崖，那个地方老鹰飞得非常多，他说你应该站在岩石上去观察，它的翅膀应该是一种什么形态。他提醒了我，生活是艺术创作的源泉，你要仔细地观察。他的话对我影响非常大，他说我们应该从点点滴滴的生活当中找到创作的源泉，找出创作的焦点。

企业改制了怎么搞啊？咱们身份都置换了怎么办？

我从 1973 年进工艺厂以后，一直到现在就是做砚。跟我一道进厂学艺的那帮师兄弟，现在基本上有八成不干改行了，还有一部分也不太干了，就在家里制作了，等于走向社会自己谋生了。我们当时进厂一共有十来个人，现在干的也就两三个人了。

1999 年单位改制的时候，我很担心，怎么搞啊，企业改制了？咱们身份都置换了怎么办？原来砚厂和墨厂是两个厂，砚厂就是专门制作砚的，墨厂也是专门制作墨的，因为砚厂一部分工人自己到社会上去谋生了，县里为了保持传统工艺不流失，保持歙县砚厂这块招牌不外流，就把两个厂合并到一块，成了现在这个集团公司。

当时我也考虑过要改行，后来周厂长（徽墨制作技艺国家级代表性传承人周美洪）的厂合并过来以后，他聘请我过来，我毫不犹豫就过来了，当然经济上肯定要受到一些损失。我来的时候这个厂基本上是不做砚的,我来以后给他们组建了制砚车间,人员是我从我们老厂聘用了几个过来,开始是这样子。到后来,大概过了三四年,看到我在这个厂工作,而且厂的环境非常好,就有人慕名而来,这样陆陆续续地招了一些人。我们通过一两个月的培训,让他们正式走上岗位,现在这个厂光制砚这一块儿有十几个工人。

2012 年做的这方砚,是我个人比较欣赏的作品。它的长度是在一百一十公分左右,宽度大概是九十四到九十五公分之间,厚度是十五公分。由于刚好(中国共产党)第十八次全国代表大会要召开,周厂长也给我提了建议说,总要做一方有意义的砚来纪念它。我俩专门到婺源去了几趟,从乱石堆中把制作用的这方石头找了出来。这方砚石非常好,属于老坑水波纹,而且没有什么杂质,整个砚坯的造型非常端庄,是属于梯型,下面大上面小,很符合制砚的一种形态。题材方面周厂长也给我提过建议,我们花了几个晚上考虑,开始提了几个方案,做山水,意义不大,不能体现中国传统的技艺;做其他东西,也没什么好的创意。我想到咱们中国是龙的传人,还是以龙为主题,采取传统技艺,考虑怎么样融合进现代元素去。刚好又是 2012 年,就做了十二条龙表示 2012 年,在中间利用水波纹比较明显的一块,制成了一幅中国版图,海水表示五湖四海,祥云代表祥瑞福气。现在中国已经立于世界之巅,综合国力也比较强大,刚好之前国家的神舟飞船对接,就采用这么一种方式,加入这么一种现代元素在里面。经过多次探讨,最后定稿取名为《金龙越古今,高歌庆盛世》。这方砚从制作到开始,我带了两个徒弟,用了大半年的时间,赶在党的十八大之前把它完工了。

《金龙越古今，高歌庆盛世》 曹阶铭制

　　我的制作非常讲究线条的舒畅挺直，它的弧度应该达到什么标准。外面的一些工人为了生活，要把砚赶快做出去卖掉，可能不那么讲究传统的技艺，只要挖一个槽，线条不那么讲究。我们要求雕刻的细腻度要达到逼真的程度，这一点和他们是有所不同的。不管是粗坯制作还是精雕细刻，师傅教我们都是非常严谨的，不允许你通过其他的方式来进行制作。比如说刻一个松树，松枝怎么刻？有单刀，有双刀，还有圆刀，怎么体现它，要靠你的刀法。刻一个松枝，很多人都是用圆刀刻，一刀下去看不出它的线条来，传统的技艺应该是用单刀两边刻。

从前有一个猎户，捡了一块石头……

　　咱们的原料是从江西婺源县砚山村采购的。这个山脉从唐代开始就是歙砚的发源地了。为什么叫歙砚呢？当时的婺源县砚山村属于我们徽州府，徽州府当时是一府六县，包括了歙县、屯溪、休宁、黟县、婺源,还有绩溪,都是属于徽州府管辖的。大概唐朝开元年间本地有一位姓叶的猎户,打猎经过婺源砚山,有一条河叫芙蓉溪,在洞口的地方,发现了垒叠起来的石头。他看到石头晶莹剔透,而且纹理清晰漂亮。所以捡回来以后制成了砚,制成以后使用效果特别好。[1]因为这种石头密度比较高,莫氏硬度[2]是在三度到四度之间。这个硬度很适宜于制砚,为什么呢?它不吸水,硬度一高不会吸水,它能储存得住水。这种砚后来被当时徽州府的府官敬奉给了南唐皇帝(李璟),皇帝使用以后感觉到这个砚非常好,就封了砚工李少微做砚务官,进行大批量的开采制砚。那个时候歙砚开始出名了。

宋代的时候,是歙砚发展最鼎盛的时期,宋代以后一直到清代是没落期。到了清代的末期,基本就是濒临失传了。因为当时水把砚坑淹没掉了,而且由于军阀的混战,滥开滥采导致砚石的匮乏,只有很少的几个小作坊留存,我的师傅他们祖孙三代就是那个时候靠制砚维持生计的。新中国成立以后,由于政府的重视,1964年成立了歙砚生产合作社[3],对歙砚重新进行开采。

歙砚的特点主要就是密度高,纹理清晰。它和端砚比较,端砚也很发墨,也很细腻,但是敲击出来的声音就不一样。咱们歙砚敲击出来像钟声一样的,带金属声。端砚与歙砚砚石的粒子结构不一样,歙砚的粒子结构是菱形的,就是六角形的,端砚的粒子结构是圆形的。

歙砚的颜色大体上是以青黑为主,或者带一点灰色。砚石材质分几大块,一块是属于老坑的,老坑里面它有金星[4]的、眉纹[5]的、水波纹的、罗纹[6]的。从材质方面说,应该说罗纹是最上等的一种材质,因为它的

[1](宋)唐积《歙州砚谱》载:「婺源砚在唐开元中,猎人叶氏逐兽至长城里,见叠石如城垒状,莹洁可爱,因携以归,刊粗成砚,温润大过端溪。」

[2]莫氏硬度,该概念是1822年由奥地利地质学家莫氏提出的。他用十种矿物把硬度分为十级,按硬度从小到大分别为:滑石、石膏、方解石、萤石、磷灰石、正长石、石英、黄玉、刚玉、金刚石。

[3]歙砚生产合作社:恢复歙砚生产时的单位名称,即安徽歙砚厂。

[4]金星,石材中硫化物的结核。

[5]眉纹,大部分偏黑色,犹如美人的眉毛,因此得名。

[6]罗纹,石质上像绫罗一样的细纹。

杂质很少、密度高,而且纹理特征比较明显。最原始的坑开采出来的材质,叫老坑。当时的开采应该是从水底下开采出来的——砚山村芙蓉溪,就是咱们说的老坑。老坑年代久远,开采以后濒临匮乏了,而且经过战乱、滥采滥开,还有自然灾害,大水的冲刷,老坑倒塌了。倒塌以后就很难开采了,就从老坑往山上发展,我们所说的新坑,和老坑是一个山脉,现在变到山上去了。材质就比水底下的明显要差一些,密度也要差一些。像现在很多大型的砚是属于新坑的,用原来老坑之外的石头代替的。这一类石头摸上去的手感,明显没有老坑的好。有一些我们当地的石头,比如说紫云石也可以制砚,严格来讲不算是真正的歙砚。歙砚应该说有两个说法:一种是广义的,一种是狭义的。广义的歙砚就是在徽州府管辖的这一块出的石头都叫歙砚,比如说我们溪头乡产的石头,叫龙头石。它其实和婺源砚山是一个山脉,为什么说龙头石呢?就是溪头它是属于龙头,而婺源是属于龙尾,所以歙砚也叫龙尾砚。

评价材料的好坏,有几个鉴定方式:一个就是拿着石头看它的颜色、看它的纹理;第二就是抚,通俗一点说就是摸它打琢出来的面。歙砚有一个美称是"孩儿面",就像婴儿的皮肤一样的,摸上去很光滑;再一个是叩,叩就是听它的声音,以金属声为好,说明它密度高、杂质少;还有一个鉴定方式是哈气,咱们歙砚哈气成水,哈一口气在上面,马上有水珠出现。

一般选石料首先要看有没有裂痕,从山上开采肯定是大块的,首先要敲它的声音,听听它有没有断裂层,再一个是看纹理,它的粒子结构是粗还是细。这个就是要凭感觉了,石头拿到手上,专业人士马上可以分出石料粒子结构。里面有纹理的,从山上开采下来以后,没有经过打磨也看得出,比如说金星、水浪、眉纹,特征都非常明显的。

最近这几年石头成本飞涨,相差大概一百倍左右。砚山从1964年开始开采,由我们砚厂自己派工人到山上采石,采完以后把它制成坯运到工厂。后来由于江西省和安徽省的划分,把婺源县和我们分开了,行政上就没办法直接管理了,所以我们和他们订了合同,就是由他们开采送到我们厂来。当时是按吨计算的,后来限制开采了,我们到砚山村的农民手上去收购,这种计算方式就改变了,改变为按方计算。价格要看材质,眉纹的、金星的这一类都很名贵。比如说咱们在十年前,买一方十寸的金星的,是一百块钱,现在买一块十寸金星的,差不多要一千块钱。一般的材质咱们通过验收以后,论吨算,一车货送到我们厂,咱们估一下这一车货的吨数,换算出来给多少钱。名贵的材料就要特别拿出来计算,这一方砚台是几

在溪中淘老坑的石头

堆放的石料

千块,那一方砚台是几万块,现在的名贵材质,一个是濒临匮乏数量很少,第二个价格也确实是相当高的。现在当地砚山村的农民为什么有那些老东西呢?他是把自己原来盖房子,埋到房子底下当房基的小石头重新挖出来卖。还有一些因为在砚石多的时候,取料比较严格,稍微有一点点瑕疵的就倒到河里面,现在他们重新从河里挖出来卖。此外,还有一些倒到田里面的,现在把田全部搬掉,挖石头出来,再把田恢复回来。

从采石到产品出厂有七八道工序

砚的制作工艺流程,从采石到产品出厂,应该有七八道工序。第一步山上采石,第二步取料,第三步就是成型。成型以后到了操作者手中,就要进行设计,然后加工。

首先是从采石开始。采好以后选料,选料当中有几个要注意的,也就是砚石里面,有老坑和新坑之分,有很多名贵的石料,有金星的、眉纹的、罗纹的、细罗纹的,等等,这么一些类型。一块毛石,不可能全部都是有用的,里面有裂纹、石筋,或者是其他杂质,咱们都必须给它去掉。

从山上开采下来的毛石肯定是不规则的,这里有角,那里缺一块,这里少一块。原石拿到手以后,要把它外形取成砚的形状。成型的话,现在是通过大型的切割机,把原材料切割成制砚所需要的形状,比如说长方形的、椭圆形的,就要把它整个的外形取出来。加工时间不是太长,因为它是毛坯,取成一方砚要把毛边打平,把尖头歪脑的东西给它打掉,这个时间在一天左右;如果一块原石取成两方的话,你就要把它开片,这个工夫就要稍微长一些,可能一天不够。早先就是靠手工,最早咱们使用的成型工具是铁锯,两个人,一个人坐这边,一个人坐那边,然后拉,把它切割成所需要的形状。完了以后下到车间,由工人进行对样生产,在砚上把线条画起来固定图案,然后进行打琢,就是把线条边给它加深,这只是一个初步的起始工作,把整个形状搞出来。

再就是粗加工了。粗加工就是用敲铲,把砚堂和砚池打琢出来,把砚池里的弧度铲出来。在我们砚的生产过程中,工具也是非常重要的。敲铲、靠铲、雕铲是粗加工的工具,基本上都是自制的。刀头用合金钢,我们称它为钨金,前面把它开口,用一小块45号钢

各种工具

角磨机刮粗坯

焊在头上去,这样子它的硬度比较高,打琢砚台比较省力,硬度跟砚石的硬度正好合适,使用起来就方便一些。刀头可以制成宽的窄的圆的,这样适宜于生产各种形态形式的砚,砚池里面比如需要圆的刀头,把它磨圆了以后才能把弧度挖出来,平刀就是用来敲的,把砚堂、砚池部分做出来,便于下一道工序的加工。刀头种类很多,有平刀的、有圆刀的,有侧锋的、有单刀的,有双刃的、有单刃的,非常繁杂。靠铲的柄是木制的,前面的头可以替换,我们是一柄多用,使用方法是靠在肩窝,用来铲平。

粗加工以后进行打磨,打磨完砚池以后再进行雕刻。现在一般的初级加工,也使用半机械化的角磨机这一类的,比如打砚池、打砚堂就用角磨机,就不需要靠铲了。

《金星水浪松月》砚 曹阶铭制

这个步骤的打磨是粗打磨,不是细打磨。粗打磨就是,把你做出来的砚堂砚池外形磨细了,用油石进行粗打磨。油石是用金刚砂合成的石头,就是砂轮,是把磨刀石切割成小块儿。

设计是根据石头的外形和纹理来进行的

完成砚坯以后,设计的图案就要在大脑里有一个基本的概念。如果在长期制作过程中已经操作熟练了,构思的时候可以直接画到砚板上,就不通过打稿了。在不熟练的情况下,可以先进行打稿。制砚行业如果自己不会画的话,创作上就要差一些。像我们做到了一定程度以后,基本上一方砚石拿到手以后,先进行构思,想在这里刻什么东西、什么题材,在成熟以后直接用画笔画到石头上,不用画图纸。

设计是根据石头的外形和纹理来进行的。常规的产品都是长方形的、椭圆形的,就是在外框进行雕刻,刻上花边,那是常规型的。自然形状的就要根据它的纹理和造型来制作,有一些从山上开采下来需要保留原始形态的,就作为一种艺术砚进行加工。比如说石材纹理中,金星、金晕有很多像云雾状的东西,就可以设计成云雾。

比如说这方砚设计的有山水,有松树,雕刻应该是先把底板铲了,把树的外形刻出来,这是粗的步骤。接下来细雕,就是把树干、松针雕出来,松针要很细了,再来刻山脉。雕刻是凭着个人的发挥,比如我要雕刻一方山水,这方山水从什么地方开始刻呢,你必须把山脉的外形取出来,再精雕里面的亭子、水这一类的东西。要分层次,比如说远景和近景,都要从技巧当中体现出来,所以雕刻这部分是很繁杂的过程,在制砚当中是最主要的一道工序。砚底一般不雕刻,很多文人墨士喜欢题词、题款,我们就把它可以作为题款的地方保留下来。

雕刻看图案的繁易程度,传统的正规形砚按照雕刻位置来分,大概有半门形的、门字形的,还有长方形刻到底的这几种,繁的可能雕刻时间也比较长一些,简单一点的门字形的东西刻一方的话,也要一天半到两天的时间。

设计的图案雕刻出来后,然后全部进行打磨,这次是细打磨。全面打磨还是用油石,然后用水砂纸。水砂纸分成目数,目数越高打磨出来的程度越光滑越平整。最后一道工序用最细的砂纸,比如说800号的、1000号的水砂纸。打磨的时候要把刀痕磨掉。一般七寸小砚的话,从油石开始到水砂纸结束,粗打磨和细打磨两个部分加起来,估计在两到三个小时。

打磨完了还要验收,验收主要是看你按没按照样品生产,生产的样式走没走样,雕刻的工艺到没到位。常规的产品都有一定的规格,有一整套验收的标准,自然形状的就没有一定的标准,完全是靠验收员看。比如你刻一个松枝用的是什么刀,我要求你用圆刀你就用圆刀,我要求你用平刀你就得用平刀,你没有达到这个标准就要返工。验收一般都是由制砚经验丰富的老师傅来担任,他必须自己会制砚,这是最起码的要求。

烤蜡要让火很温柔地上来

验收合格了以后再进行打蜡。一般积攒一个月,点起一个炭火盆统一打蜡。蜡用的是蜂蜡,蜜蜂制成蜜之前,蜂巢里面有的一种黄蜡。把砚摆在炭火上面烤热,烫手以后把蜡抹上去,然后用纱布抹干净。咱们一般用制衬衫、手套的那种比较软的布,把蜡重新擦掉。为什么要烤热呢?烤热以后,它能钻到石质里面去,把表面的一层全部封掉。按以前的标准方式,我们是用核桃油上油,市场上看得到的买来吃的一种很大的核桃,用纱布包起来,砸碎以后把核桃肉剔出来,包上再捶打,砸出油来在砚上抹,不是买现成的核桃油。这应该说是最古老的方式, 意义就是保护砚, 使砚恢复原来的颜色。砚制造的时候,你可以看得出来它带着一种灰白色,是石质破坏以后的颜色,本身的颜色就显不出来。上这个核桃油,一个是恢复砚的颜色本色,另外一个是起保护的作用。

核桃油不容易有异味,而且在咱们这个地方——南方梅雨季,一般它不会发霉。可能因为使用不太方便,所以很多地方就改用了食用的植物油,用菜籽油、色拉油这一类油代替,这类油到了梅雨季节很容易变味或者是发霉。后来就改成了烤蜡。烤蜡绝对不会有异味出来,但是在烤蜡过程当中,你必须要非常注意,它可能会产生断裂,或者是打爆的现象,所以火候的掌握在烤蜡过程当中是关键的一步。火要用炭火,其他的电火是不能用的,就是烧下来的炭,不能有明显火苗,而且在炭火上必须盖一层炭灰,让火很温柔地上来,慢慢烤。一方十寸左右的砚,至少要十五到二十分钟才能烤热,你不烤热的话,蜡钻不进毛孔里面去,它也起不了作用。用过烤蜡,还有一个特点是,原石不容易变色发白,如果用油的话,时间一长还会恢复到发白的状态。

不过老坑的砚石就不会出现这个现象,上什么油都不会变色。新坑的粒子结构比较粗,密度不高,油吸进去以后干了,长一点是五个月、六个月,短的一个月,甚至一个礼拜就挥发掉了,干了,还要变白,砚就不好看了,就起不了保护作用了。等到使用之前,必须把砚堂的油退掉。

砚这一部分完成了, 配套工程是制砚盒。每个砚的形状不一样,制盒之前必须把砚给制盒的木工师傅看,他根据外形再来挖。严格来说咱们的砚盒是不允许拼出来的, 必须是整块的木板把里面挖掉,这样子的砚盒不会变形。木材的材质也是有规定的,一般都是柞树木,柞树就是很硬的木头,一般的木头都不能用。最好的是花果树或银杏树，还有像广东那边的菠萝格①，我们这里还有一种树比较硬的——黄檀木。像松树或者是杉树是不行的，做出来的盒子没用。现在随着木材的控制，一般的木材都很少，现在市面上一些盒子，其实是拼出来的，在我们这里是不允许的，对砚的保护不起作用。南方的木材到了北方以后，天气一干燥，拼接的地方就裂掉了，所以严格说是不允许的，这是作为制砚行业的一个标准。盒子做完以后马上就进行包装，摆到卖品部。

培养下一代的传承人是我们的基本工作

① 菠萝格，又叫印茄，我国从印度尼西亚、马来西亚和巴布亚新几内亚进口的一种木材。大乔木，分布于东南亚及太平洋群岛。

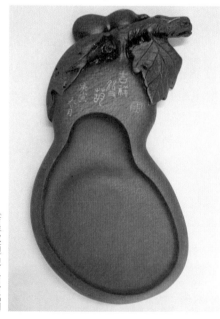

《吉祥双葫》砚　曹阶铭制

我们是一个企业，跟个体户不一样，没办法也不会去跟他们竞争。我们企业主要是以传承和发展为目的，为了培养下一代的传承人，我们做我们的生意，个体户为了生活，做他们的。竞争方面主要是价格机制，如果价格机制能统一了，这上面就不存在竞争。现在市面上的价格非常乱，随着原料价格上涨,个体户为了要生活,他很可能降低质量,低价去售卖,所以我对这个事情有一点担忧,这样子可能就把咱们的产品质量、艺术价值贬低掉了。

随着现代科技的发展,人们审美水平提高,砚作为一种使用工具已经淡化了,现在很多地方用的都是墨汁。但是传统的东西我认为不能丢,传统的东西是基础,我们必须要学的。而创作,那是为现代的生活方式服务的,所以说也是非常需要的。创作的范围很广,怎么样去创作,还得结合石材来进行,不能抛开传统专门去创作,那就失去了砚的意义,砚本质还是一种使用工具。咱们国家需要提倡和恢复像这样的传统工艺,才能永久地发展。在这方面我创新的虽然不多,这一生都是在为企业工作,但我的徒弟制作的作品,现在创意都是很大的。

在我走上领导岗位之前,大概在 1986 年我就开始带徒弟,我带的这几个徒弟长的有十来年,短的也有四五年了。他们来的时候都很小,最小的才十九岁,大一点的也就二十一二岁。我第一个徒弟还在搞这一行,是一个女孩子。他们的学艺过程也是非常艰辛的,有两个在外面跟着另外一个师傅学了大概一两年的时间,出去以后又干了别的活,后来又回到我们这里来,过程反反复复。看他们学习也蛮上心,所以我谈得比较多,指点得也比较多一些。我大部分徒弟,来的时候没有基础,我要求他们边做边学,平时要画画,这是我对他们最基本的要求。在生产过程当中,我对他们也是很严格的,达不到我的要求,必须要返工重做。到了后期,我们大家也相处得比较好,就像兄弟一样的。现在他们凭借自己的实力,在社会上都有了一定的影响,有的被评为我们市级的传承人。

根据我这几年的经验,在我们这个行业,带徒弟非常困难。为什么这么说呢?因为我们这种工作是一种体力劳动,而且又是非常脏、灰尘非常多的一个工作。现在的年轻人大都是独生子女,有一些徒弟干了几个月以后就不想干了。因为又累又苦,还必须得自己动脑子,还要学画画,所以没有这方面兴趣的人,是非常难学的。我们带徒弟一般就是看你来学,首先要有兴趣,我们再给你进行正确的指导。

　　现在我们国家对非物质文化遗产这一块比较重视,而且我们这里一些学校像行知中学,也都建立了专业的培训机构,从传承方面来说是非常有好处的。学校课程要学习两年,实习应该就有半年时间。实习完了以后,你愿意留在工厂就留在工厂,不愿意的就到外面找工作。现在培养出来的学生,理论上就比我们那一代确实要先进多了。当时我们的文化水平不高,从表达的方式上就很受限。我上学只上到七年级,我感觉自己文化水平太低,知识面太窄了,对于古文的理解也不够。等到在生产科当科长了,我才通过自学考到党校里面去,学管理专业。虽然学习了两年半,从学历上来说叫中专,其实还不是正规的,就是培训了一下。现在的学生通过理论学习,在实际操作的学习方面,提高的程度就非常快,所以在带徒弟方面,我认为从学校里培养确实有一定的现实意义。

郑寒

国家级代表性传承人

郑寒（1963— ），男，安徽省黄山市歙县人，国家级非物质文化遗产代表性项目歙砚制作技艺代表性传承人。从砚雕名家方钦树、方见尘父子学习砚雕技艺，从事歙砚工作三十多年。

其作品刀法精湛，返璞归真，构思巧妙精致。曾在多地举办砚雕精品展，并应邀赴新加坡、马来西亚等国家展出，作品被广为收藏。代表作品有：为迎接香港回归而创作的《归航》，在北京举办的『1949年中国名砚展』上展出的《鱼》等。

采 访手记

采访时间：2014 年 5 月 18 日
采访地点：安徽省黄山市屯溪区老街
受 访 人：郑　寒
采 访 人：范瑞婷

国家图书馆中国记忆项目中心工作人员对郑寒进行口述史访问

　　我们从飞机上下来，直接先坐车来到郑寒老师的工作室，老远就看到郑寒老师站在外面，等着帮我们指引车子停放的地方。跟他交谈，感觉他对艺术非常热爱，正是这种热爱，支撑着他即使在最困难的时候，也没有中断对歙砚艺术的追求。他人看起来很年轻，但做这一行已经三十多年了，足见他的执着。

　　他的作品创意独特，让人非常震撼。就像他一直强调的，他会跟石头对话，一件作品花在构思与设计上的时间，跟具体制作的时间是对等的。他的作品遵循石头原来的形状，利用石头自身的特点，同时化短为长，把貌似不规则的、缺点的部分巧妙利用，让每件作品都具有自然的美感，同时不可复制。他还不断追求创新，时时希望超越自我。他爱旅行好摄影，把生活与艺术紧密联系在一起。

郑寒口述史

郭比多 整理

只要我出来学一年，以后所有费用我自己承担

我是郑寒，家乡是徽州文化古城歙县，1963 年 6 月出生。我家里面不是做工艺的，因为受徽州古建筑这方面的影响，我从小就喜欢画画，喜欢弄一些雕刻什么的。一开始是因为喜欢画画，在读中学期间，我就拜了一个老师，是当时我们镇一个文化站的站长，我利用每个周末去跟老师学习。老师家跟我家相隔也挺远，大概来回要走三十多千米，我基本上周末一大早爬山，到老师那儿去学，下午又拿老师给的画画任务回来，反反复复有几年的时间。当时在老家那边，没有专业的老师，所以就要到县城，要走出大山。

我们家在农村里面，我在家里是老三，那个时候家庭经济状况不好，条件不允许。父母就希望我去学一门出徒比较快一点的技术，什么砖工啊，或者是什么其他的手艺，这样可能对家庭的帮助比较大一点。但是我呢，就喜欢绘画，所以一定要出来。父母就要求，你出去我们也可以支持你，但是将来自己的一切，结婚也好，

或者你在外面买房子也好，我们家里面再也没能力来满足这些要求……当时我讲："那没问题，只要我出来学一年，以后所有的这些，都由我自己来承担！"

因为兄弟姐妹比较多嘛，当时父母想别你讲的后来不算数，需要定一个合约，就是学了以后，我们家里面就没有这个能力，也没有什么东西去满足你其他要求了。我是这样出来的。

一开始到县城里面来主要是学绘画嘛，我老师是方钦树，当时是在一个黄梅戏团里面做舞台美术的，我就每天跟老师学画画，帮他到剧团里面画大布景，拎着个油漆桶爬到梯子上去画，画得也不好，只能是给他做一做帮手，涂一下大面积的部分。学了不到一年时间，他就退休了，退休以后每天在家里面指导我。舞台美术里面涉及绘画，做舞台的道具也要雕刻。所以我在跟他学习期间呢，也接触到雕刻。因为他原先是做雕刻的，喜欢根雕，我跟他学了根雕里面的一些雕刻。

真正的歙砚雕刻是跟老师的儿子——方见尘学的，他是专门做歙砚的。方见尘老师那个时候三十多岁，是歙砚工艺厂里面的中坚力量，那时候他就小有名气，现在被称为歙砚大家。

在接触了歙砚雕刻以后，我就对这个兴趣特别大，所以继续学了一年绘画以后呢，就专门学做歙砚雕刻了。

我当时觉得画画的人相对多，而且条件要求比较高。我们出来学手艺，毕竟是因为条件不好嘛，绘画要买颜料、纸这一类的材料，成本比较高，所以后来就放弃了。做歙砚的雕刻，用自然的材料，学习不要求材料有多好，只要是一块可以雕的材料就可以反复地去练习。当时我觉得歙砚雕刻有一个神奇的地方，就是它可以把一些石头的语言呢，加上你自己的思想，雕刻到作品里面去。

当然绘画实际上是为以后做歙砚雕刻，打下一个很好的基础。雕刻包含了一些绘画因素在里面，这样呢，我绘画的东西也用得上。再加上我拜了老师,对老师歙砚雕刻的技艺十分崇拜,是他的技艺折服了我,所以我下定决心,要去学习歙砚雕刻。

1981 年我正式转行,从当初的歙县徽城工艺厂开始学习,到歙砚研究所从事设计雕刻,然后一直从事这个行业三十多年,直到现在。

学习就是通关的过程

当时看到很多老师傅做的作品,感觉到很震撼,就想要把这门技艺学好。实际上,这门技艺看起来比较简单,但你真正去学习,非一朝一夕的功夫,短时间学习不了,必须有长期的过程。当时我们在一起学的有两三个,现在他们也还在从事歙砚的雕刻,都是这个行业的领军人物。我们师兄弟年轻的时候,都想很快掌握技艺,经常彻夜反反复复地在一起研究怎么把东西做好。学习过程是比较辛苦的,也比较枯燥。那时候条件不像现在有取暖设备、有空调,特别是在冬天比较冷的情况下,你抱着一个石头在冷水里面去打磨,这是一般人没法做到的。

歙砚雕刻涉及很多程序流程,必须要一道一道地去过关。一开始嘛,如果是没有接触过雕刻的,肯定是从最基本的学起。那时候所说的基本功,就是要敲打——做粗坯。现在就制作过程来讲第一步是设计,但是刚学习的时候呢,肯定没法设计,一般是老师拿一个特简单的样品,你按照样品摹下来,老师在比例上给你看一下以后,就开始打粗坯,我们叫敲粗坯。你只要把砚里面最基本的那个砚池、砚堂给它敲出来。然后再下一步呢,靠人工把它的敲痕部分铲平。

当然,因为刚开始学习嘛,每一道步骤都没有练过,光敲这一块,都要好长时间才能把握。没有干过的话,锤子、刀在手上都不听你使唤的。敲的过程当中呢,可能同一个石头敲得深浅不一,有的地方敲不下去，有的地方打一锤子下去就给敲穿了。工具在手上使，它用的不仅仅是蛮力，是一种技巧。敲呢，用刀的走向是有一定窍门的。就是我在敲的过程当中，如果要敲得深一些，那刀的位置角度要摆竖一点；如果要敲得浅一点，就把刀斜一点，让刀能根据需要随意地去变动。铲平这道工序对初学者也是比较困难的，因为刀把握不准的话很容易把手切破了，我们在刚开始学的时候经常走刀，咔地一下出去手就破了，所以要求刀一定要用另一只手扶着，掌握好力度，不要滑出去。

敲粗坯

铲平后你还要用不同的油石去把它磨光。在磨光以后才真正雕刻。所以开始去做学徒的时候，首先肯定是敲凿这一块，先把这个最基本的掌握好了，如果连这个也掌握不了的话，下面的工序就没法再进行了。所以，要先过这第一关——敲打。掌握最基本的程序最少要用五年的时间，要是要求更高，把所学的刀法去应用，根据自身雕刻的风格特点去发挥出来，这个过程可能要十年时间。没有十年以上，很少有人能刻出好的作品来。

雕刻这门技艺呢，一开始是学习最基本的砚。古砚为了体现实用性，比较简洁。但是简洁的东西呢，并不代表东西很简单、雕刻很容易。实际上恰恰相反，越是看着很简单的，哪怕就是几根线条，往往这几根线条非常难处理。因为复杂的东西，你哪个地方刻得不到位一点是不容易看出来的,但是简洁的东西,线条稍微有一点变化,很容易被发现。所以教导学徒的时候,就一定要从简单入手,把简单的东西做到极致,那么其他的雕刻就不成问题了。

雕刻跟书画之间有一个相同的地方,就是绘画是从临摹开始、学书法是从临摹开始,做雕刻也是要从临摹开始的。因为歙砚雕刻是有规矩的,你要对各个时期的砚的特点,包括砚石啊,这些规程化的东西要有所领悟。

你开始想雕个什么东西,那么首先心里要有一个模型。要刻一头牛,你的意识当中都没有这个牛的神态还怎么雕呢?老师会拿一些前人雕的,和其他老师雕的砚给你临摹,做一个范本。看看人家刻的牛。你不断地去刻这个牛,去学习、去模仿人家的作品,学习跟模仿的过程实际上是在消化积累。等积累到一定程度之后,自己心里边有东西的时候,想刻一个什么东西就能刻出来了。学习过程当中,你可能会接触到很多人的作品,我老师刻的牛是这样的,其他师傅刻的牛又是那样的,你就可能会做一些结合,把人家刻得好的这一部分都吸收过来为你所用。

我的创作程序可能有所不同

我们这个工艺的流程,先是要选材,一般情况下我们都是自己到当地的砚矿,根据不同的作品类型去选你喜欢的材料。选石材,是根据个人需求去选择的,比如倾向于刻传统的砚,可能会选择一些造型比较传统的、材质上细一点的砚材。我倾向于那种自然形状的雕刻,有利于我的想象空间的发挥,因为技艺特点是一种个性的东西,就是按照这个标准去选的。选材一个是看造型,第二个是看石材的纹理,再一个就是看砚石材质润不润,就是石材润度要好,只要符合这些条件,那么它就是一块好的砚材,都可以入砚的。

这里面有些是已经定型的了，有些是要先确定一个形状，有了形然后才能雕刻，形不好作品肯定不会美。那么我们先要确定它的器形，好了以后再来设计，设计的时候你要考虑实用性，把砚池放在一个恰当的位置，一定要实用，同时也不能去破坏它的主体设计。先期设计好以后，第二个步骤就要实际地去雕刻了。先要用敲铲把砚池这一部分敲出并打磨起来，凿出一个你想要的深度，砚池不能太深也不能太浅，做完了再用铲子铲平。砚池的制作是有一定规范的，古人做砚强调砚池要做成一个我们行内叫"罗汉肚"的样子，就是池子一定要做得饱满，像个罗汉的肚子一样。现在因为大部分做的都是随形砚，对这个要求不高，虽然不需要去一定做成罗汉肚，但是人们欣赏一块砚的时候往往会用手抚摸砚池，手摸上去以后，要能感觉到一种很柔润很舒服的感觉，不能粗糙，不能坑坑洼洼高高低低的，一定要有一定的弧度，就是通过初步的触感，给人家感觉到那种柔美的弧度。再下面一道工序是我们在把砚池铲平以后，要把一整块砚，包括雕刻和不雕刻的部分做一个打磨，用不同的油石或者砂纸去磨，把它磨到一个手感很舒服的程度，你要欣赏砚就是通过抚摸嘛，磨好的砚的石材触感应该像小孩儿皮肤一样的。

一定要把打磨这个环节做到位。打磨没有一个硬性的标准，有的人是先雕刻后打磨，但是我喜欢先打磨后雕刻，通过多少年的经验我的刀法已经很干净老道了，雕了以后就不需要再去磨。因为打磨很容易把雕刻的线条给磨圆润了，特别是精细的地方，容易把它磨坏了，这个是不行的。所以我不太愿意雕好以后再去打磨，都是前面把它打磨完了，雕上去以后一般情况下就不需要去打磨了。

每个人可能做的程序有所不同吧，前面磨跟后面磨都可以，就是根据个人习惯，也是根据个人技艺的水平来选择，有的刀法技艺不够，需要后面去给它磨平。但我们就不需要这样，完全靠刀就可以给它打平了，或者再用一点砂纸稍微蹭一下就可以了。

确定了一个题材，开始雕之前，要先确定主体的想法，之后再是人物造型这些东西。主体的这部分先做，再来深入到下面的层次，因为下面的层次是一个衬托作用，主体的部分一定要优先考虑，一旦确定以后是不好更改的。其他附带的部分,在整个雕刻里面是可以不断去修改跟补充的。

有些大型的作品,它首先会有一个初步的设计稿,这个设计稿我指的是一个局部的,比如刻一个人物,或者刻一棵松树,或者刻一所亭台楼阁,先要做一个前期设计,确定人物是什么样的造型,站着的还是坐着的，要先拿纸给它画出来,因为直接在砚石上去画,一个不太好画,另外画在上面如果不满意的话,再去给它弄掉就很烦了,再一个也会破坏石材自然的东西。我们前期画稿,是根据它所需要的比例画 1:1 大小,然后根据砚石的布局,布好了是哪一块,把人物的这部分拷贝到砚上去,用刀刻画到上面然后再雕刻。一定等设计完以后,反复地多看几天,你觉得没有硬性的缺陷以后,再去正式雕刻。

接下来就是做雕刻的部分。根据你的设计,哪个部分需要刻深一点,哪个部分需要刻浅一点,或者哪个地方可以刻得复杂一点,哪个地方刻得简洁一点。一定要层次分明,刻满了不好看,不刻也不行。该刻的要刻,不该刻的地方不要刻,要有虚实对比,这样的话作品就有透气的地方,到处都刻满了就不通气了,肯定很沉闷的。要做到这一点,就是要通过对比,有刻得很粗的地方,也有刻得很细的地方,粗的地方就是为了表现细的部分,到处都刻得很细的话,没有一个主体,就很花了不好看。再一个全部都刻深的话,也是一样的缺乏主体了,就是一定要有深的地方也要有浅的地方,有疏的地方也有密的地方,有粗的有细的,这样几方面对比做下来,你的这个作品人家看到才会感觉很舒服,才能达到理想的效果。

一般雕刻完了,我不觉得一个作品就可以结束了。本着精益求精的态度,我把作品刻完以后要等那么一段时间,这段时间可以不断去看,发现有什么不满意的地方,某个部位还需要再强化一下,都可以修改。时间能磨炼出来作品,通过时间的考验觉得不需要再做改动的话,基本上就可以称这个作品做完了。

最后必须要上油。涂油一个是起到保养的作用,砚也好,或者说其他的鸡血石啊灵石也好,都需要用油去养护。通过一段时间的养护,它可以成为包浆。还有一个就是雕刻完了以后,它多多少少有一点粉尘,通过上油,更能展示石材自然的颜色,把砚石里面的肌理给清晰地表现出来。

初步上油,是用毛刷蘸点油,给它刷一刷,油在上面保持几天,让它养到位,然后再用很干净的布把多余的油擦掉。但是在擦的过程当中,最好不要用棉质的布,一般用丝绸的或者化纤的,因为一般的毛料有绒,容易把砚上面搞得很脏。再一个,擦的过程当中可以把砚的包浆给它慢慢地磨出来。

以前上油大部分是用核桃油,我们现在基本上是用小孩用的润肤油。一般吃的植物油,是不能用来擦砚的,因为这种油擦了以后砚会黏手。润肤油上油以后,它没有黏性只会越来越光滑。砚是需要养护的,你抚摸的时间越长,这块砚的质感就更好更柔润,这个就是养砚。我们做完一件作品,日常多用手去摸一摸,人手上面自然的油脂,也起到养护的作用。

实际上好的砚石本身有一定的润度,经常用手去抚摸的话,一个是把你手上的油脂带到这个砚上去,另外一个就是通过手的抚摸,把没有雕刻到位的刀痕,钝的地方,慢慢地给它磨得手感更柔润一点。手的抚摸其实是享受的过程。

一代有一代之风格

歙砚是我国四大名砚之一,它的历史,从唐代的开元年间算起,到现在应该是一千两百多年。端砚比歙砚要长一点,多了一百多年,所以很多人就把端砚摆在四大名砚的首位,这是一个主要的原因。另外一个原因就是端砚从出现一直到现在，中间基本上没有断过，而歙砚在明代到清代期间断过。并不是从雕刻上讲，端砚比歙砚雕得好一点，主要是历史上的因素。

歙砚的材质是板岩，端砚是沉积岩，所以两者特性不一样，板岩才会在石材上出现那么多的纹理；沉积岩没有正面侧面的区别，板岩是有走向的，逆向走的话是很难的，所以体现在歙砚的雕刻上，基本上是以正面跟背面雕刻为主。以前的工具，刻硬的地方上去没两刀，刀就折了不行了。在板岩这种石材上面做雕刻是有赖于工具的改进的。随着技术的不断提高，钢火改进了，合成钢强度大，过去那种钢现在可以用来刻一些边缘，还有很浅的薄意性的雕刻。

各个时期的工具也代表一个时期的风格，工具变了以后，雕刻的技艺也不断在上升。这样的话，歙砚从历史上延续下来的由简入繁的风格，实际上也是工具在不断改变的原因。

时代不断地在变化，每个时期的风格不太一样。总体来讲，古代主要是讲实用性，所以雕刻比较简洁。唐代的砚、宋代的砚，都是比较简洁的，形状基本上是以长的和方的为主。各个时期都有变化，清代到民国时候有变化，那么到了新中国成立以后它也有变化。

后面歙砚雕刻艺术的真正发展，应该是新中国成立以后。我们的老师所处的年代，还是一个比较封闭的时期，艺术家之间交流比较少，没有一个集群，都是独立小作坊的形式。新中国成立以后就成立了工艺美术厂和歙砚研究所这些单位，组织了很多老艺人到里面去，尽管产品大体上还是传统形式，但是或多或少都有一些变化。大家都聚在一起的时候，会逐渐地去改变一些事情。"文化大革命"时期破四旧嘛，破坏了一些东西，但是破了以后，也会有一些新的东西产生。比方京戏样板戏，实际上也是从那个时候改良出来的。雕刻也是一样。

我们老师实际上也是引领歙砚这个阶段的一个风骚人物，因为在他之前完全是传统的东西。从我的老师开始，融入了新的思想、新的雕刻元素，做了一些改变。我们在跟他学习歙砚雕刻以后，继承他的衣钵，再加上我们这一代人开始就是学美术出来的，有一定的美学见解，把砚雕慢慢地又提升到另一个层面上去，所以这些年歙砚雕刻的发展非常快。

因为文化各方面的发展，人们欣赏美的眼光不断地在变化，那么我们这个雕刻，也是要随着时代的变化，随着时代工具的演变去改变的。技巧里面有传统的、有现代的，有写意的、有抽象的。最传统的砚，刻得比较深一点，要求雕刻要达到一定的层数。我们的雕刻里面，就有叫深雕、浮雕或者半浮雕。处理手法上面现在可能刻得比较多一点的是薄意雕刻，相对传统手法来讲刻得比较浅，但是它对体现作品的层次感跟意境方面，要求比较高一点。还有些抽象的题材，雕刻部分并不是很多，但是它对设计就要求比较高。

传统的东西对技艺要求高一点，抽象的跟现代的雕刻，对设计能力要求更高。一个是重在技术，一个是重在艺术，也决定着雕刻风格的不同。

刻一条中国龙

严格上讲，我学习过程当中真正独立地完成一个作品，应该是学了四五年以后吧，在我二十四五岁。一开始学嘛，可能所接触的大部分作品，还是比较传统的。通过这几年的学习，好像有了那么一点自信，我想着独立地去做一件好的作品。我选了做一条龙，就做中国的龙。

因为龙在砚雕和石雕里面都表现得比较多，那么我就选这个最常见的东西入手，因为越是常见的东西，刻得好不好，自己越容易感觉得到。那个时候刻龙，要用传统技艺去做，刻得有精神，在雕刻上有一定的层次，特别要把龙须这一部分镂空，因为镂空要用一刀一刀去给它剔出来。龙须很细，因为它的材料脆嘛，稍不留神的话就容易断掉,所以就要花时间去刻,不计时间要把这个作品刻得很精细。因为看了人家刻的作品,我就是想要表现自己,把这些年学的展示出来,给大家看到说:"哎哟,你的技术不错。"

龙这种题材大家都刻的最多,因为这种题材很容易发挥你的技术特点,我早期做得多些,后期相对讲就刻得比较少了。一直到2004年的时候,外交部要做一件领导人送给外国元首的国礼。那个时候我接到这个任务就考虑到,这个作品将来是要送到国外的,首先一定要有中国的印记在里面,人家一看就是出自于中国的。那么中国最重要的图腾就是龙了。一看龙就是中国龙嘛,所以我选的是用龙的形象去做这个砚。

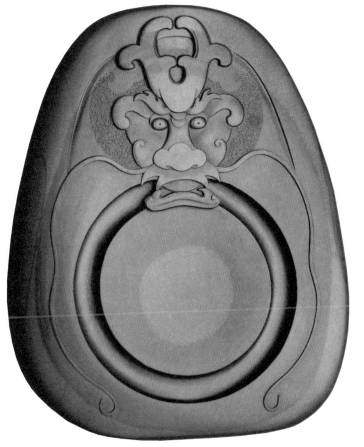

胡锦涛出访法国赠希拉克总统的国礼《中国龙》砚

因为很多人都刻龙,所以我在设计雕刻上,一定要有新的设计思想在里面。既是龙,又跟传统的龙要有所区别。这个作品是送给国家元首的,所以就以这个"首"字来做文章。龙身这一部分全部都略掉,没有刻任何一片龙鳞或者龙爪,就刻一个首。雕刻上体现元首的威严、庄重,同时设计比较简洁,看起来要有美感。好多龙看着都凶得很,但是我觉得这个龙一定要有霸气的方面,同时也不要给人感觉很凶恶。我这个龙的雕刻,主要是以抽象的云龙那种纹饰的形式去表现。

初期拼技术,后期拼思想

以前大部分人都把歙砚作为一个文人的工具去做,所以对雕刻美化程度的要求没有现在高,整体雕刻的题材跟风格也没现在多。歙砚雕刻原先都是工艺厂里师傅带徒弟的形式,大部分从事这个行业的人没有经过绘画这方面的培训,只是把它完全作为一种技术去做的。一个工厂生产产品,尽管有精细的雕刻,无非是刻一些很传统的龙啊凤啊,或者刻松树啊、牛啊这一类的东西为主。而我们是一开始就学习绘画的,为将来自己的作品风格这方面奠定了一定的基础,出的作品更重视美的方面。

在从事这项技艺多少年以后,加上好多年的画功积累,我觉得应该要不断地把绘画的东西加到雕刻里面去,追求自己的雕刻风格。因为每个人雕刻都有自己的特点,想要自成体系,就不能局限于只学习某一个人的一种风格,或者某一个人的一种刀法。只有你不断地看,看得越多,吸收得越多,才能把一些精华给继承下来。再加上自身的思想,你才能走出其他人的影子。

当然形成风格不是一下就能做到的事情。你要通过在多少次雕刻当中反复地、不断地去尝试,然后再有你自身的绘画基础、美学修养,这些东西积累到一定程度以后,才能形成自己的风格。

在多年来的从业过程当中,我发觉技艺这两个字,是拆开的,技——它是技术,艺——是艺术。技艺就是首先必须要有技术,技术是基础。有再好的设计、再好的思想,没有技术,没法在作品上体现,但是光有技术没有艺术,你可能就是一个工匠。工匠跟艺术家之间的区别就是,工匠就是个匠人,没有艺术思想、艺术语言,而艺术家是用思想的语言去表现的。一个砚雕艺术家首先是一个工匠,后面才能是艺术家,如果你没有技艺的话也成不了艺术家。因为艺术是要通过雕刻、刀法去体现,它是技艺。艺术是你的灵魂所在,两者结合后才是完整的艺术家。光有思想就是空讲,不能刻出一个作品出来。一件好的作品,必须要把技术跟艺术两者完全地融合在一起,把天然的东西跟你的设计,还有刀法这些技艺,三者之间做一个完美的结合,这样才能成为一件好的作品。

干这行这些年,我总结出一条:初期大家拼的是技术,后期大家拼的是思想。一开始都是要求技术高,后面谁的思想突出,那么你的作品就出来了。技术的东西大家差不多都能达得到,无非就是我花了五年时间就能达到了,你花了十年才能走到这里,是时间长短的区别。后面就看你的思想了,境界高了,做出来的东西才与众不同。

随着时代的发展,研墨的人越来越少,砚就面临着一个生存问题。你不随着时代变化,还完全把它作为一个工具去做的话,就可能缺乏市场。没有市场,这门技艺就没法生存。所以大家都在为砚的生存不断努力,要让市场认可它,那么就要更多地去把歙砚雕刻美化的文章做好,让歙砚除了实用性以外,更多的是有艺术性跟收藏性,以收藏跟观赏为主,要突出砚的艺术性,要赋予它更多的自身的文化语言在里面。

竞争这东西虽然存在,但是因为每个人的理念和作品不一样,所以并不是人多了你就没饭吃了。歙砚经过了这么多年的发展,基本上是稳定的,再加上它市场的群体是因人而异的,高端的有它的群体,中端的也有它的群体。本身的消费群分不同的层次跟类型,市场不因为多一个人或者少一个人而改变,有时候往往是从业者多了,反而就能把这个市场做起来。因为你一个人的话,只能代表你一个人的能力,虽然没人跟你竞争,但是你想想看,一个人有多大的影响力? 人多了以后辐射的面就广了,那自然而然的,玩收藏的这一部分人就都关注了。一个人形成不了市场,市场是大家的,大家努力去做才能形成市场。所以我觉得竞争也是促进一个事业发展的机制,大家都不甘于人后,不甘于失败,那么你必须要面对竞争,不断地迎难而上。像我也是这样的,如果我自己不去努力肯定是要被淘汰的。有危机感,你肯定就要不断地刻苦努力去创造更多更好的作品,那么你才能在这个行业里面立于不败之地。

因材施艺,巧借天工

歙砚里面有很多自然美的纹饰色彩和造型。我觉得雕刻到一定的程度,就是要发挥它天然的美,人工借自然的色彩纹饰,把它加入到你的雕刻里面。这样的话每一件作品的唯一性就比较强。传统的东西基本上是一种模式,而我们没有一个固定的模式,用不同的材料或者形状去设计,因材施艺,每一件都有不同的构思和想法。

砚石的纹理著名的有眉纹、金星或者水波纹,每一个材料的纹理都有它的特点。天然的纹理,不是人为可以做出来的,往往是最美的。如何利用这些特点,就是我们说的巧借天工,把天然的东西借过来。把石头的自然美,加上艺术赋予的美,两者之间去给它做一个最巧妙的结合。砚石上面的每一条眉纹,每个星点,都要加以利用,这样的砚就有别于完全靠人工去雕刻的东西,也就更能激发收藏家的兴趣。所以我们这些年来尽量地去用这些自然的元素,不断地去设计,最后成为自己作品的风格。

我的作品里面绝大部分是想体现"因材施艺""天人合一"的这么一种境界。然后用人工,去弥补它自然的不足。

自然条件好,后天的东西就少一点,但是不代表不雕刻,是把石头自然的条件发挥到极致,达到绝妙的效果。一个目的,就是把不同的石材,用不同的方法去处理,达到你想要的效果。用雕刻,把自然的东西和人为的东西结合得很完美。

但这个话讲是很容易,实际去做是很困难的。很多人看了我的砚以后会说,你绝对是一个画画很好的人,因为你的作品里面反映出来美术的水准。设计是一下子达不到的,要有一个渐进的过程,要经过多少尝试,通过多少年的磨炼,把技艺锻炼好了,最后才能拿到一个材料以后突发灵感。但是你的想法到最后真正把它刻成一件作品,实际上还有很多程序在里面,需要根据自己的经验去判断。当然,有了足够的经验也不是能百分之百地把握它,可能会一边做一边做一些改动。

我讲一下这个砚——《云海观音》。歙砚石材里面有很多纹理,这个叫眉纹。我当时刻《云海观音》的时候,就充

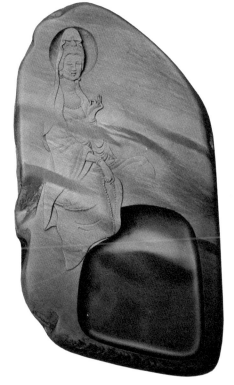

《云海观音》砚

分利用了这个眉纹。很多人刻佛教题材，表现天空云彩的时候需要雕刻出来，但我这个作品里面只是用了石材里面的自然纹理，但是你能感觉到，主体人物——观音，是在云层之中，而不用刻祥云去表现。

这个砚的石材纹理叫彩带，当时这个材料是长条形的，怎么去设计呢？我考虑到里面的纹像一根根的线一样，那我就给它设计成了《古琴》。把自然的纹理作为琴弦，你说有弦就有弦，你说无弦就无弦。我觉得一件作品，必须有诗情画意。你刻一幅山水，就是要有诗的境界。不要你刻了个东西，大家一眼看去，虽然刻得很精美，但一眼就看透了。耐看的东西，要不断地去发现、去读懂，这才是它的内涵，一个作品里面有不同的解读，你越看越有味道，越读越有内容。就像唐诗，越读越觉得它里面的用词好、意境好，一块砚要赋予它文化内涵，才是作品的魅力所在。

像我这件作品，原先的材料是不规则的，后续我就在设计当中根据砚材自身的特点设计成《春蚕图》。它上面这个金晕，有很多像树叶的叶脉一样。我就把它做成整个一片包起来的桑叶，里面给它开了砚池，然后把上面的这部分金晕刻成桑叶的叶脉。用雕刻当中惯用那个破碎的方法，把它做成蚕吃桑叶

《古琴》砚

留下的这种效果，再把金星的部分做成春蚕的头。

我们在农村里面见过，很多蚕作茧之前要吐丝，那时它整个身体是通透的，尤其头部是透明的，正好用到这个砚的设计上面来我觉得是最贴切的。我个人倾向于把自然的东西做成完美的绝品，要利用好石材优美的东西，把它有瑕疵的地方尽量掩盖。比如砚里面的一些碎筋，可以利用设计把它破解掉，扬长避短。

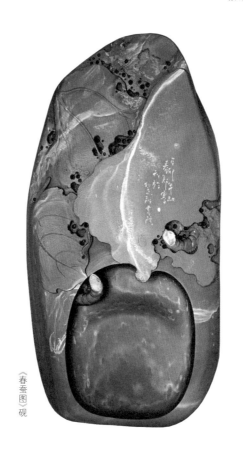

《春蚕图》砚

残缺是美，改废为宝

我在不同时期的代表作品，是我雕刻风格的一个比较明显的体现。这个砚整体的形状是自然形，当时的材料是有一定残缺的一块石头，但有歙砚砚石里面的金星。那么我就用这个自然的金星，把它融化为梅花的每一朵花瓣，画面上其他的山石这些东西都是利用天然的纹理去体现的，所以我觉得这个作品是有一定特点的。砚整体的造型是山崖，再把里面的金星去刻成梅花，刻上主体的人物——高士，里面又是梅花又是雪，有自然的山水，就把高士赏梅的这种意境反映出来了。

《踏雪寻梅》砚

设计上我利用了石材自然的残缺,有些残缺的东西也是美,美是无处不在的,就看你如何去发现了。你把这个残缺搬用在画面当中去体现的话,它就不是残缺,是一个实实在在自然造就的神态。再配上其他东西,这幅作品就是人物山水结合的完美境界。

题材是围绕石材的先天条件来设计的,它该是什么就赋予什么,美薄弱的地方,要想怎么去给它扬长避短,不能照搬硬套。不适合去刻这个题材的,你硬要去做成那个,是在破坏它。

我觉得水准的体现并不在所用的材料如何高档,不是很好的材料给它刻成一个最好的作品,才能体现你的艺术水准。我觉得我们应该追求的是这种境界:大家都认为这个材料造型不好看,而我能把它处理成一个好作品。

我前期设计占制作的时间比例是一半。把这个砚石里面的每一处纹理、每一个点、每一条线,都去深入研究,改废为宝。

像当时我拿到这个造型稀奇古怪的,又不长、又不圆,有尖有角的石头。我就有个想法,它整个形状就像一条鱼,所以我把石头按照本身的形状,通过几根很简洁的线条,就把鱼的神态勾出来了。有时候不需要去做更多的雕刻,首先要体现自然的造型美,用最简洁的线条去表现主体。几根线条就能体现你的主体,这是很难的。不能多一条线条,也不能少一条线条,需要有一定的造型能力。

《鱼》砚

我拿到的这个材料,形状也很难处理，上面尖尖的,下边又宽宽的，要按照传统的思想没法做，把它切割成一个很规则的东西,它就做不了多少，材料也可惜。后来我给它设计成了古代的一个将军,手持着一把剑,叫《一剑曾当百万师》。把整体的形状作为大将的造型去处理。下面部分是飘逸出来的战袍,上面都是盔甲,正好把石材重新组织起来。砚的设计当中，一个是像这种砚,利用原石形状去设计；另外一种像前面说到的，用了石材的自然纹理；还有一种是用石材当中自然的色彩去表现的。

接下来讲的这个砚,可以作为色彩应用的代表作,

《一剑曾当百万师》砚

用了两种不同的色彩去体现的。外面这层是黄绿色的,下面的底层是浅褐色。板岩是分层的,可能它上面一层是这种颜色,下一层的颜色就是不一样的,这是根据经验去判断的。薄的一层是上面的颜色,把上面的这层加以利用,刻下去的这一块又出现另一种色彩。

硯的整个设计有虚实,有繁琐,有空白的地方。我刻的是一个《赐浴华清池》,上面的这个颜色,刻了唐玄宗,摆到这里的是龙椅。下面杨玉环这个人物利用了另外一个颜色, 而且整个外形就是这个石材的天然形状,没有做过人工处理,只是用很简洁的几刀把人物造型表现出来。看它整个的形状,是完全自然的,色彩也是自然的。雕刻里面用了两种不同的刀法,刻唐玄宗用的是阳刻,阳刻就是突出来的, 刻杨玉环是用阴线的表现手法。雕刻手法是一阴一阳,实际上也是体现男女之间的这种阴阳关系。然后它的色彩也是一种阴阳关系在里面。整个硯把自然的形和色彩,通过虚实的刀法去做出来的,在材料使用上我觉得算是比较完美的一个作品。

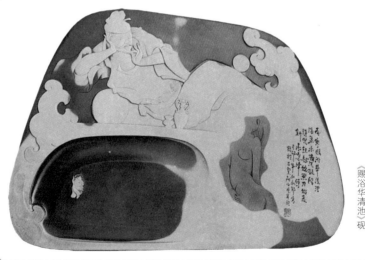

《赐浴华清池》硯

这个作品是利用了石头的天然色彩,前面讲了用纹饰。不管是色彩也好、纹理也好、形状也好,首先把石头读懂了,再来设计,我相信它会产生不同的效果。

所以我有时候就把这些材料随意摆。就像看书,你看那个一摞一摞书摆得整整齐齐的人,大部分都不看,我是这个想法。真正看书的人,书这里扔一本,那里看一本,图书馆里的人,他随手就拿一本书看的,这样看书的概率大一点。我们在设计当中,有时候不是刻意地去做一件作品,我工作室的地上到处都是石头,今天这里看一下明天那里看一下,哪一天保不准就突发奇想:"哎,就它了!"这个时候就把看中的石头拿起来,仔细地去研究了。有些时候刚一接触的时候,你不一定知道去要把它处理成一个什么样的东西,只有在不断地去了解以后,才知道怎么看待它。

就像人一样,都有由生再到熟的过程。我们首先是要与石头对话。画家他拿着一张白纸,会想是要画一张斗方的,或者是画一张长条的。要画一幅长卷的山水,那就找一张长的纸,至于山摆在哪里,树画在哪里是随意的,可以根据构图的需要设计。但砚雕受到很多因素的限制,材料可能就不是一个规则的形状,上面一定有哪个部分有色彩,哪一部分又没有色彩。这些东西你在应用当中都是要去反复研究的,一定是要把形状看懂了,对上面的纹饰有想法了,再把它设计出来。一定要去跟它亲近一点,才能读懂它,你读懂它,才能出作品。

金石入砚 书法入砚 绘画入砚

古人的砚里面,一个特点就是背面都有砚铭,你一翻一首诗刻在背面,有的是这个砚的作者自己写的自己刻的,也有的是文人雅士请当时的能工巧匠雕的。不管怎样,砚一定是和书画精神分不开的。

我记得原先做过一块砚,叫《残碑砚》,就是一块不等形的形状,然后刻上古人只截了一段的行书或者草书。为什么叫《残碑砚》? 它是古人的碑里面残缺剩下的那么一块,上面刻了书法和印在上面,把书法的魅力用砚的形式去体现的。

还有一件是 1997 年,也是做的一件国礼作品。我当时就把中国典型的金石题材应用到砚上面去了,叫《黄山胜迹印痕》,砚面上以印痕的形式去表现的。黄山有三十六峰,我把每一个峰的名称,都用不同的金石印章造型,有阴刻的、阳刻的,大篆的、小篆的。它也是很成功,把金石艺术用砚的这种形式去体现出来。金石入砚、书法入砚、绘画入砚,这三大艺术用砚去表现,我都做了尝试。

李鹏出访日本的国礼:《黄山胜迹印痕》砚

我不是文学家也写不了诗词,但我能从古人的诗词里面去读懂他们的境界。我们只是用砚的这种形式,去表现作品里的文化内涵。我们强调作品不仅仅有雕刻,一定要有意境美,给人反复去看都会觉得很有味道的东西。你很直观地去看可能就是一个什么人物什么东西,但往往忽略了它的场景,恰恰我对砚中境界的设计很重视,就是不仅要设计一个人物,它一定还要有一个境界。

我喜欢到处去游历。因为到任何一个地方去,都会有一些当地的自然景观跟人文景观,能增强我的阅历,激发我的创作灵感。玩这个事情,我这个人心态不一样,大家吃饭喝酒没问题,天天没事摸摸牌打打麻将,那我没有这种爱好。但没有这些爱好,你总有别的爱好对不对,像摄影我不是职业的,但是玩的水平也不算差,在圈子里还行。玩电脑也玩得蛮好的,我自己还能写写网站里面的程序代码。人是这样的,如果哪一天你啥爱好都没有,那就危险了。

培养复合型的学生

我把我从事雕刻以来的经历分为三个阶段:第一个阶段就是跟我的老师方钦树和方见尘学习,学习的过程有十年的时间;第二阶段,就是我从这些老师身上学到技艺以后,自己发挥自己的特色,去消化去研究,去把自己的技艺提高到一定的水准,探索自己的艺术语言跟雕刻风格,这个也用了十年的时间;最后的一个阶段,有前面二十年的积累,后面十年就是逐渐地把所学的、所看的、所记的东西不断地消化,成为自己现在雕刻歙砚的风格。

我进入砚雕生涯第二个十年的时候,就开始带学生了。有了十几年的经验,基本的雕刻技巧是没有问题的。这个时候我把我的技艺又传给了我的学生。可能每一个时期,因为掌握的知识不一样,所以传授给学生的也不一样。原先带的学生,教给他的可能是技艺。因为随着阅历的增长,老师的技艺水平也是在提高的,三十年以后再带的学生,教给他的是方法,更重视的是如何去发挥他们自身的特点。雕刻这门艺术跟人的性格有一定的关系,每个人所接收的、所看到的东西不一样,每个人的天资和后天学的东西都是不一样的,所以针对个体,就要做到因人而异。我在后面教的学生,针对每个人的特质引导他们自由发展。不像以前,完全按照我老师教我的来。每个人的兴趣不一样,你完全不去考虑这些因素,生搬硬套地去教学生,可能他学习的积极性和领悟的程度都不会理想。

我现在带学生还是沿用了传统的师承方式,就是师傅带徒弟。这种形式有一定的好处,就是我们一对一、手把手地教,但是也有不好的地方,就是受到一定的局限。因为现在跟以前有所不同,我们那时候,工厂有研究所,里面有好多老艺人,你可以经常去看去观摩,参照各个人的雕刻风格。目前的话,歙砚雕刻大多都是这种小作坊模式,一般是一个老师,带一个学生、两个学生,我带的学生,他可能只是吸收到我这一派的东西比较多一点,看其他人的相对来讲要少一些,这样也对他不利。另外一个我们现在的歙砚雕刻是有别于传统的,需要各方面素质的积累——文化修养、艺术造诣、美学思想,这些东西不是一个老师能完成的。当然每个老师有独特之处,但是也有他的短处,可能他绘画可以,但是文学上有不足的地方。我一直都是这样认为的,最好的传承应该结合技校,学生在学校里面学一些文化,尤其是传统文化,绘画、书法,都作为一门课程去学习,学会了融会贯通到雕刻当中。这样出来的学生,我觉得他们对砚雕艺术的发展是会起到很大作用的。我们这一代的雕刻,为什么改变了原先的雕刻模式,正因为我们从小学习的比较多。想要培养这种复合型的学生,既要受学校教育,也要传统师傅的单独教授,这样的话我觉得更完美一些。

我现在对带徒做了一些改变,原先我带学生可能从不会开始就入手来教他,我现在想因为学习这门技艺时间是比较长的,我像教小学生一样从头一笔一画地教他做这个事情也比较吃力。所以我现在就分开来,刚学的人,先找我原先的学生当中做得比较好的,跟他学习那么三年五年的,然后等他的雕刻基本功学得差不多的时候,我再把他吸收到我的这边来,加以培养。

郑寒在工作室

王祖伟

国家级代表性传承人

王祖伟（1968— ），男，安徽省黄山市人，国家级非物质文化遗产代表性项目歙砚制作技艺代表性传承人，中国工艺美术大师。现任中国文房四宝协会高级顾问、中国工艺美术协会常务理事、全国民族技艺职业教育教学指导委员会委员、中国工艺美术学会会员等。

早年就读于安徽省行知中学工艺美术班，毕业后入职安徽歙砚厂，师从歙砚传统文人派代表胡震龙，得其文人砚和家学真传。其砚作提倡以艺载道、天人合一，传统与现代兼容并蓄，注重诗、书、画、印、雕五位一体，创作中注意融入徽州文化。《兰亭雅集》《虚中洁外》《枫桥夜泊》《奇峰秀石》等四件作品先后被中国国家博物馆、中国工艺美术馆、中国工美·珍宝馆和中国工艺美术大师博物馆收藏。主要理论成果有：参与起草《歙砚地方标准》；编著《歙砚与徽州文房四宝》《砚道概念及概述》《歙砚古今》；参与编写《经济·中国非物质文化遗产蓝皮书（2017）》等。

采 访手记

采访时间：2014 年 5 月 26 日
采访地点：安徽省黄山市屯溪区老街歙砚世家
受 访 人：王祖伟
采 访 人：范瑞婷

王祖伟（右三）及爱人胡斐（左一），与国家图书馆中国记忆项目中心工作人员合影（摄于安徽省黄山市屯溪老街王祖伟工作室）

　　还只是电话联系的时候，我就感觉王祖伟老师很认真，提前跟我沟通了访谈的内容，说是要好好准备一下。他很细心，带我们品尝当地的美食，还特意为我们讲解当地名人。不论是相处时的观察，还是他在访谈中的流露，都可以感到王老师对本地文化特别热爱。他觉得自己作品的成功，离不开徽州文化的浸润和滋养。

　　王老师是个高产的大师，工作室有很多作品，而且很多优秀的作品都是大件，可见其功力之深厚。他讲究文化入砚，作品构图巧妙，比如巧用石头上不同的花纹和颜色，让石头上原有的颜色和条纹跟设计的部分巧妙融合，浑然一体。

王祖伟口述史

郭比多 整理

徽州的地灵人杰孕育了歙砚

徽州被大自然所包围。人文里面很重要的一大块,就是徽州的古村落。徽州有很多山,八山一水一分田。按照十块来分的话,其中有八块是山,所以它的村落,都是山中间就有一个小村落这种情况。

歙砚,原名叫歙州砚,因为砚石在古徽州府治加工和集散而得名。它主要的产地应该说是两大块,原来是指徽州府这一块,现在是一块地方是安徽的黄山市,另一个地方是江西婺源,它更多是石材产地。

徽州是一个非常了不起的地方。大家知道它的自然和人文环境都非常好,很独到。徽州难得的是它有新安四宝①——龙尾砚、

① 南唐后主李煜称澄心堂纸、李廷珪墨、龙尾枣心砚三者为天下之冠。

李廷珪墨①、澄心堂纸②、汪伯立笔③。如果从文房四宝的作用影响去理解的话，徽州这个小小的地方有自己体系的文房四宝是一件非常了不起的事情。

歙砚的发展史，可以概括为始于唐，兴于宋，衰落于元明清，复兴于现当代。新中国成立后，在周恩来总理和当地人民政府的亲切关怀下，安徽歙砚厂成立，歙砚的生产和保护重新被重视起来。1962年组织恢复生产，1963年开始试采，1964年新华社报道歙砚正式恢复生产。近六十年来，歙砚真正得到了复兴，砚雕艺术也精彩纷呈，从艺术风格和技艺特点来看，诞生了传统派、文人派、砖雕派、抽象派、学院派、海派等主要流派。歙砚艺术流派的诞生符合工艺美术发展的内部规律，技艺风格的推陈出新恰好说明了歙砚传承与创新的良好和表现方法的独到，体现了现当代歙砚文化的繁荣。

歙砚能复兴与历史上曾有的辉煌分不开。五代的时候歙砚曾作为贡品，梁太祖朱温奖了两个龙鳞月砚给宰相张文蔚、杨涉。南唐设置了砚务官，比方大家熟知的李少微。歙砚在古代还有和氏璧的美称，蔡襄就说过："相如间道还持去，肯要秦人十五城。"④意思是一方好的歙砚可以换十五座城池，这又是歙砚历史上精彩的一幕。关于歙砚最早的理论作品，是宋代唐积《歙州砚谱》，是第一次用文字，以砚谱的形式，把歙砚呈现出来。歙砚与李白⑤、米芾⑥、

① 李廷珪墨，以制墨名家李廷珪命名的墨。李廷珪，南唐制墨名家，原名奚廷珪。深得南唐主李煜赏识，任墨务官，赐国姓，易名李廷珪。

② 澄心堂纸，南唐后主李煜曾设官局造纸专供御用，以"澄心堂"命名。其纸坚滑如玉、细薄光润，如冰如茧，是宣纸中的佳品。后工艺失传。因原物传世十分稀少，从北宋起到清乾隆年间，一直有仿澄心堂纸。

③ 汪伯立笔，宋代名笔。北宋年间，歙人汪伯立在歙州府治创办"四宝堂"，笔、墨、纸、砚四宝兼营，尤以笔著称于世。又称"徽笔"，选料精细、制作精致。

④ 蔡襄为歙砚赋诗《徐虞部以龙尾石砚邀予第品授来使持还书府》："玉质纯苍理致精，锋芒都尽墨无声。相如间道还持去，肯要秦人十五城。"自注："辨歙石以此法，若端石则不然。"

⑤ 相传李白曾在唐代天宝或至德年间，来过歙州游历，赞歙砚为"砚国明珠"。

⑥ 米芾（1051—1107）北宋著名书画家。著《砚史》，爱石成痴，《西清砚谱》中收录了很多米芾收藏的砚台。

欧阳修①……还有很多名人有关系。

歙砚的独到性,一个是物质上的,先天性品质的独到,它发墨如油,滑不拒墨,涩不留笔,米芾讲"器以用为功",砚首先是文房四宝之一,发墨是首要的,歙砚发墨实用性好,是它最核心的功能。非物质的方面有哪些呢?它具有历史价值、文化价值、艺术价值、科学价值等。

我们现在经常说的端、歙、澄、洮四大名砚中有端歙之争。我个人谈点看法:明代有博物君子之称的李日华有"端溪未行,婺石称首"②的说法,说明歙砚的历史比端砚早;歙砚的背景徽州文化早于端砚所属的岭南文化;欧阳修的"龙尾远出端溪之上"说明歙砚比端砚发墨。确实,端砚在民间的影响力较大,一是它的开采在历史上没有断续过;二是它的产量比歙砚大得多,三是它靠近东南亚,广交会和海外华侨对端砚的传播有相当的优势。现当代有很多业内人士认为歙砚的总体品味比端砚高,所以提出了"古端新歙"理念。"古端新歙"道出了新中国成立之后歙砚的发展,在砚的文化高度、艺术品位、原创水准等方面走在端砚的前面。

那个年代,喜欢是一种奢侈

我 1968 年出生,是歙县人,毕业于行知中学工艺美术班。过去叫行知中学,现在叫歙县徽雕艺术学校。我 1986 年进校,学了两年,到 1988 年毕业分配。我们这个班在学校里算是这个专业的第二批学生,比我们高一

①在《砚谱》中,欧阳修把端砚和龙尾砚作了一番比较。他说:"歙石出于龙尾溪,以金星为贵,予少时得金坑矿石,坚而发墨。端溪以北岩为上,龙尾以深为上。龙尾远出端溪上,而端石以后出见贵尔。"

②《六研斋二笔》卷四:"端溪未行,婺石称首。至今唐砚垂世者,多龙尾也。"参见(明)李日华撰:《六研斋笔记·紫桃轩杂缀》,凤凰出版社,2010 年,第 148 页。

届的是原歙县文房四宝公司培养的文房四宝班，比我们低两届的工管班也是文房四宝公司培养的。原安徽歙砚厂培养的我们班叫工艺美术班，但是专业就是歙砚。因为那个时候的安徽歙砚厂主要领导杨震等感受到砚雕的危机，老艺人渐老，年轻的工作人员不会原创，就招了这一个班五十四个人来解决这个问题。班里全是学这个的，基本上五分之三是男的，五分之二是女的。我那个时候是学习委员和团支部书记，毕业后按文化课和专业课各占百分之五十的成绩排名择优录取分配到歙砚厂去，当时管这种招生形式叫"委培"，等于讲是歙砚厂委托学校培养的科班学生。

说实话，那个年代喜欢是一种奢侈，因为喜欢需要客观条件，当时从事砚雕的我更多的是生活的需要。虽然我属于农家子弟，当年中招时，我的成绩还是很优秀的（超重点高中录取分数四十分）。那个年代农家子弟唯一的出路就是读书考校，考中专、考大学，把户口农转非，解决吃商品粮的问题，然后在城市工作、成家。我们那个年代的录取方式，第一拨先是录取中专生，户口可以农转非，第二拨按照成绩，分数高的录取重点高中，下来是普通高中，再录取职业高中。因为当时我家里面建了一所房子，尽管父母是手艺人，经济上也就比较拮据了，所以没有钱去读重点高中。父母说：读重点高中还要花三年的钱，以后考进大学还要继续花钱……父母亲做了一个比较，动员我说："歙砚厂在我们县是效益非常好的企业，产品都是外销出口的，你成绩不错，去读那个班，只要成绩好，还是很有希望录用你的。假如你能在厂里上班，户口以后也许能够解决，不就可以了吗？"

我对我的老师们记忆犹新。我的班主任叫程德润，他的家乡叫雄村，父子宰相曹文埴、曹振镛①的家乡就在这个地方。我的语文老师叫谈永。还有我的美术老师王功伟，是安徽师范大学美术系专业毕业的老师。里面最重要的是我的专业老师，就是我的砚雕老师——胡震龙。提到他非常重要，

① 曹文埴（1735—1798），历事清代乾隆、嘉庆、道光三朝。曹振镛（1755—1835），历事清代嘉庆、道光朝。父子皆为朝廷重臣。

后来我们的关系有了另一种升华——他成为了我的岳父。

王祖伟(右)与胡震龙(中)

说到专业老师,砚雕这一块,是老艺人去教我们。我们还学习包括砚雕周边的艺术,比如说书法、绘画、篆刻。当时年轻科班的王功伟老师教我们素描、色彩、速写,还有德高艺精的吴慕良老师教我们实用美术图案。当时的厂校联合就是想打造出有一定特长的学生。20世纪80年代的徽州大地,在我们大教育家陶行知①的故乡,能把技艺传承和职业教育相融合、相挂钩,的确是一件了不起的事情。我近五十岁的人了,回过头来思考这个模式,觉得还是非常正确的。为什么说它正确呢?因为它追求的传承模式讲究理论和实践同步。技术的高低你可以弥补,但是更难培养的是专业和较高的文化美术修养,砚内和砚外兼修并行,同步学好文化课和专业课其实是学以致用、知行合一的传承模式,这种传承模式、学习方法对艺人

① 陶行知(1891—1946),安徽省歙县人,中国人民教育家、思想家,伟大的民主主义战士,爱国者,中国人民救国会和中国民主同盟的主要领导人之一。

的成长很有益处,也非常重要。

我们现在讲传承,其实当时徽州就有了这种危机感,培养了一支手脑并用、理念和实践兼备的人才队伍来解决这个问题。我很庆幸搭上了培养歙砚人才这一趟车,非常感谢时任的领导和有真才实学的老师们,使我从那以后,才有了真正喜欢的条件。

到老艺人身边去接受熏陶

在学校读工艺美术班,通过两年的努力,我把专业这一块补上了。到了毕业考试的时候,被择优录取分配到原安徽歙砚厂从事砚雕。

歙砚厂培养这一批学生挺认真的,就是要把我们当中比较突出的人才放到老艺人身边去接受熏陶、去学习。那个年代歙砚厂是最大的歙砚出口企业,我们厂有将近二百人。从学校分配到歙砚厂后,有三个月的强化培训。就是每一个学生进去,给你找一位师傅。厂里最好的十位师傅,一人带一个学生,让你的基本功得到进一步的强化。因为在学校的时候,虽然强调学以致用,实践上还是偏弱一点,所以分配到砚厂去之后,又把基本功正规强化一下,在这个过程当中再次优选,重新定位分配到各车间。

我当时强化培训的师傅,叫吴庆妹,是位女师傅。三个月强化之后,又把我调到安徽歙砚厂的高档创研室,工作室一共四个人,有一个女孩子比我岁数大一点,叫胡水仙。创研室里面有两位老师傅。一个是后来成为我岳父的文人派宗师胡震龙,另外一个就是砖雕派的掌门人,叫胡和春。和他们在一个车间,我们都是后学,跟在老艺人身后耳濡目染,对我技艺的综合提高帮助很大。尽管师傅领进门,修行在个人,但我非常怀念那一段"眼高手低"的时光。

从歙砚的发展史来看,歙砚技艺衰落于元明清,后来到了战火纷飞的新中国成立前,国家处在那种环境之下,难再顾及手工艺的发展。在那几十年中,歙砚人才就断层了,几乎消失。歙砚的艺术风格比较凸显的还是在新中国成立之后,这个里面有传统派、砖雕派、写实派、文人派、抽象派、海派、学院派等派系,各有不同。比如歙砚砖雕派源于徽州三雕的砖雕,歙砚恢复生产的早期,就把砖雕的人才借用到歙砚创作里面来,像胡和春、他的哥哥胡冬春,都是砖雕派的代表人物。他们家是砖雕世家,人民大会堂安徽厅的装修,是当地政府派他父亲这一拨老艺人去完成的室内装饰。

徽州三雕它是徽派建筑的概念,指的是砖雕、木雕、石雕。因为徽州人对生活的理解是要叶落归根,很多徽商在外面经商挣了钱,衣锦还乡,回家建房子,享受晚年。它里面要装饰,现在我们叫内装饰,徽州人不惜工本地要打造自己的生活,需要砖雕、木雕、竹雕这些工艺去把房子装饰得很有品位、格调。所以徽州是处处都有学习机会的地方,我长在徽州,受到这样一种熏陶。因为后来学了这个专业嘛,有时候也不断地去研究徽州三雕。另外我的岳父他是一个复合型人才,他对砖雕、木雕、石雕以及竹雕也都精通,所以在他身边得到了很多熏陶。

我的岳父胡震龙

说起我的岳父胡震龙,说他是当代歙砚的开创者、奠基人之一,是基于他为当代歙砚做的几件大事。

一是歙砚文人派的宗师人物。文人派我是承其衣钵,所以对它非常熟悉。它的特点是讲究文化入砚,讲究诗情画意,这跟我岳父的积累有关系。他古典文学功底深厚,精于金石,且书画、音律、戏剧无一不精,作品常融金石、书、诗、画于一体,创作了《放鹤亭记》《琵琶行》《八仙过海》《枯木逢春》《清凉台观日出》等歙砚名品。

二是为安徽歙砚厂创建立下的功劳。记得当时建立原安徽歙砚厂，屯溪那边要建，我们歙县也要建，原因是传统手工艺可以创收并成为当地发展的一个优势，所以两地都想争取建厂。当时的主管部门也为难。因为各有优势，歙县一直是古徽州府治所在地，在文化和人才方面有相对优势，在歙县建厂，无可厚非。但是从地域来讲，因为砚石产地婺源离屯溪更近一点，也有一定的地域优势。那怎么来取舍呢？最后主管部门的答复是：你们两地靠技术取胜。歙县和屯溪各选三件作品参与评比，胜方获建厂权。歙县选送的精品砚作就是我岳父创作的，他的《田歌》等作品为歙砚厂在歙县的建立立下了汗马功劳。

三是作品《潇湘月夜》和《雨打芭蕉》在1963年广交会上正式打开了外贸出口的大门。我记得很清楚，我的学生时代，国家刚刚改革开放，内需还没有上来，我们的歙砚基本都是通过上海外贸辗转出口日本、东南亚这些有东方文化背景的国家。我印象较深的是他在20世纪80年代初还创作了《二十四景》和《十二生肖》等代表作。歙砚厂通过他创作的这些独到的作品又陆续有了新的好评和影响。

四是在砚雕领域把自己创作的心得体会编制成教材并授教于课堂的第一人。他编写了《砚雕技艺浅说》《砚雕十谈》这些教材。20世纪80年代末90年代初，他为安徽歙砚厂、歙县文房四宝公司先后共培养了三批专业砚雕人才。

我成为我岳父的关门弟子，先是因为他带了我两年的专业课。进厂后，厂领导又把我调选到高档创研室，放在他的身边，自然就更有机会得到熏陶。他特别器重我，我也更加倾向于跟他学习。

有一个小故事，发生在我进歙砚厂到创研室之后不久。歙砚厂的老师傅，都没有生产任务的——就是老师傅、老艺人雕砚台，它是不计工本的。根据创作需要，可以三个月刻一件，可以五个月刻一件。其中我记忆犹新的是，我岳父有一个石头是金晕石，材质很好。有一次我去上班，他说："祖伟，你看我这老坑的金晕石，还好吧?"那个时候,像那么好的金晕石很少,以至于我看得很投入。他就聊:"我已经想好了准备刻个什么题材,你用你的眼光看看,能够刻一个什么主题?"带着考验学生的性质问我。我拿起石头,上下左右前后看了看,考虑了近半个小时,生怕讲错地试着回答:"是不是可以刻一个米芾拜石[1]?""嗯,不错!你跟我想的有点吻合。"还有一次也是如此,记得他确定了创作的主题叫《明月几时有》,我说砚面远景是一轮明月,前景是几片芭蕉,中景是竹叶,也获得他的肯定。

通过工作交流,胡师傅觉得这个学生还不错,很用心,平常的过程当中就逐渐积累了这种印象。在一个车间里就七八个平方米,离得很近,我觉得老师对我们特别关爱,后来我和爱人互相爱慕,师生关系有了升华。他有很多独到的艺术理念,这种家学,很多我们还是继承了下来的。

我岳父觉得艺术的创作要来源于生活,来源于文化。比如说他创作荷塘清趣时,就经常去写生,还抓一只小青蛙来观察一下子,抓一个小虫子或秋蝉,把蟋蟀装在瓶子里研究也是常有的事情,这种艺术来源于生活的做法,我都坚定地追随着。还有刚才讲的,坚持提高自己的艺术修养,平常有空的时候多学多画。

在老艺人身边有一个独到的优势,能够看到他们亲手创作很多精品,包括创意、设计、雕刻等处理。相比较厂里其他同学,他们只能到博物馆里去看看,他不知道那个东西是怎么表达的。我不一样,同在一个车间,随时能够站起来去看一看、学一学,吃饭时琢磨、下班后摸摸,还能得到他们的言传身教。

我管这个现象叫"眼高手低",就是那个时候通过观摩老艺人创作精品,把自己的眼界提升了。尽管当时自己还不能用精湛的技艺表现出来,但是知道什么是高超的技艺和精彩的艺

[1] 米芾拜石,米芾曾见到奇石高呼"此足以当吾拜",并与之结为兄弟。还有一则记载说他为一奇石设席正冠,虔诚下拜,并连声高呼:"吾欲见为兄已二十年矣。"可见其对石的珍爱。

术,现在回过头来细想,发现这真是我一个很难得的机会,一段很幸福的时光。他艺术修养的丰厚让我记忆深刻,他艺术上的精益求精和做人的实实在在,给了我一个学习的大方向。

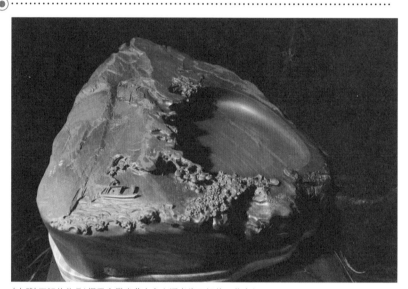

《赤壁》王祖伟作品(摄于安徽省黄山市屯溪老街王祖伟工作室)

艺重于石

上等的砚石,交给一个砚雕高手和一个普通的艺人来完成,砚的艺术价值是大不相同的,这是我对艺重于石最初的理解。还有,当一个艺人的艺术修养没有超越砚石本身的造化时,不如保留大自然对砚石的造化,更不宜破坏。

创作流程通常来讲,首先是选石。采石我们都不管了,因为石头的开采有专人去做。通常每个月都去砚石产地一次,选择自己喜欢的。也有经营砚石的有心人发现某块砚石特别好,纹理清晰、色彩鲜明,主动送来给我看的。

我个人选砚石有两个标准,一个就是特色明显、个性鲜明。如造型的独到,色彩的巧妙,纹理的恰到好处。第二,要完美。大小不是最主要的,重要的是相中的砚石先天不要存有瑕疵,或者说要尽量完美。

砚的创意设计:创意不等于设计,设计包含创意。意思是艺人根据石头的色彩、纹理、造型、肌理找到砚石的砚眼、灵魂,运用规范的砚雕语言和独到的文化元素、艺术感悟、技艺表现来赋予砚石生命,并能使砚的主题得到深化,意境得到升华。

再下来是雕刻。常人的理解常存有误区,就是讲技法有好坏。其实技法本身没有好坏,而是艺人技法水准有高低。浅浮雕、深浮雕、半圆雕、镂空雕、线刻、薄意,只是雕刻表现技法的不同。打个比方,如休闲服、运动服、夹克、西装等服饰各有所长,关键是所选的服饰穿到身上要适合个人的气质。同理,砚雕技艺要更多地为砚雕主题的表达服务,追求表现主题的完美尤显重要。

雕刻工具基本上是几大类:第一类就是敲铲,第二类是靠铲,第三类是雕刀。最丰富的是雕刀,它应该有近百种,有平刀、圆刀、半圆刀,等等。歙砚石的硬度是莫氏四度,我们通常都用合金钢的刀具,相对于砚石较软的砚种占有优势,现在当然更加讲究的还有玉雕机、游标卡尺等。其实工具的好坏不能代表艺人制作水平的高低,不是说最好的工具就能创作出最好的砚台,完成完美的创作。换句话说,不是说用最好的毛笔和宣纸,就能创作出最好的书法和画,不是有一支最好的钢笔、一张最好的白纸,就能写出最好的文章。工具只是用来降低你的劳动强度,缩短一下创作过程当中消耗的时间和精力,核心是艺人要有精湛的技艺和丰厚的修养。工具只是代表生产力先进与否,不等同艺人自身技艺的高低。手工文化的作品,包含艺人的体温、心血、情感、情怀,这也不是机器所能替代的。我个人比较欣赏一个人能够单独完成一件作品,优于艺人在团队中的产业分工。

要说砚作精品,先天性来讲是物质价值,就是砚石本身稀有,后天性来讲,是天工与人工的相得益彰,意思是砚雕艺人不论用什么艺术风格去表达它,一件作品都能到达巧夺天工的艺术效果。不在乎你是刻了什么题材、运用了什么技艺,只要合乎砚道,遵循砚学,践行砚艺,凸显砚风,我觉得都合乎精品的范畴。

以艺载道,天人合一

以艺载道,天人合一是一个砚文化的高理

国家图书馆藏清刻本《歙州砚谱》

念。即讲究传统与现代的兼容并蓄，先天与后天的和谐统一；注重诗、书、画、印、雕的五位一体和文学、艺术、美学、哲学、手工的相得益彰；强调或韵或质、或意或法、或态或势。

我有四件作品先后被中国国家博物馆、中国工艺美术馆、中国工美·珍宝馆和中国工艺美术大师博物馆永久珍藏。

以被中国国家博物馆收藏的文人砚《兰亭雅集》为例，当下多数砚雕艺人沿袭了古人的做法，套用古砚谱的相关图案，上下前后左右六个面均以满雕形式表现，而我在创作时不断思索，怎样才能够既讲究文心画意，又做到推陈出新，来用砚雕语言表现"曲水流觞"的盛况。通过不断的设想和否定，最终将王羲之笔下的兰亭修禊刻画在一个主砚面上，从而达到以画入砚的整体效果。这种砚雕艺术的原创须有应物相形、随类赋彩的深厚功力。

另一方砚作《虚中洁外》，在荣获中国艺术研究院颁发的金奖的同时，也被中国工艺美术馆有偿收藏，填补了歙砚在此领域的空白。

作品能够得到国家级博物馆的收藏，对于一个手艺人来说，这是对徽派技艺和自己艺术创作的至高认可，对于一个非遗工作者来说，更是作品经典传世的佐证。

当然，无论是科研工作者，还是我们非遗工作者，理论与实践都是相辅相成，缺一不可的。砚雕技艺需要持续磨炼，学术理论也要不断升华。就我个人而言，也一直在陆续整理归纳砚学理论。这些学术的升华，不仅是对歙砚也是对砚文化的整理，更是围绕着我们徽文化及非遗文化的保护与传承展开的。

中华文化博大精深、源远流长。温故知新，借古开今，是传承与创新最为有效的途径，作为非遗工作者，不仅要有这样的意识，更要有这样的尝试。就我自身而言，作品系列化、组合化是我近些年在创作中的一个实践。

徽州是中国历史上的经济文化重地。身为徽州的非遗工作者，

国家图书馆中国记忆项目中心工作人员对王祖伟进行口述史访问（摄于安徽省黄山市屯溪老街王祖伟工作室）

在创作过程中常常会考虑运用砚雕艺术来描绘我们徽州的人杰地灵，努力将徽文化融入于砚雕艺术之中。比如我的作品《徽州女人》《新安揽胜》《天下徽商——梦里徽州》就分别从人文历史、自然风光和徽商精神角度来以刀代笔，回顾书写徽文化的广博深邃。

2010年上海世博会的时候，我有几件作品，在表现形式上、在题材方面都经过了用心的考虑。因为上海世博会展示我们安徽馆，我的题材就从安徽文化入手，创作了代表徽州文化的《徽州人家》，代表皖江文化的《桐城派文学系列》，代表皖北文化的《紫气东来》。《紫气东来》这个画面是老子出关，它代表了我们皖北文化里面的老庄哲学。我又刻了《竹林七贤》，它的背景是魏晋，继承了建安文学的精神。然后我创作了一件叫《世博之音，和谐之声》的琴式砚。琴这种元素早就有了,孔子礼、乐、射、御、书、数六艺里面就谈到琴,司马相如也谈到琴,演绎《高山流水》,也是用琴。把琴制成砚,人家一看,哪怕是外国,也知道是东方元素。这一方歙砚的整个外形就是一个琴的造型,所以主题叫"世博之音、和谐之声",作品得到非常广泛的认同。

木长须固本,流远须浚源。砚雕艺术作品的完美程度除了先天性外,后天性应讲究作品里的思想观念、审美情趣、创作方法、语言技巧、生活阅历;更应注重作品背后所折射出的综合修养和独具匠心。作为砚艺工作者、非遗传承人,要时刻有弘道养正的理念和恒心。

传习 传承 传播

除去创作本身,就我自身的经历和歙砚领域来说,非遗的传承还体现在两个大方面,一是人才的传习,二是文化的传播。传承是创新的基础,创新是最好的传承。任何行业,想要传承发展,其核心是创新,创新最重要的是培育人才。人才的缺失是制约非遗传承、文化发展的最大瓶颈。在传统文化的传承上,学校教育的系统性、连续性有其优越性。另外,师徒作为中国传统伦常中最重要的非血缘关系之一,尽管有着一定的局限性,但这种传习关系也一直是传统文化、技艺延续发展的主要方式。我收过多名徒弟,做过客座教授,想要在此强调一下对青年人才传帮带以及几种方式相结合的重要性。另外,说到文化的传播,我认为可以从国内外两种渠道来尝试发展。国内方面,比如我自己参加过中国艺术研究院举办的中国当代工艺美术双年展、北京中华砚文化高峰论坛,也获得过中国工艺美术行业典型人物荣誉称号;国际方面,早年曾作为安徽省代表团成员参加日本爱知世博会,近年也参加过第三届联合国教科文组织全国委员会地区间会议。

我觉得传承不是原地踏步,不是简单的重复。传承的应该是文化艺术内在的精气神、筋骨肉,不是说简单地把形式传承下去。通俗地理解,传承与创新是变与不变的关系,变是胆,不变是识,胆要建立在识的基础上,所以传承最精彩的是在于你的创造创新。传承首先在传,怎样才能传好呢?一要传真,二要传精,三要传静。传真、传精大家都能理解。所谓传静——静人、静物、静生活。再谈承,所谓承一是要认认真真、老老实实地学习好技艺,丰厚好修养,二是原滋原味承好先贤、前辈、师傅的技艺,三是要凸显自身所学的家门或独到。我自己作为传承人,常提醒自己,一要持之以恒,二要精益求精,三要传承创新。我的传承心得和感悟,供同人或年轻艺人参考。

创新不可刻意追求。人不能在创新的魔掌下就范,该追求其境界恬淡于水到渠成。砚雕艺术的创作源泉来自于自然、文化、生活的提炼,难在于用特有的眼光发现独到的美。守正出新,与时俱进,追求卓越,是传承与创新的有效途径。

现在砚学界出现的困惑,主要是思想、心灵及专业对砚学本身认识得不够,要有高度、广度、深度等方面的突破。

歙砚的流派、风格,体现了歙砚文化的渊源和艺术的繁荣,应相互借鉴,艺术家有选择创作方法的自由,切不可非此即彼。

砚雕作品的创作,是传统还是现代,是丰富抑或简约,更多地取决于砚石先天的造化。同样,砚雕家的风格取决于先天的灵性和后天的修养。

砚作珍品贵在于砚雕语言的专业规范和精、气、神、形、态的全面;高在传统与现代的兼容并蓄,先天与后天的和谐统一;难在专业素养的厚积薄发和艺术思想的见解独到,力戒墨守成规、学而不思。

砚雕作品的最高境界,是用精神和文化的高度统一去体现或构建蕴含丰富哲理的"形而上学",以增添文化的符号、文明的印记。

砚雕艺术的创作无时不在刻画作者个人的气质、人品、风骨，谨记真、善、美的贯穿和在"变通"中以求进取。切忌俗、匠、草等。

砚雕艺术的美应体现在思想内容与形式技巧两方面，故砚雕家艺术语言的精彩，应具有规范性、准确性、深刻性、独创性。难在简约，胜在丰富。

砚雕艺术感染力是器道交融的综合运用，内容与形式及各种技法的浑然一体，唯有如此，才能大气。此"大"非大题材、大场面、大篇幅，直指艺术旨趣和艺术表现上的博大。

比如说我很多年前创作的《曙光初照万花红》这件作品，从这几个角度我们去剖析一下它。首先是创意的精巧，我用自己最擅长的砚语，表达最熟悉的黄山；其次是设计的精致，讲究色彩的巧用，因势利导，跟砚石对话，发现美，创造美，升华美；再次，雕刻的精工，是技艺的综合运用，结合了浅浮雕、深浮雕、半圆雕、镂空雕这些技法来为表现的主题服务；最后，神韵的精妙，用自己的砚艺风格来表现中国画近、中、远不同层次的美。

如果喜欢，即使累了，还是感受到幸福

我们这个家族在歙砚里面非常有影响力，也非常有代表性，我们叫歙砚世家嘛，我的岳父，我妻子的两个兄弟，我的夫人和我，都会刻砚。以后小孩是不是走这条路呢？我觉得，艺术不是去强人所难的一个事情。当然我们在这个过程当中，会经意和不经意去引导，她要是不喜欢，你叫她做这个工作，可能就很痛苦，如果喜欢，她即使累了，还是感受到幸福。我们还没有跟孩子谈到这个方面的话题，小孩或后辈先学好文化课，如果对艺术有兴趣，我们也不反对学艺术类。至于怎么进到这行，我想先学好现在要学的东西，然

《曙光初照万花红》砚

后通过生活的磨炼。如果你觉得这行不错,有兴趣,然后觉得对家庭责任也好,对黄山的这种情感也好,想做这项工作,我们也支持。

我带学生,也就是从被评为第五届中国工艺美术大师之后,加上后来又出台了一系列政策法规,政府也比较鼓励。之前讲真话,都在忙自己的,一个是艺术创作,一个是打造自己的资质,都需要自己去不断地付出。做到一定程度之后,可能你觉得自己的艺术要有人来承袭衣钵,这个时候又赶上好的政策,觉得也具备带学生的条件,就真正开始带了。要是自己还没有完全成熟就带徒弟,有可能会误人子弟。我觉得还是要慎重,你传承也好收徒也好,首先自己先要有一定的高度,我是这样想的,也是这样做的。这既是对自己的学生、徒弟负责,也是对自己负责,也是对歙砚负责,这是责任。

我现在带了四个徒弟。两个是从行知中学——我的母校筛选过来的。从职业学校去选了几个好的,传帮带。选骨子里有这方面细胞的,有悟性的。我通过班主任到班上去出一个题目,比如说《两个黄鹂鸣翠柳》,叫你设计一方砚台,或者说叫你设计一个图案,我们可以现场用这种方式把他选出来。比如你没有学过美术,你要跟着我学,我可能叫你坐下来,速写一样东西,看像不像,有没有天分,给你一个小时画一个东西,你画得出来吗? 我选人先看有没有兴趣和能力,选能培养起来的人。另外一个,我个人的看法就是要读万卷书,还要行万里路。因为现在社会的文化进程太快,文化艺术的发展赶上好机会了。像很多大型的展会,都可以去学习。除了学好技艺,还是要有好的艺术修养,否则的话,你就很难成为一个大家,或者说很难成为出类拔萃的一个人。这都是吸收了我的老师们以前的教学方法。

基本上我就顺着这个模式:白天八个小时你在这儿工作,但是没有任务给你,安排你一件作品,你用三天五天没关系,就要求做好。另外一个,业余时间,我安排你一天至少背一首长的诗词,短的诗词是两首,《古文观止》里这种古文类的一篇,我一个星期早上抽查一次。晚上,三天一幅画,每天一幅书法,一个星期抽查一次,要让他上交的。我现在的学生画的画都很不错。师者,传道授业解惑,你传的道方向要正确,这个是我们自己学习过来的体会心得,也是这样做的。

学生是承接你的技艺,传播你的思想,承袭你的衣钵,应该说我希望学生将来能够超越自己,否则的话就后继无人了。另外一个,从事文化艺术创作是一种高雅的活动,你如果没有气度的话,肯定成不了大家。搞艺术的人,就是要把你的作品创作好,而不是去思考名利之类的。把艺术做好以后,市场自然认可你,其他的问题也就迎刃而解了。

如果我要对年轻人说一句话,就是要更多地注重丰富自己的艺术修养,因为高手之间的较量,在技艺上是差不了多少的,就是看砚外的功夫。在器和技方面的高低没有特别多差异,或者也是各有所长的,更多的是道的东西,内心世界、文化情感的这种厚积薄发,这个是两者对比一看就知道高低的。我们看你的作品时,除了砚雕的专业和规范之外,还看你这件作品背后所折射出来的文化、艺术、美学、哲学等东西,给人带来美的启迪和震撼的能量,我们要看这个高度的。

漆砂砚（徽州漆器髹饰技艺）

漆砂砚是中国的传统文房用品中较为独特的一种,它以金刚砂调和大漆髹涂于胎骨上制成,质地轻盈,便于外出写生携带而备受书画家青睐。漆砂砚的制作,最早可以追溯到汉代,现在所能见到的漆砂砚实物有国家博物馆藏的 1985 年在江苏省邗江县西汉墓出土的一件彩绘嵌银箔漆砂砚。1965 年在安徽寿县汉墓还发掘出一件夹纻胎的漆砂砚。清代漆工卢葵生精通制漆,以漆砂砚闻名于世。1980 年,安徽省屯溪漆器工艺厂俞金海成功制出漆砂砚。1980 年扬州漆器厂试制成功漆砂砚。徽州漆砂砚与扬州漆砂砚各有特色,都备受国内外书画家们的青睐。

　　2008 年,徽州漆器髹饰技艺入选第二批国家级非物质文化遗产代表性项目名录①。

小知识:

　　歙州漆砂砚是指在今安徽省黄山市及周边地区的能工巧匠制作的漆砂砚。其技术特点是:刳木为胎,糙布加固,调灰上灰,雕刻配盒。其工序主要包括:设计、制胎、涂漆、糙布、调灰、上灰、雕刻、配盒、落款。制作工具主要有漆刮、漆刷、漆笔、雕刀、研磨工具、调色板等。

　　扬州漆砂砚是指在今江苏省扬州市及周边地区制作的漆砂砚。其技术特点是:雕木为胎,刳木为池,漆砂砚堂,明漆砚体,推光砚盒,螺钿镶嵌。其工序主要包括:设计、制胎、调灰、上灰、上漆、制盒。其制作工具与歙州漆砂砚大致相同,主要也是漆刮、漆刷、漆笔、雕刀、研磨工具等。

　　(参见方晓阳:《砚林珍髹漆砂砚》,《艺术中国》,2013 年第 2 期,第 66—77 页。)

① 2006 年,扬州漆器髹饰技艺入选第一批国家级非物质文化遗产代表性项目名录。本文只介绍徽州漆砂砚。

甘而可

国家级代表性传承人

甘而可（1955—　　），男，安徽省黄山市人，国家级非物质文化遗产代表性项目徽州漆器髹饰技艺代表性传承人，中国工艺美术大师。2010年被中国艺术研究院工艺美术研究所聘为客座研究员，2013年被中国艺术研究院聘为研究生导师。

甘而可1979年就职于屯溪漆器工艺厂，师从汪福林、俞金海学习漆器制作技艺，对徽州传统的髹饰技艺进行了深入研究和深度实践。他经过近三十年的不断探索、创新和实践，将『犀皮漆』『推光漆』『漆砂砚』及精细『漆面纹饰』等徽州传统髹饰技艺推向了新高度，使之焕发出新的活力。2004年创作完成了一套歙州漆砂砚，六方砚的原型来自《西清砚谱》，通过精思妙手调配材料来平衡砚的『发墨』『费笔』，使其二德兼美。

采 访手记

采访时间:2014 年 8 月 1 日

采访地点:安徽省黄山市屯溪区黎阳印象甘而可漆艺
工作室

受 访 人:甘而可

采 访 人:宋本蓉

甘而可是一位出色的漆器艺术家，个人长期实践
经验的积累和超人的悟性,使得他制作的漆器是以一种
高度精致的个人风格出现的。在安徽屯溪的工作室里
为甘而可做的访谈，是我做过的访谈里最愉悦的,意想
中的高妙技艺所达到的精美细节之外，他在讲到自己
制作漆器时候的那种从容自如更让我动心。

漆砂砚的特别之处是轻巧,便于携带，更重要的还
在于,它是一种可以定制的材质,可以根据墨和笔来定
制它的发墨程度和对笔的磨损程度，这是漆砂砚深受
书画家爱重的原因。甘而可制作的漆砂砚,精心调配金
刚砂与其他材质的比例,精致而合用,在颜色上也堪称
绝色,让人爱不释手。

甘而可口述史

宋本蓉 整理

在屯溪漆器工艺厂跟着师傅做漆器

徽州漆器,从明代、清代,到民国以至今天,一直在延续。明清的漆器在徽州存世量很多,"文革"的时候,上海文物商店和安徽文物商店就在徽州设了点,把徽州地方的好东西收购过去。徽州在明清的时候非常富有,有很多经济实力雄厚的做官的、做学问的、经商的人,他们对日用的工艺美术品特别讲究,家里面的实用器具和陈设,也用很多的漆器。徽州盛产歙砚和徽墨,砚台和墨都需要用盒子来做包装,漆器很多时候被用来做砚台和墨的包装,这也促进了徽州漆器的发展。

我小的时候,我们徽州几乎家家都有漆器,富裕的人家漆器多一些,做得精美一些;家里生活条件一般的,也会有几件漆家具。我后来开店的时候,收到过一些喝茶时用来盛放茶点的小碟子,螺钿镶嵌的,非常精美,可以感觉到那时候徽州人的生活是非常讲究的。

20世纪50年代的时候，政府把散落在民间的艺人们集中在一起，组建安徽屯溪手工业联社，生产各种工艺品。有一位漆器老艺人叫甘金元，他的螺钿漆器做得很好，他和俞金海、徐丽华他们参加了人民大会堂安徽厅的装饰工程。后来漆器车间单独分出来了，成立了屯溪漆器工艺厂，最盛的时候，有一百五十人左右，承担着出口换汇的任务。到"文革"前后，安徽漆器是安徽省轻工业的重头戏，我们徽州当地政府也非常重视。那个时候很多的企业境况不好，都有贷款，唯独屯溪漆器工艺厂没有贷款，它完全是凭自有的资金在运作。它的产品主要销售到欧洲、美国、加拿大，销往日本的也比较多。它出口的渠道主要是通过上海外贸进出口公司出口，我们安徽省本身也有外贸进出口公司，但是他们的订单没有上海多。当时出口的产品主要有屏风、橱柜、箱匣、餐桌、炕几，都是生活的实用器具，装饰工艺主要有百宝嵌、骨石镶嵌、描金彩绘、螺钿镶嵌、刻漆等。

1979年我二十四岁，屯溪漆器工艺厂向社会选招学徒工，报考条件是懂书法、绘画，是要通过考试的。我去考了，那时候录取通知书还没有发，我们就被内部录取了。厂里就先打了招呼，让我和另一名女生先去上班。因为当时赶一批货，要发给上海出口的，我就带着我的木工雕刻工具去上班了。

1983年，我们屯溪漆器工艺厂成立了一个新产品开发研究室，那时候俞金海师傅制出了漆砂砚和犀皮漆（也叫菠萝漆）。他应该在1980年就开始做了，到1983年的时候，媒体对俞金海师傅的犀皮漆和漆砂砚进行了一些报道，很多的书画家也来我们厂的陈列室参观。其中有一位作家叫端木蕻良，给俞师傅写了一幅字称他为"楚漆国手"。还有一位画家叫赖少其，称赞俞师傅做的漆砂砚"功同天造"。很多书画家都跟俞师傅有交往，因为书画家出门写生画画，带一方石砚很重的，带一方漆砂砚呢，就很轻，他们很喜欢。赖少其还写信给俞师傅，我看到过这封信，赖少其的大概意思是说，我收到了你寄来的漆砂砚，做工非常好。我试了一下，发墨很快，但是有点损毫,是否可以加以改进?

俞金海制作的漆砂砚〔图片由甘而可提供〕

　　俞金海师傅是我父亲的朋友,他对我比较关照的,所以我跟俞师傅的关系就很密切。因为我刻漆刻得比较好,他做的东西需要刻点什么纹样的时候,他就交给我刻。其他人来找他的时候,他把漆一收,就陪着说话。我去的时候呢,他一边做一边跟我说话。我也留心他的一些做法,我偷偷在学。

　　1985年,我被调到屯溪工艺美术研究所,那时候的所长叫汪培坤。因为那时候研究所刚成立,就从各工艺厂抽调了一批比较能干的人员过来,其中也有徐丽华师傅,他的漆工技艺非常好。那时候我就格外留心学习漆工技艺。在工艺美术研究所我可以自己做作品,我就选了一幅任伯年的《群仙祝寿图》,做成十二扇的金底刻漆屏风。那时候我们也没有什么放大设备,也没有看到原画,就是根据一幅不大的图片来做。汪洋和汪伟,他们两个是设计室的,他们把这幅画放大了,用晒图的方式把图样贴在漆面上,然后由我来刻漆、铲地、上色、贴金,整个一套做好。

虽然前一段时期,徽州漆器跟全国各地的漆器制作一样,也逐渐消退,但是近些年,徽州漆器又重新获得认可。现在徽州漆器主要是个体和家庭作坊式的制作方式,不再是以前那样的集中大量生产的方式了。我个人觉得这样的方式很好,因为我也到欧洲看过,他们的手工艺大多数也是家族传承,也是家庭作坊制作的方式。我看这样的方式就很好,这样有利于这门技艺的传承,父亲一辈会毫无保留地把这门技艺传给自己的孩子,一直流传下去。这种小范围的传承适于做精品漆器,工厂化大规模的制作不利于做精品漆器。人一辈子也做不了多少件精品的东西,所以精品的东西,它的量不会无限做大。

我想做最好的漆器

当我真正挣到钱以后,我想做漆器,要做最好的漆器。我就考虑从漆砂砚开始做。我知道做漆器需要很多经历,我呢,做过木工、刻过砚台,也做过雕刻、学过绘画,等等,我也有吃苦精神,我觉得我应该能把漆器做好。因为我雕刻过砚台,我对砚的语言、砚的表现形式、砚的文化是有感觉的。然后我就选形,就选中了乾隆的"仿古六砚"①为蓝本,我觉得那个形非常好,也不大,适合做漆砂砚,如果做好了一定非常漂亮。

我们现在能知道的最早的漆砂砚,是西汉

① 清乾隆四十三年(1778)编《西清砚谱》,记载清乾隆年间皇家收藏的砚,有工笔手绘的砚的图形。仿古六砚的造型即来自《西清砚谱》。

墓出土的漆砂砚。我从文献当中看到，汉代皇帝赐给太子的物品中就有漆砂砚。据说清代的时候，卢葵生①的祖父在郊外的集市上看到一块类似砚台的东西，他就拿回来，看了以后，发现它跟一般的石砚不一样，很轻，放在水里不会沉，他仔细看，发现这是一方有宋代"宣和内府造"款的漆砂砚。他们后来仿制，就制作出了很好的漆砂砚。目前国内很多的拍卖行也拍卖他做的漆器，我也见过，确实非常好。在故宫藏的漆器里面，也有他做的漆砂砚，非常精美。

① 卢葵生（？—1850），清代漆器制作名家，擅长制作漆砂砚。《漆砂砚记》载有其事：「邢上卢君葵生以漆砂砚见惠，且告予曰：『宋宣和内府制』六字，其形质类澄泥而绝轻，入水不沉，甚异之。用之者咸谓得未曾有，冬、心先生金农撰有铭，其法遂传于今。」予惟砚之品颇多，产于天者，端溪称首，为于人者，澄泥盛行，而逮今日，端溪老坑，采凿已罄，澄泥失传，粗疏弗良，求砚之难，殆同赵璧。若此漆砂，有发墨之乐，无杀笔之苦，庶与彼二上品媲美矣！适当厥时，以济天产之不足，且补人为所未备，宣和遗制，为利诚博，然非葵生令祖映之先生精识妙悟，又安能遥续于六百年后如出一手哉！（载于《清·顾广圻〈漆砂砚记〉〈顾千里集〉，中华书局，2007年，第98页。）

卢葵生制雄鸡图百宝嵌长方形漆砂砚及砚盒（图片来自李久芳《清代漆器》）

徽州的砚台跟扬州的砚台做得不一样,做法不一样,风格不一样,文化也不一样。我认为既然是砚台,就应该有砚文化的内涵在里面,漆砂砚不管是什么形制,首先它应该要可以作为砚台来用,可以很好地磨墨,要达到与石质砚同等的功能。米芾也说过,玉不为鼎,陶不为柱,砚台则发墨为上,装饰得再美,如果不好用,也是不可取的。①

① 参见〔宋〕米芾:《砚史》,中华书局,1985年,第1页。原文:「器以用为功,玉不为鼎,陶不为柱。文锦之美,方暑则不先于表出之绤。楮叶虽工,而无补于宋人之用。夫如是,则石理发墨为上,色次之,形制工拙,又其次,文藻缘饰,虽天然,失砚之用。」

我的漆砂砚的做法跟前人的做法基本上是一样的,只是我用的材料更多一点,更讲究一点。我主要是用细的金刚砂跟漆调在一起,金刚砂发墨很好,但是它太锋利,会损笔。所以还要加一些既发墨又不损笔的材料。为了减少对笔的损耗,我加了一些磁粉、紫砂粉、花岗岩粉、大理石粉,我甚至加了些玉的粉末在里面,玉粉比较光滑,发墨程度是比较差的,但是它正好可以中和金刚砂太锋利、损笔的弊端。

我做的"仿古六砚"中,六方漆砂砚和六

甘而可作品歙州漆砂砚(图片由甘而可提供)

个砚盒是同时做的，因为砚盒要和砚完全吻合，放上去要纹丝不动，所以要一起做。特别是长方形的砚盒，它的角是很尖锐的直角，这种角是对漆工技艺的一个挑战。

《仿宋天成风字漆砂砚》，我仿的是洮河砚，是一种浅浅的绿中带黄的颜色①，如此的浅绿色在过去的漆砂砚中是没有出现过的。因为所有材料和极细的粉末入生漆后都会变深褐色，要使漆砂砚呈现出灵动的浅色，我费了很多功夫。我先打了几个样，不是太鲜了，就是太

① 参见〔宋〕赵希鹄：《洞天清录》，上海古籍出版社，1993年，第11页。原文："除端歙二石外，惟洮河绿石，北方最贵重，绿如蓝，润如玉，发墨不减端溪下岩。然石在临洮大河深水之底，非人力所致，得之如无价之宝。"

《西清砚谱》里的《仿宋天成风字砚》（图片来自商务印书馆《四库全书珍本初集·西清砚谱》，1935年）

甘而可作品《仿宋天成风字漆砂砚》（图片由甘而可提供）

淡了,反正颜色就是不很对,不是我想要的石材的那种感觉。我又加了一些东西,后来就出了一种粉粉的、嫩嫩的、黄黄的、绿绿的那种颜色,挺好的。而且那方砚台放大了看,里面有一些颗粒感,特别像石材的肌理。然后我花了三个月的时间披灰、髹漆、打磨,做的第一个漆盒就是《仿宋天成风字漆砂砚》砚盒。

在制作《仿汉石渠阁瓦漆砂砚》的时候,我略做了一点修改。我要仿的那一方瓦砚的中间有一个圆形的砚堂,我在圆形砚堂上方留了一个月牙形的砚池,取日月同辉之意。我加了一个砚池以后,整个的形还是一个圆形,但是造型比以前要美。另外我觉得它的整体造型既然是汉瓦形,就应当表现出古瓦的特有气质,所以在这方

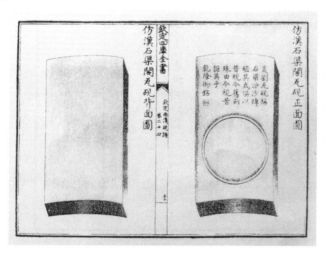

《西清砚谱》里的《仿汉石渠阁瓦砚》图片来自商务印书馆《四库全书珍本初集·西清砚谱》(1935年)

甘而可作品《仿汉石渠阁瓦漆砂砚》图片由甘而可提供

砚的色彩处理上我力求古拙。考虑到瓦砚的瓦在制作的时候，背面可能会有布纹，为了表现出古瓦的沧桑感，我特地在砚背凹面用稠漆做出麻布纹。我还在砚面上做出来搽笔的痕迹，若隐若现。漆盒的颜色用黑色，因为秦汉尚黑，我还在砚盒上刻了一个瓦当纹的青龙，青龙用了红色。别人一看到这个盒子，就会想到秦汉，结果，打开一看，里面确实是一方汉瓦的砚，很配。

《仿宋德寿殿犀纹漆砂砚》，我就对犀纹做了反复的思考。以前的处理方式是在面上用刀划了一些冰裂纹来表现犀纹。我觉得这样还不够，我认为它没有把"犀纹"的感觉表现出来。我认为"犀纹"应是那种天然形成的砚石的石皮肌理，而且经过岁月的侵蚀，有很

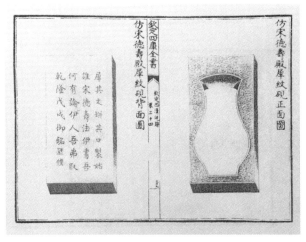

《西清砚谱》里的《仿宋德寿殿犀纹砚》图片来自商务印书馆《四库全书珍本初集·西清砚谱》1935年

甘而可作品《仿宋德寿殿犀纹漆砂砚》图片由甘而可提供

413

多剥落，也有一些保留着，这样形成的纹感觉才对。所以我在制作这方砚的时候，中间做了一个小的花瓶形做砚堂。砚的四周用稠漆起纹，以刀略刻使砚面呈现出类似天然石皮的自然肌理，这样做出来有石皮的紫端①的效果。这种手法运用在漆砂砚上也是古代从未出现的。为了呼应犀纹砚，我就给它配了一方犀皮漆的砚盒。

《仿宋玉兔朝元漆砂砚》仿的是歙砚，背面有一只兔子回头望月。做背面的时候，我本来是想以一种堆起②的方式雕刻一只玉兔。但是

① 参见（宋）叶樾传·《端溪砚谱》，中华书局，1985年，第2页。原文：『大抵石性贵润，色贵青紫。』

② 漆器装饰工艺中，用堆起的方法，表现浮雕的效果，也称为堆鼓。

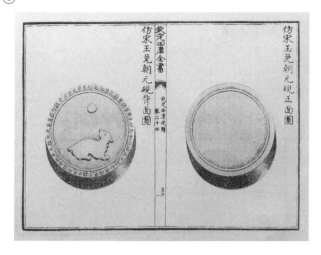

《西清砚谱》里的《仿宋玉兔朝元砚》图片来自商务印书馆《四库全书珍本初集·西清砚谱》1935年

甘而可作品《仿宋玉兔朝元漆砂砚》图片由甘而可提供

我后来突发奇想，我想把它做成平的，把纹样做到里面，做一个浅浅的剪影效果的黄色玉兔和月亮的纹样，这样更像天然形成的石纹。这个做好以后，很多朋友都说有眼前一亮的感觉。我做了一个银朱红色的推光漆的盒子来配这方砚。因为玉兔朝元是望月，是晚上，晚上的月色应该是冷色。但是红色是一种白天的感觉，是热的感觉，跟砚刚好形成特别好的对比。

《仿汉海天初月漆砂砚》椭圆形，光素简洁，砚面装饰仅几根线条而已，但这几根线条要刻得挺拔有力，没有多年刻砚的功力是很难做到的。这个型是很好的，不需要去变了。紫端的深紫色不好调的，那种玫瑰紫的颜色很漂亮。绘画颜料里有一种紫颜色，原本不是入漆颜料，它入漆以后不会干的。但是，那种色我用了，用得很

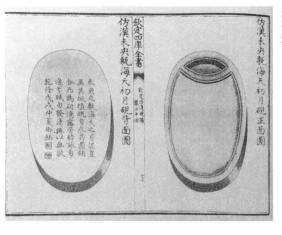

《西清砚谱》里的《仿汉末央砖海天初月砚》图片，来自商务印书馆《四库全书珍本初集·西清砚谱》（1935年）

甘而可作品《仿汉海天初月漆砂砚》（图片由甘而可提供）

少,再加一些紫砂的粉末,捣成细粉末,再用水飞过,就调出来了这样既艳又雅的紫端的颜色。

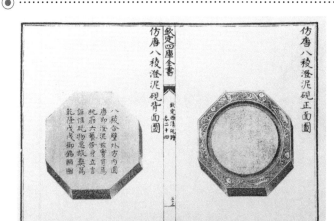

印书馆《四库全书珍本初集·西清砚谱》,1935年《西清砚谱》里的《仿唐八棱澄泥砚》图片来自商务

甘而可作品《仿唐八棱澄泥漆砂砚》(图片由甘而可提供)

做到第六方《仿唐八棱澄泥漆砂砚》的时候,需要考虑的问题就更多了。六方砚摆在一起是一个整体,不但单看要美,组合起来也要美。已经有浅绿色了,有紫红色了,也有了一种灰灰的颜色,还有一种带着花斑石纹的,我觉得我这组砚里需要一种红色的、跳跃的颜色来搭配。所以我就做了一方虾头红颜色的澄泥砚,澄泥砚的颜色有蟹壳青、鳝肚黄、虾头红等,鳝肚黄做的人很多,虾头红做的人相对少一些。我看了一些澄泥砚的虾头红样本,比我这一方虾头红的色明度略低一些,我的这个红色做得更纯粹一些。我有一方虾头红的老砚台,摆在工作台上,一边做一边看。每次上灰的时候我都会打个样,把颜色涂在样板上,得搁几天,干了以后打磨,颜色进

甘而可作品歙州漆砂砚及砚盒(图片由甘而可提供)

行对比,再调色。大漆要做明亮鲜艳的色还是很难的。我用朱砂,还有一些瓷粉、一些其他矿物颜料,我调了很多色以后,最后出现了近似于真正的澄泥砚的虾头红的颜色。这方砚我是做得比较满意的,首先颜色非常美,其次造型精准。它是八个角,它必须要等边,不允许有任何一点点误差,因为我这个砚放在砚盒里面,它是不需要去认方向的,它应该是任何一个方向都可以放得妥当的,这里面不但对砚的要求非常高,对砚盒的要求也很高,就是说砚和砚盒都要做得非常精准,放进去必须恰到好处。

　　这一套漆砂砚做好以后,我给六方砚配了一个大漆盒。做完这个漆盒应该是在2005年,是甲申年。这套《歙州漆砂砚》藏于三百砚斋,三百砚斋的主人周小林先生,酷爱歙砚,对这套漆砂砚情有独钟。

我参加展览和研讨会，也是学习

我平时很少出去参加展出和展览，但是我想我既然评上了国家级非遗代表性传承人了，那我就有义务要出去参展，展示徽州漆器风貌，出去也有机会学习别人的东西。

2009 年底的时候，北京第四届国际文化创意博览会，我们安徽省委宣传部组织了一批人参展，我也是受邀者之一。我带了一些漆器去，那是我的漆器第一次去参展。故宫博物院的专家过来看漆器，问了我一些问题，主要是漆器制作技法和徽州漆器的现状。提出要到我的工作室考察，我当即表示欢迎。2010 年 5 月，故宫博物院专家一行到安徽屯溪我的工作室，仔细观看犀皮漆作品，决定收藏我的《红金斑犀皮漆大圆盒》。

2011 年 2 月，捐赠仪式是在故宫博物院的漱芳斋举行的。故宫博物院收藏作品有一个标准，即制作工艺必须要有一百年以上的历史，而且你的作品和他们的藏品相比，制作工艺不能低于他们的水平，不然他们收藏就没有意思了。我的犀皮漆的做法、表现形式和故宫博物院藏的犀皮漆是一脉相承的，用了金以后，确实是漂亮。故宫博物院陈丽华副院长在捐赠仪式上说，甘而可的犀皮漆在继承传统技艺的基础上有所创新，使用了贵重金属，用黄金替代过去的黄色，使犀皮漆显得更加典雅、高贵、富丽堂皇，这是对中国漆器的重要贡献。他们对我的敬业精神表示了赞许。我也做了一个即兴讲话，就像发表感言。我说，我们徽州漆器在明代的时候做得非常好，犀皮漆是我们徽州漆器具有代表性的一种技艺种类，但是在当今处于衰微的状态，犀皮漆技艺几乎到了失传的境地。我通过十多年的努力，让这门技艺能够得到世人认可，能够让徽州漆器走进古代艺术的最高殿堂，在故宫博物院收藏，对我来说是最大的鼓励和鼓舞，我感到非常的高兴。我也看到了故宫里很好的漆器，这对我来说是最好的学习机会。

2010年我参加西湖博览会,我带了一个圆盒和一套茶具,还有其他的物品,大概有七八件吧。作品展示的时候,犀皮漆吸引了很多专家评委的眼球,得到了好评,《红金斑犀皮漆大圆盒》获得了金奖。得了这个奖,我也非常高兴。当晚的专家点评中,其中有三位评委就点评了我的犀皮漆。他们说,这次展出中,让我们感到意外的,让我们感到有些震惊的,是安徽黄山来的甘而可,他做的东西,你们应该去看看,工艺美术就应该这么做,东西要做精,不在做大。你做那么大,用了那么多材料,做不出精美的东西,其实是暴殄天物。他的作品做得那样珠光宝气,那么富丽堂皇,但是又不张扬,又没有那种俗的感觉,这才是真正的好东西,希望你们从中吸取一些经验。我在下面听,感到有点不好意思,其实这也是对我的一种鼓励吧。我认为获奖当然是对我技艺的一种肯定,但是不代表我的技艺水平就达到了一个很高的高度,只是在没有更好的情况下,那我略微好一点,就被推出来了。但是我没有任何理由沾沾自喜,只是说把它当作对自己的一种鼓励,多问问自己,我做得好不好?它难道就真好了吗?好在什么地方?哪些地方还可以更好?

2011年,我受邀到香港中文大学文物馆参加"中国古代漆器国际研讨会"。世界著名的博物馆和美术馆的专家、学者参加了这次研讨会,东京国立博物馆原馆长西岗康弘、著名漆器学者李金泽、收藏家关善明,日本根津美术馆和德川美术馆、波士顿美术馆、牛津大学博物馆等的专家学者参加研讨会,很多人都发言了。

我和我的女儿甘菲一起去的,我做了演讲,题目是"近现代徽州漆工技艺"。我还带了几件作品去,他们对我的那只八棱净瓶非常感兴趣。通过这次展出和交流,我知道了,他们很喜欢那种比较厚重,格调比较古雅一点的东西。因为我们带去的也有一个红金斑犀皮漆的盒子,他们对这个打磨得这么光亮、这么华美的作品也很喜欢,但是他们更喜欢比较含蓄一点的东西。我从与他们的交谈中,我也在学习,从他们眼神的赞许中,我知道他们喜欢红金斑犀皮漆的盒子,也喜欢八棱净瓶,但是他们更喜欢八棱净瓶,这对我来说就是学习。

当时一个德国的专家向日本的专家提问说,你刚才讲的宋代的这只漆碗的胎骨是怎么做的?日本的专家不知道,我从那个残破的地方看到里面有卷木胎的痕迹。后来主持人让我介绍。我说这种胎骨是在中国汉代和唐宋时候非常流行的卷木胎,卷木胎是古人非常聪明的发明,它可以最大限度地保持胎骨不开裂,而且很轻、很牢固。做法就是把韧性很好的木材,做成意大利面条一样,然后再把它放到锅里煮,煮软了以后,把它圈成一个形状,在模子上固定,当木条干透了以后,它的形状就固定了,再用面漆,一层一层把它黏上,完成造型以后打磨,然后里面裱布,再做漆灰,就做成了。大家一起鼓掌。我以前修过漆器,对古代漆器的胎骨有一些了解,所以介绍这个胎骨没有问题。

我参评中国工艺美术大师的时候,送去三件作品,第一件就是那套《歙州漆砂砚》,第二件是《红金斑犀皮漆多层莲盒》,第三件是《褐色流淌漆梅瓶》。我选这三件作品是考虑到工艺上的多样性,前两件一件是漆砂砚,一件是犀皮漆,这两项工艺是我的强项,这也是徽州漆器比较有代表性的漆艺种类。特别是那套漆砂砚,里面的漆器工艺比较全面,有黑推光漆、红推光漆、雕填、犀皮漆、隐起,再还有六方风格不一样的漆砂砚,它能够比较全面地代表我的工艺水平。莲盒除了犀皮漆的髹饰工艺以外,还代表我制作器型的精准性。另外一只流淌漆的梅瓶,说明除了犀皮漆和漆砂砚以外,我还可以把漆器的表现形式多样化。

想静下心来,做我心里真正想做的漆器

2011年安徽省有关部门给了我一些文化发展扶持资金,支持

我做一个徽州漆器的非遗传习基地。我就租了现在这个地方做新的工作室,由原来的两三个人发展到现在的十六个人,其中几位徒弟已经熟练掌握漆工技艺,成为骨干力量,这是值得欣慰的事情。当然还有多数学员处在学习阶段,我对他们要进行技术培训,主要是在漆器制作过程中采取传帮带的方式,师徒相传,徒弟之间也讨论,大家在一起工作,相互学习,彼此尊重,气氛很融洽。

我这个新工作室的基本框架现在已经搭好了,那下一步就是再培养一批年轻人。漆器的发展要靠年轻人,我希望他们各个基本功扎实,身怀绝技,这样徽州漆器才能发展。以后如果条件适合,我会把规模再扩大一点。

目前我处于一种平稳的运营模式,我只接受高端定制,大多是收藏家的那种订单,总的来说做的量不是很多,每年做不了很多的东西,但每件东西都会认真做好,从不敢有半点马虎。

我家里有一间只属于我自己的工作室,就是想静下心来一个人做东西,那个时候做的东西才算是我心里真正想做的漆器。我以前做的东西,虽然有人说很好,但是从我的内心里讲,只是说还可以,刚刚能登堂入室而已。在未来的十年,我想出一本作品集,里面有我自己满意的作品,我从现在开始做。说实话,我如果是身体好,再做个十年没有问题;如果说身体不好,连十年都做不了,我这一辈子就这样了,会感觉到心里有点不甘。我现在天天练俯卧撑、散步,要把身体练好;我酒也不喝了,我也不要应酬别人,都不要。我就是静下心来,就像过去的十年一样,努力工作,好好做一个中国的漆匠,"甘而可的东西还不错",我只要得到这个评价就满足了。

我觉得我从来就没停过,发条一直就绷得很紧,没有一点休息的时间。我有时候想休息,跟我爱人散步,说着说着就说到犀皮漆上去了,说着说着就说到工作上去了,我爱人都听烦了。她说:"你能不能提点别的东西,我们在散步啊!你又说犀皮漆。"我看到哪纹理好,我会用手机拍一下;看到一片树叶,会觉得这种光泽就应该是漆器里面最好的包浆,我们打磨抛光就应该出现这种效果;有时候看到汽油滴到水中,产生那种五颜六色的光,我想这种色彩很漂亮,我用漆怎么能做到?

我们现在总是在讲传承、创新、产业化,但是我认为传承是第一位的。如果没有传承的话,你空谈创新,是没有用的。你原来的东西都没做好,你怎么谈创新? 你创来创去,不再是过去的东西了,完全是一个新东西,那如果你做得好,我们可以说是艺术创造。如果你做的东西没有老的东西好,还没有达到古代的水平,那有什么意思? 创新必须在老的基础上再提高,你的新东西出来,是可以在传统基础上叠加的, 但是你必须要有传承,要有那种老的精神在里面,不然的话,你是另外一个东西,跟它没关系。

我用了十多年的时间,非常用心地去做漆砂砚和犀皮漆,对犀皮漆和漆砂砚的各种技艺,都做了一些尝试,并且做了一些作品,得到社会的认可,这是我感到非常欣慰的。但是这只能代表过去,代表过去做了一些事情,那么我还有一些新想法,在未来,我是不是可以做一些《髹饰录》中曾经提及的那些精妙的做法? 我们现在漆器的工艺技法比《髹饰录》里记载的少很多,我想好好研究一下这部书,把里面记载的一些做法试一试。

除了《髹饰录》里面提到的我想要做的以外,我想漆器是否可以在胎骨上来一次创新? 因为我从西汉古墓里面出土的漆器看到,漆器的漆层是不会朽也不会坏的,只是里面的胎骨会出问题,而胎骨是漆的载体,载体朽了,漆面就没办法依附其上了,漆面就会脱落,或者就会裂开。那么我如果做一件胎骨不会朽的东西,甚至根本就不需要胎骨,不需要依附于胎骨上,我用漆本身的厚度、黏度,和它本身的硬度来做漆器行不行?

我在设想一件东西:我想我是不是可以做一些以前没有做过的东西,突破我过去的那种精细、工整、华丽的感觉,是不是可以做那种很自然,就是类似于自然生长的那种感觉的东西。我每天就在漆的胎骨上刷一遍,每天刷一遍,把它当作一件可有可无的事情做,一年下来可以涂上三百遍,三百遍漆它的厚度应该可以达到十毫米以上。然后就不要胎骨,就用这个十毫米的厚度完全可以做一件作品了。一般我做的胎骨不会超过十毫米。你想想,这个器物如果全部是漆的,它会朽坏吗?绝对不会朽坏的,而且在那上面可以任我剔刻、打磨,甚至有些地方,就不需要打磨和加工,让它保留漆原本的那种沧桑感。我觉得大漆的各种肌理都很美。雕刻的那一部分要雕刻得很平整、很漂亮,留一部分保持漆的原味。就是不打磨的,自然形成的肌理,就好像这件东西本身就经历了几百年、几千年岁月的侵蚀一样,像朽的树根,或者是已经风化的石头,或者是已经氧化得快没了的铁。我想着这件东西一定会很美。如果失败了,也没有什么关系,因为我每天都会工作,每天抽出十分钟来涂一遍漆,对我的工作没有影响,就是漆它个五年、十年,也没有关系,我想试试看。

我还想用金做胎。我已经跟一位美国的做珠宝的朋友聊过这件事情,他上个月来过我的工作室,谈起漆器,我跟他说起漆器在宋代有金胎、银胎的。他说,金胎、银胎也不是很贵,金银在珠宝里面,不是属于贵重的东西,但是你的漆器如果用了金胎、银胎来做,应该是比木胎、脱胎好。首先你对胎骨那么重视,金只是做胎骨而已,你的漆器就在金之上了,如果你敢这么做,我倒愿意跟你买。他当时就非常高兴,他说我期待着有一天你把它做成。我不会把金敲打成金片来做,那比较软,我想我可以把金拉成细丝,经过手工的编制,编成一定的形状,层层髹漆,当漆达到一定的厚度以后,再加一层金丝编成的胎骨,就像钢筋水泥做的架一样,在上面再来做漆。由于金有韧性,它不会产生折裂,但是漆有硬度,它也不会出现裂断。我想如果这个想法能够试得成,对我来说也是一个非常好的突破。金的胎骨不朽,大漆经过几千年也不会朽,如果能够做一件不朽的作品多有意思。

我还想尝试做一些好的漆器,一些我们的历史上还没有出现过的的漆器。因为我的眼力在提高,技艺也在进步,目前身体还好。我想这是有可能的,因为我们的前辈在明代的时候做出了宋代、元代没有的漆器,那我们今天也有可能做出明代、清代没有出现过的漆器。因为现在我们的生活里有很多新的东西、新的元素,我觉得这些新的东西、新的元素如果出现在漆器里是会有新的面貌的。我们可以看到过去从来没有看到过的东西,我们有那么好的机会,我们为什么不能做出比过去还好的漆器来呢?应该可以。目前在我的心里酝酿着一些想法,这些想法,我想只要我踏踏实实地做,再过三年、五年或者十年,就会出现一些好的作品。因为漆器里面的变化非常多,各种技艺的相互融合,相互搭配,可以千变万化。明代黄成的《髹饰录》就写了“千文万华”,明代的人就有那样的认识了,那么我们现在的人应该是可以做到的。其实漆器技艺是无所不能的,色彩也可以是无所不能的。

藏族文房四宝

藏族文房四宝及相关文化用具

"文房"之名,始自我国历史上的南北朝时期(420—589),笔墨纸砚作为古人书房常备的四种书写用具,被人们誉为"文房四宝"。藏族的文房四宝指的是藏纸、墨瓶、藏墨和竹笔,主要分布于西藏、青海、甘肃、四川、云南等藏族聚居地区。而藏民们习惯把上述四类和削笔刀、粉筒、习字板、粉线包等统称为文化用具,藏语称"益切",其中习字板和粉线包是小学生的学习用具。

藏族文房四宝起源于两千多年前的古象雄文明,从 7 世纪吐蕃王朝开始盛行,其历史悠久、工艺精美、携带方便,具有很高的使用、收藏和研究价值。它是藏族古老文化和文明的一大象征,但随着现代科学技术和工艺的快速发展,传统的藏族"文房四宝"逐渐衰落。如今,这些传统的文化用具,在藏族人民的日常生活中已经很难看见了,在博物馆和一些寺庙及私人收藏者手中才能偶尔见到。

2009 年,藏族文房四宝入选第三批西藏自治区非物质文化遗产代表性项目名录。

藏族文房四宝

次旺仁钦

西藏社科院特聘研究员

次旺仁钦（1949—　），男，藏族，副研究馆员，现任西藏社会科学院特聘研究员，曾任西藏社会科学院资料情报研究所（现为文献信息管理处）所长，兼任中国社会科学情报学会副理事长、第七届中国图书馆学会理事、中国西南民族研究学会理事、西藏自治区图书馆学会副秘书长等职务。

次旺仁钦从事图书馆学研究和管理工作近四十年，出版了《西藏地方历史档案丛书·灾异志》《色拉大乘洲》《中国佛教寺院大观》《八十四位密宗大成就师》《中国地域文化通览·西藏卷》（部分章节）等专著编著类成果十余册，主持《清末民初藏事资料选编》等西藏学汉文丛书的编辑出版工作，发表了《西藏图书馆事业及其作用概述》《藏纸考略》《藏族文字文献综述》《探究藏族木刻印刷的由来及发展相关问题》等论文、译文成果十余篇。

采访手记

采访时间：2014 年 9 月 7 日

采访地点：西藏自治区拉萨市

受 访 人：次旺仁钦

采 访 人：满鹏辉

      我们中国记忆项目中心一行人到次旺仁钦老师家拜访，刚进院门，一幢二层藏族传统样式的小楼映入眼帘，房前院里点缀着一座小花园，在拉萨 9 月份暖和的阳光下，小院异常安静。屋里干净明亮，布置得井然有序，次旺老师和老伴两人在这里过着安逸的退休生活，我们在楼上的书房里对次旺老师进行了采访。

      次旺老师从事图书馆学研究和管理工作长达四十年，很热爱藏族的传统文化，对藏文书法、藏纸、藏文雕版印刷、藏族文房用具等都很有研究，发表了一系列专著、论文等。次旺老师待人很随和，讲流利的汉语，说话很慢，一字一句要讲清楚了才行，很容易让人产生亲近感。在西藏工作时遇到困难了，我首先想到的就是给次旺老师打电话求助，而他总是有求必应，尽全力帮忙，可以说这次在西藏的工作是由于次旺老师的大力支持才得以顺利完成的。

次旺仁钦口述史

张弼衍 整理

藏族文房四宝——藏纸

藏纸创制的历史背景

藏纸生产的历史大概有一千三百多年，可以追溯到吐蕃第三十二代赞普①——松赞干布时期。这一时期，松赞干布父子平定吐蕃内乱，青藏高原得以统一，吐蕃的政治、经济、文化得到了空前发展。松赞干布曾派遣吐蕃的十六个年轻人，到印度去学习佛经和文字。在这十六个人当中，只有吞弥·桑布扎一人学成归来。他返回吐蕃以后，在原有的基础上创制了现在我们使用的藏文，因此，称吞弥·桑布扎为吐蕃七贤人之一。

① 赞普，是吐蕃君王的称号。据《新唐书·吐蕃传》记载：『其俗谓雄强曰赞，丈夫曰普，故号君长曰赞普。』『赞普』一词，有宗教上的含义，即『君权神授』。

藏文创制人吞弥·桑布扎（图片由次旺仁钦提供）

历史上藏文经历了几次文字改革或厘定规范工作，最后形成了现在的藏文使用形态。有了文字以后，人们就开始记录重大事件，随着印度佛教传入吐蕃，吐蕃王室阶层开始着手进行佛经的翻译。在这个时期，藏族文化的发展需要有文字的载体，纸张就此应运而生。

吐蕃生产藏纸之前，用的是桦树皮、羊胛骨、木板、石板等来记录文字，这就是早期的文字载体。桦树皮是横着剥下来的，厚一点的桦树皮可以揭好几层。大家接触过桦树的，对于这个不陌生。为了保存完整、不占空间，人们将写有经文的桦树皮卷起来放在佛塔、佛像里，也就是平时所说的佛塔、佛像的装藏①品。由于年代久远，现存的很多写有经文的桦树皮文献一打开就碎了。咱们西藏博物馆、西藏自治区图书馆、西藏大学图书馆内有桦树皮文献馆藏展品，可以去参观。这些桦树皮文献书有千余年历史。有很长一段时间，文字是同时记载在桦树皮和纸张等多种载体上的，存世的桦树皮文献必定是少量的。

① 装藏，是指过去塑佛像前，一般要在佛像背后留个洞，开光时，寺庙住持和高僧将经卷、珠宝、五谷、药材等物品装入并封上。就像是人身体里要有五脏六腑一样，佛像、佛塔和经筒通过装藏，才被赋予灵气和神力。

西藏博物馆馆藏桦树皮文献（图片由次旺仁钦提供）

王尧[1]老师写的《敦煌本吐蕃历史文书》提到从新疆吐鲁番金胜口出土文献中，可以看到写在羊胛骨或者木头、木片上的藏文文献。因为吐蕃早期缺少纸张，以简牍文献形式出现于新疆。

[1] 王尧（1928—2015），江苏涟水人，我国著名藏学家、民族史学家。曾任国务院参事、中央民族大学藏学院教授，奥地利维也纳大学、德国波恩大学、加拿大多伦多大学客座教授。王尧先生是「文革」后最早活跃于国际藏学舞台的中国人，在国际藏学和中国藏学之间搭建了沟通的桥梁，从而开辟了吐蕃历史研究的新时期。他的西藏古代史研究引入了古藏文文献，曾翻译《萨迦格言》等藏文文学作品，其著作有《宗喀巴评传》《西藏文史考信集》《吐蕃金石录》《吐蕃简牍综录》等。

新疆出土的吐蕃简牍文献（图片由次旺仁钦提供）

藏文古文献记载，吐蕃第三十二代赞普松赞干布为了迎娶唐文成公主和尼泊尔尺尊公主，在靛蓝纸上写了请婚书。说明在7世纪30年代藏族已在使用靛蓝纸。不过当时书写请婚书使用的靛蓝纸是不是本地生产的，现在尚存争议。靛蓝纸也叫磁青纸①，是用糨糊把若干普通纸黏合在一起，然后在表面涂上一种矿物质，藏语叫"汀"。涂上这种矿物质后，再进行打磨研光的高档纸。

现代见到的靛蓝纸，都是用于书写藏文大藏经《甘珠尔》中的重要内容，而且都是用金、银、珍珠、玛瑙、珊瑚等作为书写颜料写在靛蓝纸上，供奉在寺院里。除了寺庙里供奉靛蓝纸佛经以外，旧时，西藏个别贵族家庭也请人在靛蓝纸上书写佛经供奉于家中。靛蓝纸的佛经种类比较多，有用金墨、银墨、泥金、五宝墨、八宝墨等写成的，单页纸的厚度差别也很大。我在拉萨的色拉寺见到过一个靛蓝纸佛经扉页厚度超过一厘米，上面用泥金书写文字，文字上镶有珠宝，佛经扉页面两边凹下去，里面塑有立体佛像还刷上金粉，非常考究。靛蓝纸佛经用这种方式保存，一是显得醒目、庄重；二是翻页时不受摩擦，能够保存得更久远。

造纸术传入吐蕃与唐蕃联姻事件有很大的关系。据记载，文成公主是贞观十五年(641)进藏，文成公主进藏的时候，随行人员里有各种工匠，包括造纸的、碾磨的、造酒的、养蚕的。②据《旧唐书》记载，在此之后，吐蕃曾请求朝廷派遣造纸工匠进入吐蕃，帮助吐蕃造纸，得到了朝廷的许诺。③根据《中华造纸两千年》一书记载，

① 据《拔协》《松赞遗训》（又译《玛尼遗训》《西藏王臣记》《贤者喜宴》等众多藏文古籍文献资料记载，吐蕃第三十二代赞普松赞干布在迎娶尼泊尔尺尊公主和大唐文成公主时，聘娶信明确记载是书写在靛蓝纸上的。（引自次旺仁钦：《藏纸考略》《西藏研究》2002年第1期。）

② 『文成公主进藏时，随身携带了许多有关天文历法五行经典、医方百种和各种工艺书籍，同时携带了精通造纸法、雕刻、酿造工艺的技术人员。』（引自恰白·次旦平措：《西藏通史——松石宝串》，陈庆英等译，西藏社会科学院，中国西藏杂志社，西藏古籍出版社，1996年，第86页。）

③ 『旧唐书·吐蕃传》对某些史实的表述，有优于《新唐书·吐蕃传》的记载是：『又请蚕种、酒人与碾硙、纸、墨之匠，并许焉。』后者涉及极其重要的造纸术传入青藏高原地区，乃至传入南亚的问题，而这一点被《新唐书·吐蕃传》省略了。

的地方。比如，记述唐高宗时期吐蕃遣使请求引进唐朝各种先进技术这一重要事件时，《新唐书·吐蕃传》的记载是："因请蚕种及造酒、碾硙、纸、墨之匠，诏许。"《旧唐书》则谓："又请蚕种、酒人与碾

吐蕃于650年开始生产纸张,即自文成公主进藏九年之后才开始生产纸张。①我判断这九年时间,就是用在了寻找新的造纸原料和工艺上。因为光有内地造纸技术人员的指导不行,为什么呢?内地造纸的那些原料,比方说竹子、烂渔网、稻草,这些西藏都没有。所以,一是要寻找适用造纸的新的原料,二是要找到原料后,还要研究造纸的工艺,采用一些技术来整合新的造纸原料,我估计寻找造纸原料探索造纸工艺上可能用了七八年时间。到了第九年,也就是650年,人们终于造出了吐蕃自己的纸张——藏纸。包括藏纸在内的任何事物都要经过发明、实验、失败、再实验最后才能成功的过程。

藏纸的使用从时间上可分为两个阶段,第一个阶段是藏传佛教前弘期,7世纪到9世纪。在前弘期翻译的佛经有四千多部,9世纪藏族学者给这四千多部佛经做了编录工作,编辑成了著名的三大目录——《钦浦目录》《旁塘目录》《丹噶目录》。②那个时候的佛经翻译工程很大,以前桑耶寺里的壁画上绘有表现当时佛经翻译的形象场景,这些壁画"文革"中遭到破坏,现在看不到了。壁画的大致场景是,一个僧人主念佛经,两三个僧人坐在念佛经的僧人周围,手拿纸和笔在记录。由于这些佛经都是梵文、巴利文、中文等多种文种,所以,翻译时得有几个懂各种文字人的参与,逐字逐句翻译,相互纠正、核准、做记录同步进行。太可惜了,这样的场景现在已经看不到了。三大目录的产生至少说明那个时候的藏纸生产已具备一定的规模,能够满足当时文化发展的需求。

第二个阶段,10世纪佛教在西藏中断近百年以后在西藏开始复兴,出现一些出家僧侣,掀起了求法、译经弘法和重建寺院

① 『641年,文成公主入藏远嫁松赞干布,随行带去各种工匠和《工艺六十法》。在唐中央政府帮助下,吐蕃于650年开始生产纸张。』这种纸张是狼毒纸。其得名源于狼毒草,这是造纸工匠在雪山草地之间寻找到的新的造纸原料。(引自杨润平:《中华造纸两千年》,人民教育出版社,1997年,第78页。)

② 8世纪中叶,吐蕃在青藏高原建立第一座寺院即桑耶寺之后,在吐蕃王室的主持下,开始大规模翻译印度的梵文佛经和汉地的汉文佛经。藏王赤松德赞时,就把当时已经翻译的全部佛典先后编成著名的《旁塘目录》《钦浦目录》《丹噶目录》三部目录(前两部已失)。这三大目录的编纂为后期系统编纂藏文《甘珠尔》和《丹珠尔》打下了坚实的基础。

的热潮,随后陆续创立了藏传佛教各教派,称为藏传佛教后弘期。学术界认为 13 世纪,内地的雕版印刷术传入西藏。印刷术传入西藏之前,佛经誊写耗时长、效率低、出错多。掌握印刷术以后,随着刻印技术的普及和发展,到 15 世纪,刻印技术广泛应用于刊印佛教学者的著作,藏区各地建立了很多印经院,书籍印刷数量的增加,促进了藏纸生产的再发展。过去只有孤本,一旦流失就失传了,而印刷术的应用和普及增加了书籍的副本率,方便了传播与收藏,改变了以往的状况,这些都得益于有充足的藏纸供应。可见,印刷术对推动藏族文化的传播发展起了非常大的作用。

藏文典籍中部数最多的是《大藏经》。藏文《大藏经》又分《甘珠尔》和《丹珠尔》。《甘珠尔》藏语意为佛语译文,是佛教的原始典籍。《丹珠尔》意为论述部译文,由佛弟子对佛语的阐述和论述的译文集成。1409 年,明永乐①年间,藏文《大藏经》在南京印刷,这是藏文《大藏经》第一次在西藏以外的地方印刷。而第一次在西藏以外的少数民族地区印刷则是在云南丽江。1609 年,丽江土司曾资助印刷藏文《大藏经》(《甘珠尔》),后因移藏于理塘寺,世称理塘版甘珠尔。

藏纸生产的量,是依据印经院和社会生活用纸的需求。西藏各地,包括青海、甘南、四川、云南都建立了许多印刷点、印刷院、印经院,提供佛经等书籍的印刷品。在西藏地区,社会生活书写用纸也大量采用藏纸。

藏纸的产区、品种及其特点

藏纸,藏语叫"博秀","博"即藏,"秀"即纸。除了那曲地区不产藏纸,西藏凡是生长有造纸原料和有水的地方,几乎都可以生产藏纸。各地造纸都是就地取材,这些藏纸前冠以产区地名以便区别。比方说尼木藏纸②叫"尼秀",后藏一

① 永乐,为明朝第三个皇帝成祖朱棣的年号(1403—1424),前后共二十二年。

② 尼木藏纸,传统的三大藏纸之一,产生于公元 7 世纪,已有一千三百多年历史,至今仍完全按照传统的手工制造工艺来制作。因采用狼毒草这种特殊的原料配方,其产品具有虫不蛀、鼠不咬、不腐烂、不变色、不易撕破、叠后不留折纹等特点。西藏有很多用尼木纸印制的文史经典,至今已保存千余年仍完好无损。

带的藏纸叫"藏秀",还有山南的错那藏纸①、加查县的塔布藏纸"塔秀"②、朗县的金东藏纸叫"金秀"③、林芝地区雪卡藏纸叫"雪秀"④,还有康区的康区藏纸叫"康秀"⑤,等等,藏纸产地几乎遍布所有藏区。藏纸种类很多,各地生产的藏纸优劣区别很大。有学生练字和用于书信的普通藏纸,也有地方政府用于书写布告等档案的高档藏纸。藏纸因用途不同,其尺寸大小有很大差别。区别藏纸的好坏,一个是靠手摸,感觉光不光滑,然后看纤维是否均匀,再一个看有没有破损,有破损的藏纸肯定不能用来书写了。

藏纸的特点是不虫蛀。这是因为造纸原料

① 错那藏纸,错那所产的藏纸主要供地方政府各机构书写公文使用。

② 塔秀,塔布纸主要用于书写公文,特别是需要加盖印章的公文,如各种布告、诉讼公判书、条令及重要文件。

③ 金秀,金东纸分为长短几种,一般较长的主要用于地方政府的布告、告示,如禁杀令等;较短的用于加盖噶厦印章的布告、判决书,行政命令。

④ 雪秀,工布雪卡地方产的藏纸,为一般性的书写用纸。

⑤ 康秀,藏东康区芒康一带出产藏纸「康秀」,其特点是纸张粗厚,颜色偏重,寺庙里印经文一般用这种纸张。

西藏博物馆馆藏藏族文化用具

(图片由次旺仁钦提供)

瑞香狼毒草这种草本植物有一定的毒性，所以，藏纸具有不虫蛀、不鼠咬、不变色、拉力大、弹性强、不易撕破、能长期保存等特点。

造纸原料瑞香狼毒草（图片由次旺仁钦提供）

《中国造纸技术史稿》[1]一书对藏族的造纸成就有相关记载。该书讲到，清乾隆年间（1736—1795），曾做过湖南巡抚的查礼时至西藏，写了一首《藏纸诗》[2]来赞扬藏纸，说当时藏纸在坚韧、纤维交结匀细程度上确实比高丽纸强，既美观耐用，又功能多样。较早以前玻璃还是紧俏商品的时候，拉萨好多家庭都是用藏纸来糊窗户，一是结实耐用，二是采光好。此外，西藏风筝也是用藏纸做的。

藏纸的地域差别

藏族各地区造纸的工艺基本一致，但在原料上有差别。尼木和拉萨这一带用的原料是瑞香狼毒草。1981年，我在朗县金东看到的造

① 潘吉星所著《中国造纸技术史稿》是国内外首次对藏族地区造纸技术进行详细探讨的著作，书中对藏经用纸进行了化学分析。

② 诗中说：『孰意黄教方，特出新奇样。臼捣拓皮浆，帘漾金精让。取材径丈长，约宽二尺放。质坚宛虫练，色白施浏亮。涩喜爱除尘，明勿染尘障。题句意固适，作画兴当畅。裁之可糊窗，缀之堪为帐。何异高丽楮，样笺亦复让。』（引自潘吉星：《中国造纸技术史稿》，文物出版社，1979年，第131页。）

纸原料就不是瑞香狼毒，而是一种当地人称作"秀新"的灌木。

在诸多品种的藏纸中，金东纸被公认为是藏纸中精品。金东纸的产地是朗县的金东乡（当时称人民公社），西藏和平解放以前叫金东宗，"宗"相当于现在的县，但比现在的县规模小。金东藏纸厂位于西日卡乡，又有上造纸厂①和下造纸厂②之分。和平解放以前属于官办造纸厂，具体有多少年的历史不见记载。金东造纸厂出产的藏纸一般由地方政府和贵族使用，民间使用者很少。

藏钞纸张。金东宗除了生产书写纸张，还生产藏钞纸，金东宗的东雄乡，专门生产藏钞用纸，是地方政府指定的钞纸生产地。为了防止社会上伪钞的出现，金东宗规定严禁外地人员在该厂做工。藏钞纸是两张纸叠在一起，中间加水纹字样。东雄乡生产的藏钞纸张，运到拉萨后在色拉寺③附近的扎基造币厂进行印刷，两面印刷图文、编码，盖印才能流通，其面值大小有多种。

① 上造纸厂，生产的纸张质量最佳，所以一般作为达赖、班禅和西藏噶厦政府及官员的写作和公文用纸。金东纸尽管在市场上也有出售，但由于价格昂贵，一般人用不起。

② 下造纸厂，规模比上造纸厂小得多。该厂特产藏钞纸用纸。藏钞用纸在工艺上有特殊要求，柔软性强、经久耐用，在部分钞纸夹层中印有"甘丹颇章却来朗杰"（甘丹颇章是原西藏地方政府的别称，却来朗杰在藏语中的意思是事业胜利）一行藏文水印，作为防伪标志。

③ 色拉寺，全称为"色拉大乘洲"，位于拉萨北郊的色拉乌孜山脚，由宗喀巴弟子绛钦却杰·释迦益西兴建于1419年，与哲蚌寺、甘丹寺并称"拉萨三大寺"，在藏传佛教界享有盛誉。

金东上造纸厂遗址（图片由次旺仁钦提供）

五十两噶倉色纸币大第 1677 号发现大量伪币，经扎西稅关清理后确认为真币。
贴正面名之地加盖造币厂印章后可继续流通使用

一百两套色纸币正面（1937~1959 年）

五十两噶倉色纸币发现大第 1677 号的伪币，在清理后确认为真币，
加盖造币厂印章后可继续流通使用（正面② 背面没有标识）

一百两套色纸币背面（1937~1959 年）

藏钞（图片由次旺仁钦提供）

在藏区，藏纸生产一般都是一家一户的生产形式，都是自产自销。但朗县金东造纸不一样，它是由西藏地方政府组织的官办形式的生产模式，差役来自加查宗、金东宗、古如朗杰宗这三个宗。造纸民工聚集到金东，一年内集中几个月来造纸。我通过实地调查了解到，虽然说金东造纸是地方政府的公差行为，但地方政府对纸张的生产没有任何资金投入。造纸工人的生活都要自己负担，生产的藏纸要汇集起来上交地方政府。刚才我说的金东宗、加查宗，还有古如朗杰宗，这三个宗之间也不存在隶属关系，纯粹是为了完成地方政府的季节性生产任务临时组织起来的。

西藏地区的藏纸，在 1959 年西藏和平解放以后就基本停止了生产。因为机制纸张价格低廉，全面占领了市场，不管是学生练字、做作业还是机关公务员办公用纸都采用了机制纸张，藏纸被取代，藏纸生产中断，工艺失传。

改革开放以后，由于西藏历史档案修复工作的需要和发展地方特色经济，恢复尼木藏纸的生产得到了拉萨市城关区的重视。同时,拉萨市城关区彩泉福利厂在藏纸生产、培养造纸人才、开发藏纸新产品等方面也取得了一定成绩。

现在,拉萨市尼木县和拉萨彩泉福利厂除了生产传统的藏纸之外,还以藏纸生产为基础开发了一系列文化创意产品,比如两张藏纸中间夹上花瓣、树叶,用来制作灯罩,还有用藏纸制作的笔记本、旅游纪念册等,这些当地特色产品销路都还不错。

夹有花瓣的藏纸新产品

随着国家实施非物质文化遗产的保护工程,有造纸经验的人员入选国家级和自治区级的非遗传承人,重操百年旧业,批量生产藏纸,以满足社会文化事业和西藏旅游经济的发展需求。

藏族造纸工艺

藏族造纸工艺分这么几个过程:首先是采集原料去皮,就是挖出瑞香狼毒草的根部,去掉泥土和表层皮。去皮以后,进行挫捣①,接着

① 挫捣,是指把狼毒草的根茎放到盘状的大石头上,用铁锤捶捣,然后沿纤维的方向用手将根茎的韧皮细撕下来,同时不停地拣出纸料中遗留的褐皮和其他杂物。

进行蒸煮、沤制、漂洗、捣料、打浆、浇造、日光晾晒，最后是抄造。所有工序不能出错。

藏族造纸属于浇造法，就是将打好的纸浆浇入纸帘中，纸帘是在木制框架上紧绷一层纱布制成的。浇入纸浆的纸帘放到水槽中，使纸浆在抄纸帘上充分均匀分散后将纸帘缓慢地提出水面，将抄纸帘上的余水从纱布帘隙中滤出，纸料则平摊在纸帘上，这样就浇造出了一张湿纸。浇造法造纸是一帘一纸，大小不同规格的帘纸需要浇注不同量的纸浆，造纸人经过千万次的实践，能准确掌握浇注量。

内地造纸也使用浇造法，但更多的是捞造法。捞造法和浇造法的区别就在产量上。捞造法分单层和多层，可以在抄纸的池子里连续进行。捞纸是根据水池大小把一定比例纸浆放入抄纸池内，使纸浆纤维游离地悬浮在水中，然后把竹帘投入水槽中抬起，让纤维均匀地平摊在竹帘上，形成薄薄的一层湿纸页，最后把抄成的湿纸贴在墙上等晾干后揭下成纸。据我所了解，藏族造纸都是浇造，还没看到过捞造法造纸。

藏族造纸除了生产白纸以外，也能生产彩色纸。生产彩色纸需要选择一定的染色剂，过去一般采用矿物原料对纸浆进行染色，可以生产蓝色、红色、黄色等其他所需要颜色的纸张。生产不同颜色纸张也是一种重要工艺。

小时候我在拉萨的小河沟边经常能看到有人抄造藏纸，其情景使我印象深刻，没想到过了几十年之后这些童年的记忆对我的藏纸研究有很大帮助。20世纪50至60年代，现在的拉萨市主干街道之一江苏路曾经叫沿河路。沿河路上有一条约二三米宽的小河沟由东向西直通拉萨河，因此，得名沿河路。夏天在河沟旁边经常能看到有人抄造纸张。造纸户在家里加工好纸浆，将装有纸浆的一个陶罐，一个木勺，还有若干个抄纸帘子带到河水边，河沟边有一个事先挖好了的简易水池。抄纸手把调好的纸浆用木勺倒入纸帘内，在水池中

浇造藏纸（图片由次旺仁钦提供）

日晒纸帘（图片由次旺仁钦提供）

轻轻摇晃使纸帘内的纸浆分布均匀后缓慢提出水面,控完水的纸帘朝太阳方向倾斜支架在日光下晾晒,日晒过程中太阳越大效果越好。大太阳晒出的纸色发白,如果是阴天的话,纸则发黄。

藏纸生产的规模和历史,从一个侧面反映了西藏社会的科技、文化的发展程度。一个愚昧的社会,人们无从记载或没有内容可记载,那么也就不需要纸张了。所以藏纸生产是随着西藏社会、经济、文化的发展而发展的。一千多年来藏纸工人们为藏纸生产的持续发展和文化的传播做出了不可磨灭的贡献,值得赞扬。

藏族文房四宝——墨瓶

　　藏族的墨瓶,是书写藏文必备的文房用具之一。藏族的墨瓶种类繁多,其形态有扁平式、花瓶式、铃铛式和指环式(微型墨瓶可套在手指上)等多种式样。其材质也有多种,上等为金、银,还有珐琅;中等为

景泰蓝藏墨瓶(图片由次旺仁钦提供)

各式各样的铜质墨瓶(图片由次旺仁钦提供)

　　黄铜、红铜、铁等;次等为木质或陶质。藏族墨瓶一般高十至十五厘米,腹径在五至八厘米,口径约一点五至二厘米。藏族墨瓶最大的特点是口小、腹大,这是为防止打翻墨瓶流出墨汁,故作成鼓腹状且沉重,并有与瓶身相匹配的瓶盖。墨瓶也成为衡量一个人的社会身份的重要标志。这些墨瓶既富丽典雅又美观实用,可供欣赏和收藏。

藏族文房四宝——藏墨

在西藏凡是书写文字用的植物颜料或矿物颜料都可称为墨。随着藏族高档佛经书写、唐卡绘制、寺院和宫殿壁画绘图颜料的需要，千百年来制墨技艺得到了很大发展，书写颜料也不限于黑墨一种。藏墨有：赭墨、黑墨、朱砂墨、金墨、银墨、铜墨、铁墨、松耳石墨、珍珠墨、珊瑚墨、白海螺墨、五宝墨、八宝墨等多种。其中，五宝墨和八宝墨①被视为最珍贵。

按传统习惯最常用的有赭墨、黑墨和红墨三种。赭墨，藏语叫"次纳"，其颜色近似酱油色，所以叫赭墨。藏族小孩在习字板上练写藏文字母的时候不是用黑墨写字，而是用"次纳"写字。"次纳"是一种只能在习字板上练写大字

① 八宝墨，顾名思义，由八种成分组成，用八宝墨书写的藏文书法具有很高的收藏价值。八种成分中金、银、珍珠、珊瑚、朱砂、绿松石的说法比较统一，另两种有白海螺、红树汁或铜铁或石青、黄蜜蜡等不同说法。

金、银、松耳石、珍珠、珊瑚五宝墨书写的佛经（图片由次旺仁钦提供）

用的特殊"墨"。初学者要用数月或更长的时间在习字板上写大字，写满字后用水冲洗习字板，晾干后又接着重复写字，因此，用墨量很大。为了节约黑墨，我们的祖先发明了这种黑墨的替代品"次纳"。据说麦粒等九种原料可以制作"次纳"墨，就是将原料烧糊以后碾磨成粉状，加入水和少量糖调制后即可用来写字，经济又方便。它的特点是字迹清楚，容易用水冲洗，在习字板上不留墨迹。但是，赭墨不能在纸上写字。

黑墨在社会生活中的用途最广，无论书写还是印刷都要用黑墨。藏族使用的黑墨既有当地产的，也有从内地购进的汉墨。西藏的黑墨基本都是松烟墨。一般都是以松枝为原料，尤其油松的烟子特别大，将燃烧的烟尘在倒扣的瓦罐内集中积蓄起来，然后再对它进行细筛、碾磨和加工。西藏的东南部和四川、云南藏区都有大片原始森林，制墨原料资源可称丰富。

红墨是指朱砂墨。朱砂是珍贵的天然矿石，其颜色为红色，可加工成红墨即朱砂墨，朱砂墨只限用于书写佛经和佛经的印刷。如，明永乐八年在南京刊印的藏文大藏经《甘珠尔》一百零八部都是用朱砂墨印成的。朱砂作为一种药材还可入药。

藏族文房四宝——竹笔

藏族使用竹笔写字，也是传统习惯，先说说竹笔的种类和制笔。竹笔分圆竹笔（藏语称"纽日"）和条状三棱竹笔（藏语称"斯纽"）两种。不管是"纽日"还是"斯纽"笔，一般一个竹节为一支笔的长度，长度可自行掌握但不宜过长。有竹节的一端为笔尾，另一端削出笔尖写字。小学生刚开始练习写字的时候要选用圆竹笔，圆竹笔的直径与现代的铅笔粗细相仿。而成年人写字用"斯纽"笔，"斯纽"笔的制作，相对"纽日"笔要复杂一些。首先，选料时最好选择干透的老竹筒，因为老竹皮厚适合做笔。制笔过程为将锯成一节一节的竹筒破开,劈成许多粗细一般的条状后削成三棱形,还要在竹皮上抹上牛羊的骨髓,让竹子吃透油再用烟熏,烟熏后的竹条变得更坚硬,这种竹条做成的笔增加了笔尖的耐磨力。新笔的长度掌握在二十至二十五厘米左右为佳,随着笔尖的磨损和不断削笔,竹笔会越用越短,到了感觉不好使用时再换新笔。

竹笔笔尖开缝。不管是"纽日"笔,还是条状形的"斯纽"笔,笔尖中间都要开一个缝。开缝是为了竹笔更好吸墨,缝的大小直接决定写字时墨的流量。如果写字的时候字的中间留下一道白缝,说明笔尖的缝开大了,缝的大小一定要合适。笔尖开缝也是一个削笔技巧的重要环节。

藏文属于硬笔①字。藏族书法的多样性要求竹笔的笔尖开口也要多样化。竹笔的笔尖削制是根据书写不同字体的要求制作的。竹笔的笔尖分内斜口、外斜口、平口三种,所以,写什么样的字体决定笔尖切口的朝向。竹笔写出的字尤其是印刷体是一种非常讲究棱角的字体,因此,能否写出一手美观的字体,关键在于笔尖开口的技术水平。

制笔与握笔法(图片由次旺仁钦提供)

① 藏文硬笔是按钝性学原理研制的,斜杆执笔,笔尖较硬,笔尖上延部分开缝,笔头呈斜面式,可流畅地写出完善的直线和曲线。

藏族除了使用竹笔，也使用毛笔，不过毛笔是专门用于绘制唐卡、壁画和为佛像刷金粉的，毛笔以细笔为多，并且由画师自己制作。

藏文字体很多，两千多年前有古象雄文的"玛尔钦"和"玛尔琼"体。到后来常见的有乌金体、乌梅体①两大类，其下又能分出众多种类，字体也分为"有头字"和"无头字"②，所谓"有头字"就是乌金体，又称之为印刷体。过去很多人看到藏传佛教僧人念经的经文用的字体叫"喇嘛字"，这是不正确的，应该称作有头字或印刷体。

藏族是一个非常讲究书法的民族，就书法来讲分很多流派，在拉萨北郊娘热民族度假村书法展厅内展示的不同字体作品有几十种。但生活中最常用的有乌金体（印刷体）、祖同体③（类比楷

① 吐蕃时期，乌梅体多用于草拟文稿，记录世事，特别是民间行文。前弘期出现了两位大书法家——丹玛孜玛和黎氏，他们对前人的乌梅体进行了分析研究和规范创新，分别创立了丹派和黎派两大书派。不过，黎派早已失传，现今流传下来的乌梅体是丹氏流派。后弘期乌梅体发展更快，由于乌梅体不受方正有帽的限制，因此，其类型远比乌金体多得多，而不同字体之间形态差别很大。从大的方面乌梅体分为以下字体：白祖体、朱匝体、祖仁体、伊体、酋体、祖玛酋体。

② 有头字，指的是乌金体，相当于楷书，常用于印刷、雕刻、正规文书等；无头字，指的是乌梅体，相当于行书，主要用于手写。

③『祖同』的意思是小稳健体。其结构与祖仁体相近。只是字高比祖仁体小许多，字的主体比祖仁偏一些，字与字之间的距离大一些。

金属笔套（图片由次旺仁钦提供）

书)、朱匝体①(一种常用的美术体)和酋体②(草书)几种。书写乌金体首先要横向起头，无论底下写多少笔画，第一个笔画都是横着写。而"无头字"我们叫手写体，就没有那么严格的讲究，可以直接书写。手写体也分很多种，有白徂体③、朱匝体、徂仁体④、徂同体和酋体等。还有一种短腿⑤字体专用于写经文，因为字的腿短、上下格之间空间小，用短腿字写经文能够节省纸张。我见过一部经文，里面涉及的不同字体就有两种。这些字体有很多形象的名称，类似于狮子腾空、砖块横排、珍珠串线等。不可思议的是这二十四种字体中还夹杂着西夏文。

想写好字首先要掌握正确的握笔法。笔杆夹在大拇指和食指中间且要伸直，中指、无名指和小拇指要握成拳头状，但不能握得过紧。每一个字的笔画粗细变化全靠写字过程中竹笔在两个手指之间转动来完成。握笔方法不正确的话，肯定写不出好字来。

藏文书法练字的顺序，一般是三个步骤。在掌握正确的握笔要领

①『朱匝』是『形似谷粒』之意。朱匝体的字主体部分很像谷粒。朱匝体分长腿体和短腿体二类。弯腿朱匝体产生于萨迦王朝时期。朱匝体具有一种典雅、庄重、整齐的直觉效果，因此，多用于官方文告上。

②『酋』，迅疾、敏捷、活泼、熟练等之意。酋体可以称作『迅捷体』或『疾字体』，也可称作『草体』。酋体的出现标志着藏文书法达到顶峰，因为只有在其他字体上达到较深厚的习字功底，才能书写好酋体。

③『白』即经卷之意，『徂』即稳健之意。合起来就是书写经卷的稳健体的意思。在刻版印经技术出现之前，白徂体很盛行。珍藏于萨迦寺内的许多写卷都是用白徂体书写的。后世写卷也常用白徂体。白徂体又分净足体、毛足体和朱徂体三种。

④『徂仁』的意思是大稳健体。其字高一般在二至三寸。字的主体部约为一寸高。徂仁体须严格在四条横线内书写。上三线为字的主体框架，第四线为字的长腿界定。藏文习字之初，须从练习徂仁体开始。练好了徂仁体才能为学习其他字体打下基础，才能写好其他字体。

⑤藏文字体中有弯腿、直腿和短腿之分。弯腿的字主体呈圆粒状，长腿略带曲度，再配以弯曲的元音符号，显得和谐柔丽；直腿的字腿长而直，整个字体酷似长杆经幡，每行字如同列队的仪仗；短腿的字腿稍短，分棱体、粒体等多种。

前提下,第一步是在习字板上写大字。在习字板上写字之前需要用粉线包在习字板上放四条横线,这样形成了三条横格,上边两格是写字的主体部分。笔在手里不能握得太死,要灵活一点。第二步练写徂同体或练写更小的字,这个练字过程要在习字板上完成。第三步,再转入在藏纸上练习"徂玛酋"(音译),"徂玛酋"体之于藏文介于类似汉字的楷书和草书之间。打好了以上的基础最后练的是"酋"体,即草书体。

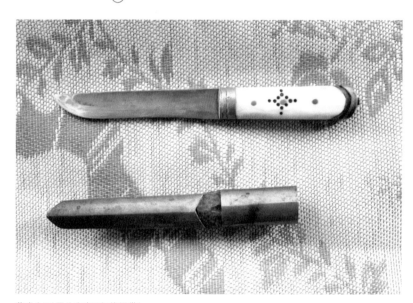

藏式小刀(图片由次旺仁钦提供)

不管写什么样的字体,首先要选好笔材,还要学会自己削制笔尖。旧时, 官员们为保护竹笔专门制作了金属笔套或木制笔盒。

寺院既是佛教活动场所, 也是文化教育机

构。历史上，西藏山南地区敏珠林寺①的书法、历算和藏香制作在藏区享有盛誉。旧时该寺会指派专人在布达拉宫僧官学校教授藏文书法。当下，西藏自治区书法家协会十分重视藏文书法的传承和发展，不定期举办书法作品展览和评奖活动，保障了藏文书法事业后继有人。

藏族文化用具——削笔刀

据历史文献记载，在1世纪左右、藏王止贡赞普时期就出现了制刀名手森布九兄弟，打制的刀名为"古司"。可见藏族制刀历史悠久。

无论是"纽日"笔还是"斯纽"笔，在书写过程中笔尖总是不耐久磨，字写久了笔尖容易变形，所以，每个书写人特别是书手，总是随身携带一把锋利的削笔小刀，以便随时修整笔尖。西藏传统的大、小刀都是直刀，到后来出现了折叠小刀，就方便了很多。

① 敏珠林寺，藏传佛教宁玛派的六大寺庙之一，位于西藏自治区山南地区扎囊县，初建于10世纪末，由宁玛派高僧卢梅·楚臣西绕修建。敏珠林寺以注重研习佛教经典、天文历法、书法修辞及藏医、藏药等而闻名全藏，历年的《藏历年表》均出于此。敏珠林寺以片石砌筑的墙体在西藏也是极为有名，对研究西藏建筑艺术和建筑风格有很高的价值。

粉筒（图片由次旺仁钦提供）

藏族文化用具——粉简

粉简,藏语叫桑木扎,是由若干片特制木板组成的一种特殊的写字板。它的宽度一般约七厘米,长度约三十厘米,桑木扎大小规格没有统一尺寸,主人可自己掌握。桑木扎的特殊在于写字板的板面上刷有黑漆,刷有黑漆的板面上还刷有一层食物油,油板上再撒一层烧火产生的火灰,在特殊情况下也可用土代替,将板上的多余灰抖掉后就可以写字了,不过不是用墨写字而是用干笔或其他任何可用来写字的替代物写字。粉简的主要用途是送信,一套粉简的板数是根据信件内容的字数多少来确定。粉简上下有两片盖板对内文起到保护作用,上下盖板内面也可以写字,最后套上皮套。写在粉简上的信息无法长久保存,除非将粉简封存。主人在粉简上写好了信,由送信人把粉简送到收信人手上,对方看完信以后擦掉原来的字,在板面上重新撒上白灰就可以写字回复,由送粉简人带回或收信人另派人送回。它与普通信件所不同的是不留底稿,因此,在某种程度上具有一定的保密作用。每块粉简的板面有一个略高于板面的边框,这个边框起到了保护粉简板面文字的作用。

1959 年西藏实行民主改革以后,桑木扎这种物件就不再使用了。目前,西藏保存的有普通木制桑木扎、楠木桑木扎、铜制桑木扎、珐琅桑木扎等。1986 年,拉萨藏学会议①复制了一批普通木制粉简,作为会议纪念礼品赠送给了与会代表们。

① 藏学会议,指 1986 年 8 月 1 日至 8 日在拉萨召开的藏学讨论会,来自北京、青海、甘肃、四川、云南及西藏的九十余名藏学界专家学者参会。这次会议以探讨藏族文化的形式和发展为主要任务,同时研究如何使藏学更好地为西藏的两个文明建设服务。

藏族文化用具——习字板

习字板，故名思义就是用来练习写字的特制木板，藏语称作"蒋辛"。"蒋辛"一般用桦木，更讲究的用核桃木制成，长方形木板，左边板头留有抓柄，板面抛光处理后可写字。凡是入学的新生必须是人手一板，习字板在藏文书法教育中具有重要作用。

旧时，甚至和平解放以后的一段时间内，学生练字的时候都是盘腿坐在垫子上，把习字板放在双腿上，要在长约六十至七十厘米，宽三十厘米的"蒋辛"上，先从练习握笔和写笔画开始练基本功。由老师在习字板两头的上沿刻上放线的小槽，根据字的大小，先用特制的粉线包在习字板的每行字上放四条横线，类似于木工使用墨斗放线。老师在放好线的习字板上用墨写好了字帖，新生用干笔在字帖上描写一段时间后，才允许蘸墨在字帖上写字。习字板上写满字后要拿给老师看，由老师指出毛病后，再用水冲洗，等晾干了，再接着写，如此反复练习。这个过程相当于汉族小学生在田字格里练习写毛笔大字，是打基础的阶段。在习字板上练习写大、中、小字，所用的时间因人而宜，大多数学生需要一年左右时间。只有得到老师的允许才能转而在纸上练写小字和草书。使用习字板练字是一个非常科学的办法，它既可以练就一手好字又可节约大量纸张，既环保又减轻了学生家庭的经济负担。

藏族历史上没有使用写字台的传统，大人小孩都是盘腿坐在垫子上写字。成年人在纸上写字之前，将整张纸卷起来后，用力在腿上左右拉动几下，纸上就会留下折印，每一道折印就是写字格（线），然后把纸的一头翻过来，在较光滑的纸面上写字，写字的时候左手将卷好的纸夹在拇指与小指中间，掌面向上放在右腿膝盖上，右手拿竹笔书写记录。

小学生在习字板上练写大字

藏族文化用具——粉线包

粉线包，藏语称"替杰"，是习字板上练习写字时必备的用具。所谓粉线包是用氆氇①缝成的十多厘米见方的小口袋内，装有白石灰，粉线包中间穿过一根比习字板略长的线，在习字板上要放线的时候，"粉线包"中的线要穿过线包来回拉动两三次，带有白灰的线在习字板上放线，每次放线都要重复拉动粉线。练习写大字要放四条横线，中等字三条横线，小字两条横线。粉线包中间穿过的线不宜过细或过硬，最好是用羊毛捻成的毛线。用"粉线包"在习字板上放线，是为了新生便于掌握写字大小的整齐和工整。

① 氆氇(pǔ lu)，是藏族人民手工生产的一种毛织品，可以做衣服、床毯等，举行仪式典礼时也可作为礼物赠人。

习字板和粉线包曾经是藏族小学生的特殊学习用具。如今，除了极个别学校可能还坚持在习字板上练字的传统，大多数学生从一开始就在纸上练习写字。习字板和粉线包离我们生活渐行渐远，对年轻人来说已经变成了陌生的东西。

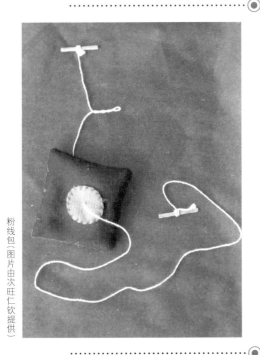

粉线包（图片由次旺仁钦提供）

拓展阅读：维吾尔族桑皮纸制作技艺

桑皮纸为西域最古老的纸张之一,是以嫩桑树皮为原料制作的。维吾尔族聚居的新疆南部和东部自古便有植桑采果的传统。

维吾尔族使用桑皮纸的历史悠久。在新疆境内的考古中,出土了大量的桑皮纸典籍。最迟在唐代,当地便有用桑树枝嫩皮为原料造纸的手工行业。清代新疆的书册典籍主要用桑皮纸印刷,民国时还出现过用桑皮纸印制的钞票。维吾尔族姑娘绣花帽的时候要用桑皮纸搓成的小纸棍插进布坯经纬空格里,使得花帽挺括有弹性。据考证,安徽省的潜山、岳西地区,早在东汉时期就已开始生产桑皮纸,称为汉皮纸。古时生产的桑皮书画纸销往印度、日本等国,俗称"仿宣纸"。

2006年,桑皮纸制作技艺入选第一批国家级非物质文化遗产代表性项目名录。

李东晔

国家图书馆副研究馆员

李东晔，祖籍天津，出生于新疆乌鲁木齐。2007年毕业于中央民族大学，人类学博士。现就职于国家图书馆社会教育部中国记忆项目中心。出版专著《从租界到风情区》；翻译出版《积极人格图解》《艺术人类学》。参与撰写《当代西方文化研究新词典》与《当代西方社会学·人类学新词典》。整理编辑《陶云逵民族研究文集》。发表论文《故土与他乡：对『租界文化』的一种人类学解读》《权力在空间中的流动——对天津意租界的历史人类学分析》《从『租界』到『风情区』——试论天津意大利风貌建筑的『去殖民化』历程》《汽车模型收藏：一种都市休闲消费体验》等。

一张纸承载了什么？
——维吾尔族的手工桑皮纸制作技艺

李东晔　著

桑皮纸的前世今生

新疆南疆地区的气候和土壤都适宜栽种桑树，所产的桑葚肥大多汁，和田地区种植桑树的历史非常悠久。与江浙一带栽种桑树养蚕不同，新疆植桑则主要是为了取其果实，历史上，南疆的穷苦人家多将桑葚晒干储存，粮食不够时便以此充饥。桑树皮作为一种造纸的原材料也很早就为南疆居民所熟知并利用，据考证，和田手工制造桑皮纸的历史已经有一千多年了。

斯坦因当年在从叶城到和田的途中，经过一个叫托万巴扎(下巴扎)的地方有过这样的记述："路过几个露天的造纸作坊，纸是用桑树皮制成的稀浆均匀地铺在小筛子般的帘屏上晾干而成的。"[1]这是我

① [英]马尔克·奥莱尔·斯坦因：《沙埋和阗废墟记》，殷晴、张欣怡译，兰州：兰州大学出版社，2014年，第186页。

新疆和田墨玉县桑皮纸之乡

们目前能够看到的,对于和田地区手工制造桑皮纸最生动的历史记忆了。

另外一份珍贵的资料是《天山画报》1949年第 7 期里面对于"南疆的皮纸"的图文介绍——

"桑皮纸(和阗纸)和阗区各县均产之,而以皮山最丰,旧日无洋纸输入时,曾供全省使用,公文、印刷无不赖之。

"农民多以造纸为副业,农闲时全家动员,农忙时则停工,故产量不定,约月产 1 440 000 张。"

另有若干张照片具体展示了制造桑皮纸的七个主要步骤:一、泡桑枝,二、剥桑皮,三、煮桑皮,四、搓桑皮,五、捣纸浆,六、造纸,七、晒纸。

就如《天山画报》这篇图文报道所述,历史

《南疆的皮纸》(原载《天山画报》,1949 年第 7 期)

上的很长一段时间,桑皮纸在南疆,乃至整个新疆的日常生活中得到广泛应用,不仅写文书、契约,做花帽、做鞋垫要用桑皮纸,人的腿骨折了,接骨的时候也要用到桑皮纸。

但是,随着工业造纸的不断普及,以及其他多方面原因,南疆桑皮纸逐渐退出市场,也几乎无人制造。直至 20 世纪 80 年代改革开放,个体经济的逐步恢复,南疆的手工造纸才以其简单的工艺、低廉的原材料与劳动力等优势再度复苏。而让桑皮纸焕发出新的生机的，应当说是由于受到了国外游客,特别是日本游客的追捧,很多看到这个商机且掌握桑皮纸制造技艺的农民开始重操旧业，再度开始造纸。但遗憾的是,2000年前后,和田地区的桑树被大量砍伐,让刚刚复苏的传统造纸技艺再度停滞。笔者曾于2004年夏天游览南疆,途经和田时寻访过一家庭桑皮纸作坊,老人因为原材料问题已经有一年时间没有做纸了,老人家拿出上一年做的纸,价格也是相当不便宜。

2004年造访和田某桑皮纸作坊

2003年,联合国教科文组织表决通过《保护非物质文化遗产公约》,作为缔约国成员,我国也随后批准并发布了一系列的政策法规与保护措施。2006年,随着非物质文化遗产保护各项工作的开展,"维吾尔族桑皮纸制作技艺"

入选了我国非物质文化遗产首批国家名录①，借助着这股春风，桑皮纸才真正又在和田地区获得了新生。桑皮纸及其技艺获得了社会各界的广泛认知，古老、简朴的桑皮纸被赋予了"活化石""有特效"等意义，与桑皮纸相关的历史与文献被重新挖掘，艺术家用桑皮纸进行了新的创作，"传承人"也因此走到了台前，媒体争相进行各种相关的报道。

据说，桑皮纸最大的特点是能保存很长时间，可以保存一千年到两千年。我们采访过一位对桑皮纸有所了解的维吾尔族人，他说："以前我们的祖先把重要的契约、合同等都记载在桑皮纸上。它便于携带，字迹不容易褪色，也不容易腐烂。我们的祖辈把重要的东西都记在桑皮纸上，纸上盖的图章保存到后世也很清楚。"

桑皮纸的制作

制作桑皮纸的原料就是桑树的皮。但是可

① 中国非物质文化遗产网：http://www.ihchina./

桑皮纸文献

桑皮纸票据

能与我们很多人想象的不同,这并不会伤害到桑树的生长,也不会影响到那些靠吃桑叶为生的蚕宝宝,相反,这还等于是"废物利用"。因为,制作桑皮纸所用的皮是那些逐年生发新叶的嫩枝,这些枝条上的皮,纤维与胶质都特别丰富。每逢春秋两季的养蚕时节,养殖者们都会把这些枝条上的新叶采得精光,并随后将这些枝条统统剪去,使桑树的主干得到滋养且重新生发出新的枝叶。所以,每年只在春秋两季的养蚕时节采集制作桑皮纸的原材料——桑树的嫩枝条。

原材料砍回来后,先要晒一晒,晒干以后存放在阴凉的地方,要注意防止雨淋,雨水浸泡了的桑皮就不能用了。

南疆维吾尔族制作桑皮纸大概需要下面几个步骤:

第一步,浸泡。这是为了让桑树枝的皮肉分离。把桑树枝在干净的水里泡上四五个小时,桑树枝的皮肉就可以分开了。

第二步,剥皮。先要把刀子磨好,然后把桑

浸泡

剥皮

树枝的皮剥下来，要把外面黑色的表皮去掉。刀子必须足够锋利才能剥得好。熟练的人，一天可以剥出来两公斤皮，不怎么熟练的，一天也就剥个一公斤。

第三步，蒸煮。先用清水把桑树皮打湿，然后再放入锅里煮，要煮四个小时才能煮熟，期间水要一直保持沸腾，最好一次性煮熟。煮熟了的树皮一拉就断，没熟的话，树皮就跟皮条一样结实，完全拉不断。

第四步，清洗。煮熟之后的桑皮，先要捞出

来放入清水里清洗,将杂质清洗、拣除干净,然后捏成一个一个的团。

第五步,捶打。把洗干净捏成团的原料放到石板上,用木榔头和石头进行捶打,石头可以把那些没有煮熟的树皮砸烂。要反复捶打,捶打的时间越长越好,越细越好,要捶打成纸一样薄,这就是桑皮纸原浆。

第六步,打浆。将纸的原浆放到水桶里面,加水稀释,水和浆的比例要合适,要充分搅拌均匀,使原浆和水完全融为一体。为了避免杂质,还可以再过滤一下,成为一种清澈稀薄的

蒸煮

清洗

捶打

打浆

纸浆,之后就可以浇纸入模了。

　　第七步,浇纸入模。这是做桑皮纸最关键、最重要的一个步骤,关系着桑皮纸的质量。根据所需规格选择模具。做大桑皮纸的时候必须要两个人一起配合,小的桑皮纸一个人就可以。用一个木头搅拌器(底端是一个小的木十字)把纸浆搅拌均匀,两个人做的时候用两个搅拌器搅拌。

　　第八步,晒纸。晾晒桑皮纸跟天气有关。必

浇纸入模

须有太阳,放在有阳光照的地方比较好,天气不好不能做。如果阳光比较好的话,一两个小时就晒干了。用手敲一下纸,如果发出咚咚的声音就说明干了,干透了的桑皮纸很容易就拿下来了。所以南疆从春天到秋天都可以做纸,但冬天就基本上不做了,因为气温太低。

最后一步,打磨。这是为了提高桑皮纸的质量而进行的最后步骤。和田的维吾尔族人过去喜欢用玉石来做打磨,那样磨出来的纸更细。但现在一般就用石头来打磨。打磨的作用是提高纸的质量,越磨,纸张的颜色就越白。打磨也跟天气有关,干燥的天气才磨,温度低的时候打磨会影响纸的质量。

桑皮纸的未来

起初,怀揣着一颗好奇心去寻访桑皮纸,

晒纸

打磨

经过后来的采访与了解,再到发现《天山画报》上的老照片,我惊讶于如此长的时间过去了,南疆桑皮纸的制作环境、条件与工艺竟然一直保持着曾经的状态——始终如一的简陋!桑皮纸也没有变——依然是粗糙的!但是,用途变了,桑皮纸已然不再是人们日常生活的必需品。造纸者与使用者的关系也变了,他们不再是生活在同一个社区中的街坊邻居,而是商品市场中的"陌生人"。因此,我不禁要询问,桑皮纸这种古老的传统手工造纸到底承载了什么?

桑皮纸的未来在哪里？我们的传统手工技艺的未来在哪里？

盐野米松在《留住手艺》的序言中写道："当没有了手工业以后，我们才发现，原来那些经过人与人之间的磨合与沟通之后制作出来的物品，使用起来是那么的适合自己的身体，还因为它们是经过'手工'一下下做出来的，所以它们自身都是有体温的，这体温让使用它的人感觉到温暖。"[1] 我们看到，今天的桑皮纸，从砍下来的桑树枝，到最后的成品依然是造纸工匠用手一下一下做出来的，但是，使用这些纸张的人们是否还能感觉到它的温暖？或者这种温暖对于那些使用者又意味着什么呢？

传统手工技艺的核心肯定不是简陋的生产环境与条件、简单粗糙的工具与设备，而且，也一定不意味着产品的"粗糙"！那么，对于这些离开了原有生活需求、原有社区关系的手工技艺，甚至是原有的价值系统的"传统手工技艺"，我们如何来评判其价值？对其保护的核心有哪些？这些手工艺人的出路与未来又在哪里？我想，这些问题都是亟待我们认真调研与思考的问题，只是凭借我们现有的"名录""传承人"评定等机制是肯定不够的。

[1] ［日］盐野米松：《留住手艺》，英珂译，桂林：广西师范大学出版社，2012年，第5页。

后 记

中国的文字承载着中华民族祖先的智慧,也体现着中华文明无可取代的独特性。文字传承着文明,文字也在中国非物质文化遗产中代代传承。这其中既有书法艺术,也有笔墨纸砚的制作技艺;既有传说故事,又有民俗活动。这些非物质文化遗产和它们的传承人,赋予了文字更鲜活的表达形式。

2014年,国家图书馆与文化和旅游部非物质文化遗产司共同启动了中国记忆项目"我们的文字"专题的建设,通过梳理和收集相关文献资料,采集非物质文化遗产代表性项目的影像资料和代表性传承人的口述文献,为这些与文字相关的非遗项目和传承人建立文献资源库,也为理解文字、审视文化架构一个新的"非遗视角"。

2014年至2017年期间,国家图书馆中国记忆项目中心团队去往包括西藏自治区、新疆维吾尔自治区在内的十六个省、自治区和直辖市进行影像资料和口述史料的采集拍摄,采集了与文字相关的四十个非遗代表性项目及其代表性传承人的影像资料,涉及民间文学、传统体育游艺与杂技、传统美术、传统技艺、民俗、传统音乐共六个类别,维吾尔族、哈萨克族、藏族、布依族、满族、傣族、彝族、锡伯族、蒙古族、纳西族、水族共十一个少数民族,同时对七十一位代表性传承人和相关专家进行了口述史访问。在这些口述史的受访人中,白向亮、高式熊、黑扎提·阿吾巴克尔、张英勤和康朗叫等五位先生现在已经永远离开了我们。

通过这几年的持续建设,中国记忆项目"我们的文字"专题积累了超过四百小时的影音文献,制作了四十六部非遗项目专题片和传承人口述片,建立了"我们的文字"专题资源库,在中国记忆项目网站发布。2014年底,国家图书馆中国记忆项目中心举办了"我们的文字——非物质文化遗产中的文字传承"跨年大展,并出版了《我们的文字》一书。该书是一部介绍我国各民族文字相关知识的普及类读物,曾被列入"首届向全国推荐中华优秀传统文化普及图书名单"。2015年初,"我们的文字"专题"挤"进了北京的4号线地铁,在地铁里向乘客展示中国文字的魅力。在这些工作的基础上,我们将此专题所采集的代表性传承人口述史料整理出来,按照"中国的文字""书写的工具""文字的传播"三条脉络,编写成三部以非物质文化遗产为视角的口述史著作。

这三部书的整理编写工作持续了两年有余,在这一过程中,作为口述史受访者的代表性传承人和相关专家对书稿进行了细致的审订,各地非遗保护中心在联络传承人、资料补充与文稿核对等方面也给予了鼎力协助和热情配合,在此首先对他们表示感谢!同时,我们要特别感谢中国社会科学院刘魁立研究员、北京师范大学王宁教授欣然命笔,为本书作序;感谢中国民族图书馆的吴贵飙馆长等各位专家的学术支持;感谢云南省丽江市东巴文化研究院李静生研究员在病中依然坚持审订书稿;感谢陕西省西安市非遗保护中心王智副主任、国家图书馆古籍馆卢芳玉副研究馆员审订部分书稿;感谢北京一得阁墨业有限责任公司向国家图书馆捐赠"一得阁"传承人张英勤先生的口述史料;感谢天津人民出版社任洁、赵子源、张璐、金晓芸等几位编辑组成的编辑团队,他们认真严谨的工作态度,让我们对这些史料成果以口述史著作的形式面世有了很大的信心。

在这三部书即将付梓之际,我们依然清晰记得,在前期资源采集过程中,我们中心的各位项目负责人和拍摄团队的同事们奔赴祖国的大江南北,用全身心投入的状态和规范的学术方法,记录下这些可敬可爱的传承人们的技艺和记忆,那些高耸入云的盘山公路和世外桃源般的美丽村庄是我们共同的美好回忆。

最后,衷心祝愿各位代表性传承人和非遗专家身体康健,正因为他们的辛勤付出,我们祖先留下的传统文化遗产在当代得到弘扬和振兴。希望我们继续携手努力,让非物质文化遗产绽放出中华优秀传统文化的夺目光芒!

国家图书馆中国记忆项目中心

2019 年 3 月